GUIOMAR CALVO

Historia del arsénico

Mineralogía, física, química e historia del elemento más mortal y literario de la tabla periódica

GUADALMAZÁN

Primera edición: marzo de 2021

Guadalmazán • Colección Divulgación Científica
Director editorial Antonio Cuesta
www.editorialguadalmazan.com
pedidos@almuzaralibros.com - info@almuzaralibros.com

Imprime: cpi black print
ISBN: 978-84-17547-35-6
Depósito Legal: CO-1383-2020
Hecho e impreso en España-*Made and printed in Spain*

«Dosis sola facit venenum»
Paracelso

Índice

Prólogo

Ya lo dijo Paracelso hace más de quinientos años, la dosis hace el veneno. Este alquimista y médico suizo es relativamente conocido por haber intentado, y por haber afirmado lograr, convertir el plomo en oro y por acuñar esta famosa frase sobre los venenos. Se podría decir que Paracelso es además el padre de la toxicología por sus estudios de los efectos de distintos venenos en organismos vivos.

Algo de tiempo después, otro eminente médico y toxicólogo, Richard Mead (1673-1754) en su libro titulado *Una explicación mecánica de los venenos* hacía énfasis en lo peligrosas (y pequeñas) que pueden ser las dosis letales de un veneno: «Aquellas cosas que en su naturaleza, o por sus propiedades, son tan contrarias a la vida animal, tanto que una pequeña cantidad resulta ser destructiva, se llaman venenos; ya sean dañinos al ser tomados por la boca o entrando al cuerpo a través de una herida».

Es importante destacar que cualquier compuesto químico puede resultar venenoso siempre que se supere una determinada cantidad. Dentro de los distintos tipos de venenos que nos podemos encontrar están en primer lugar los de origen animal, un ejemplo son los venenos de serpiente, muy tóxicos si entran en nuestra corriente sanguínea a través de una mordedura. En segundo lugar tenemos los venenos de origen vegetal, como el opio o la belladona y, para terminar, los de origen mineral. Dentro de este último grupo, tal vez el menos imponente pero igual de tóxico, encontramos algunos ejemplos tan conocidos como el mercurio (que da lugar a un trastorno neurológico conocido como hidrargirismo (o la enfermedad del sombrerero loco), el plomo o el arsénico. Por supuesto, retomando la frase de Paracelso, cualquier elemento, por inofensivo que parezca a primera vista, puede ser tóxico si se toma en suficiente cantidad; sin ir más lejos, una persona podría morir tras tomar una gran cantidad de sal de una sentada.

En el caso que nos interesa en este libro, el arsénico, se trata de un elemento químico que, en unas dosis no demasiado elevadas si lo comparamos con otros elementos y compuestos tóxicos, nos puede matar fácilmente tras haber pasado unas cuantas horas experimentando síntomas de lo más desagradables. Ya en la Antigüedad se conocía la existencia de los minerales de arsénico, y también su toxicidad, pero lo que no se sabe exactamente es cuándo empezó a usarse este elemento como arma homicida. Aun así, no pensemos que esta puede ser o ha sido su única aplicación, aunque sí sea la más llamativa o la más morbosa. A lo largo de la historia sus peculiares propiedades han hecho que se haya empleado para usos de lo más diversos, el arsénico puede estar oculto casi literalmente en cualquier sitio, desde en nuestra comida hasta en el firmamento.

En este libro vamos a ir desgranando el intenso y colorista mundo del arsénico, empezando precisamente por la fuente primordial de este elemento: los minerales de arsénico, donde están y cómo se extraen. Puede resultar sorprendente pero la minería del arsénico ha tenido un papel muy importante en muchos países, entre los que destacan Reino Unido, Estados Unidos y también España, de modo que conoceremos algunos casos de primera mano a través de su proceso de extracción y fabricación.

Dado que el arsénico es extremadamente tóxico en pequeñas dosis, puede resultar crucial saber cuánto arsénico nos puede matar, ser capaces de identificar los síntomas principales que produce y, en caso de ser necesario, conocer los distintos tipos de antídotos que han tratado de contrarrestar sus efectos con el paso de los siglos; por eso el segundo capítulo tratará en detalle ese tema.

A continuación haremos un repaso del uso del arsénico a lo largo de nuestro pasado, empezando con el bronce arsenical, el fuego griego y otras aplicaciones muy peculiares de hace cientos y miles de años. Aquí es donde aparecerá también por primera vez su aplicación estrella, la de veneno letal.

El arsénico, que se ha ganado a pulso el ostentoso título de «el rey de los venenos», ha sido históricamente empleado para asesinar a lo largo de toda nuestra historia, desde la antigüedad hasta nuestros días. Su falta de color, olor y sabor lo convirtieron en uno de los venenos preferidos, y en uno de los más complicados de identificar. Al ingerirse en pequeñas cantidades durante un periodo prolongado de tiempo la persona que lo había tomado se iba envenenando lentamente; los síntomas que presentaba no eran muy específicos y se podían confundir con los de muchas otras enfermedades. Por otro lado, al ingerirse en grandes cantidades, en una sola dosis o en varias sucesivas, se producía a un envenenamiento rápido. Este sí que provocaba síntomas algo más característicos, como diarreas, calambres, vómitos y, en un espacio muy corto de tiempo, la muerte. Aun así, en ciertas épocas se parecía tanto a los síntomas producidos por el cólera que pocos médicos eran capaces de distinguir el origen. Estos efectos venenosos fueron largamente aprovechados tanto en Europa como en Asia para alterar las líneas sucesorias, muestra de ello es la familia Borgia. Aun así, el arsénico se puede considerar sobretodo un veneno pasional, los usuarios casi siempre eran mujeres u hombres que querían librarse de sus parejas para fugarse con sus amantes o acabar con algún familiar para heredar antes. La ventaja con la que contaba era que era muy, muy discreto, si nadie te pillaba añadiéndolo en una taza de té o de chocolate bien caliente.

Hasta bien entrado el siglo XIX el arsénico era uno de los mejores venenos que se podía emplear, era invisible y casi indetectable. Las técnicas analíticas que había disponibles se podían calificar, como poco, de rudimentarias, aunque no se puede negar que sí eran muy llamativas; por desgracia, rara vez daban resultados concluyentes.

Gracias a varios científicos de los que hablaremos más adelante, la ciencia forense mejoró sustancialmente a lo largo del siglo XIX. Se elaboraron distintos tipos de test y pruebas que permitieron detectar la presencia de arsénico en diferentes tipos de muestras orgánicas, aunque este estuviera incluso presente en diminutas cantidades; adiós al crimen perfecto. Aun así, tuvieron que pasar bastantes años hasta que se refinó la técnica, que no siempre daba buenos resultados debido a su complicada puesta en marcha, lo que permitió que muchos asesinos quedaran libres. Eso sí, los avances tecnológicos han hecho que este tipo de crímenes con arsénico sean siempre castigados… ¿O no?

Pero no pensemos que el arsénico se ha empleado solamente como veneno; durante mucho tiempo estuvo presente en diversos tratamientos médicos e incluso se fomentaba el consumo de aguas arsenicales que curaban todo tipo de males. A lo largo de varios siglos estuvieron disponibles tratamientos arsenicales para intentar curar distintas enfermedades y, curiosamente, alguno sí que parecía cumplir lo que prometía. Descubriremos qué enfermedades realmente se pueden tratar con arsénico, y en qué dosis, además de

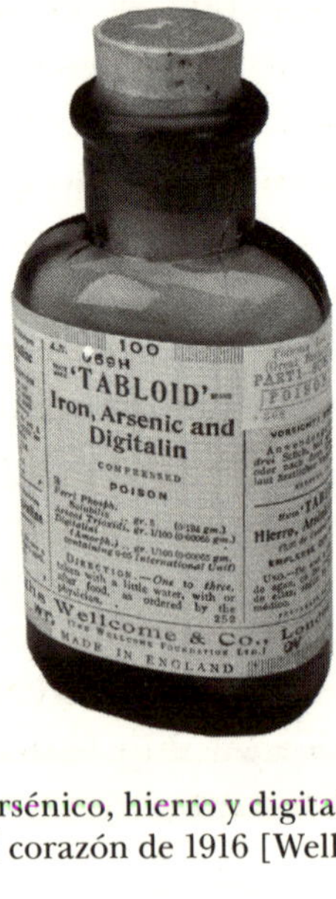

Medicamento a base de arsénico, hierro y digitalina empleado para tratar enfermedades del corazón de 1916 [Wellcome Collection].

ver qué productos estaban dispuestos a vender personas con pocos escrúpulos para llenarse los bolsillos. Esta libre circulación del arsénico por la sociedad causó bastantes problemas y llegó un momento que el pánico reinante era tal que incluso los jueces intentaron poner en marcha varias leyes que prohibían o limitaban la venta de este elemento, veremos si tuvieron éxito o no.

Una de las aplicaciones más llamativas del arsénico la encontramos en el mundo de los colorantes y pigmentos, ya que a través de un proceso químico bastante sencillo podía crearse un pigmento de un llamativo color verde. Este pigmento fue muy usado durante el siglo XIX en papeles de pared, telas, pinturas, juguetes para niños y un sinfín de cosas más, lo que hacía que la gente estuviera expuesta a este mortal elemento de forma casi continuada. Los trabajadores de las minas o incluso las mujeres que se dedicaban a colorear tocados para las damas de la Inglaterra victoriana tampoco estaban precisamente exentos de peligros.

Conocidas las aplicaciones del arsénico en el pasado, llegará el momento de conocer por fin los usos que tiene este elemento en el presente. Del lado de la industria, el arsénico fue un elemento muy habitual en el siglo pasado en pesticidas y como forma de controlar distintos tipos de plagas y, aunque nos pueda sorprender, en la actualidad se sigue empleando en algunas aplicaciones tecnologías muy importantes además de en metalurgia.

Que el arsénico sea un elemento extremadamente venenoso no implica que no pueda estar presente en nuestro día a día. Existen multitud de formas de entrar en contacto con él sin que nos percatemos de ello; por mucho que nos cueste creerlo, todavía hay zonas del planeta donde la contaminación por arsénico es un problema tan grave que millones de personas se ven obligadas a beber aguas contaminadas diariamente. Además de este problema, se abordará otro de actualidad, la presencia de arsénico en nuestra comida. Veremos dónde hay arsénico, cuánta cantidad puede haber y si realmente podemos morir envenenados tras tomarnos en un restaurante una buena mariscada.

Los siguientes apartados van a estar dedicados a esos (supuestos y probados) asesinos que emplearon arsénico para acabar con un conocido o un ser querido. Desde el siglo XVII hasta el XXI, veremos que este elemento se ha usado para acabar tanto con mujeres y hombres como niños. Cada persona tenía sus planes concretos, sus deseos o sus motivaciones; aunque aquí se exponen tan solo un puñado de ejemplos de casos reales de envenenamientos, existieron muchísimos más, llegando a considerarse incluso una plaga en algunos momentos de la historia. Gran parte de estos casos han tenido lugar fuera de nuestras fronteras, pero no pensemos que es algo exclusivo de otros países, España también cuenta con unos cuantos envenenadores famosos sobre los que hablaremos.

El último capítulo está pensado para dejarnos con un mejor sabor de boca; dado que, en nuestra historia reciente y no tan reciente, el arsénico se ha empleado como arma homicida, no iba a ser diferente en la ficción. Muchas novelas policiacas cuentan con este elemento como protagonista, al ser tan difícil de detectar y tan fácil de administrar; hay incluso obras de teatro y musicales donde aparece, teniendo un mayor o menor papel. En algunos casos la ficción llega a superar la realidad como veremos al hablar de los manuscritos medievales y de *El nombre de la rosa*, de Umberto Eco y donde aprovecharemos para descubrir algunas curiosidades más sobre este elemento.

Al final de cada capítulo encontraréis una serie de libros y obras de referencia donde podéis acudir en busca de más información; la historia del arsénico es larga, colorida, y veréis que está llena de altibajos y de cambios en la percepción social que se tenía de este elemento.

Espero que, al finalizar este libro, vuestros conocimientos sobre el arsénico hayan aumentado considerablemente, que sepáis cómo se envenenaba en el pasado, en el presente y ante qué síntomas nos tenemos que preocupar y, sobre todo, que penséis que un gran poder (o una gran sabiduría en este caso) conlleva también una gran responsabilidad.

El arsénico

Lo creamos o no, el arsénico está en todas partes. Nos rodea en el aire, nos envuelve en el agua y forma parte de la tierra que pisamos; sin embargo, está casi siempre en tales cantidades que es prácticamente imposible que nos afecte de alguna manera que sea ni remotamente letal.

Muchas son las historias que tienen a este elemento como protagonista. Veremos que ha sido el elemento principal en decenas de episodios, tanto de crímenes donde se ha empleado de forma intencionada para causar la muerte de alguien como de terribles accidentes. Incluso hoy en día, por mucho que nos pueda extrañar, algunas partes del mundo continúan siendo considerablemente tóxicas debido a su elevada presencia en suelos y hay otras zonas donde todavía millones de personas beben agua contaminada con arsénico a diario. Pero, antes de ver todo eso, es importante saber qué es el arsénico, quién fue la primera persona que lo consiguió aislar, dónde aparece en estado natural y cómo se extrae; de todo eso tratará este capítulo.

ORIGEN Y DESCUBRIMIENTO

El arsénico siempre ha estado a nuestro alcance. El ser humano lo ha estado empleando desde la Antigüedad, aunque no supiera exactamente qué era ni cómo obtenerlo. Aristóteles (384 a. C. - 322 a. C.), uno de los padres de la filosofía occidental, ya hacía referencia a él. Este importante filósofo tenía un gran interés por la ciencia, y así lo demuestran sus tratados sobre astronomía y biología; fue además uno de los primeros que llevó a cabo investigaciones de tipo sistemático.

En su tratado titulado *Meteorologica*, Aristóteles decía que todas las sustancias estaban compuestas por cuatro elementos (agua, aire, tierra y fuego). A esto hace falta unir lo que él llamaba las «exhalaciones» producidas por la acción de los rayos solares sobre la superficie de la tierra. Cuando estas exhalaciones caían sobre tierra seca, decía que se generaba una exhalación humosa, que a su vez podía ser seca o caliente; cuando caían sobre agua, era una exhalación vaporosa, húmeda o fría. La mezcla de estos dos tipos de exhalaciones daba lugar a diferentes procesos y fenómenos, como estrellas fugaces cuando sucedían en la parte superior o temblores cuando tenían lugar en la parte inferior (o interna) de la Tierra.

Aristóteles clasificaba en dos grupos las sustancias que aparecían dentro de la Tierra y que se habían generado debido a estas exhalaciones: lo que él llamaba fósiles (sustancias que no se podían derretir y se obtenían excavando) y metales (que se podían derretir y que eran dúctiles o maleables por la acción del fuego). Dentro del grupo de fósiles Aristóteles incluía una sustancia llamada sandáraca, que hoy en día se piensa que era rejalgar, un mineral de arsénico del que hablaremos muy pronto. No hay que confundir esta sandáraca con otro producto de mismo nombre y que designa una resina de color amarillento muy popular en Marruecos y Asia. Esta resina se empleaba para hacer cuentas y adornos, para quemarse debido al agradable olor que desprende y también como medicamento.

Aun así, todavía tenemos que retroceder un poco más para llegar hasta el origen de la palabra *arsénico.* Lo encontramos en la Antigüedad, concretamente, según muchas teorías procedería de la palabra siríaca *(al) zarniqa* y esta a su vez de la palabra persa *zarnikh*, que significa amarillo, que vendría a traducirse como oropimente amarillo. Posteriormente en Grecia se adaptó y transformó el término en *arsenikon*, que pasó después a conocerse en latín como *arsenicum.*

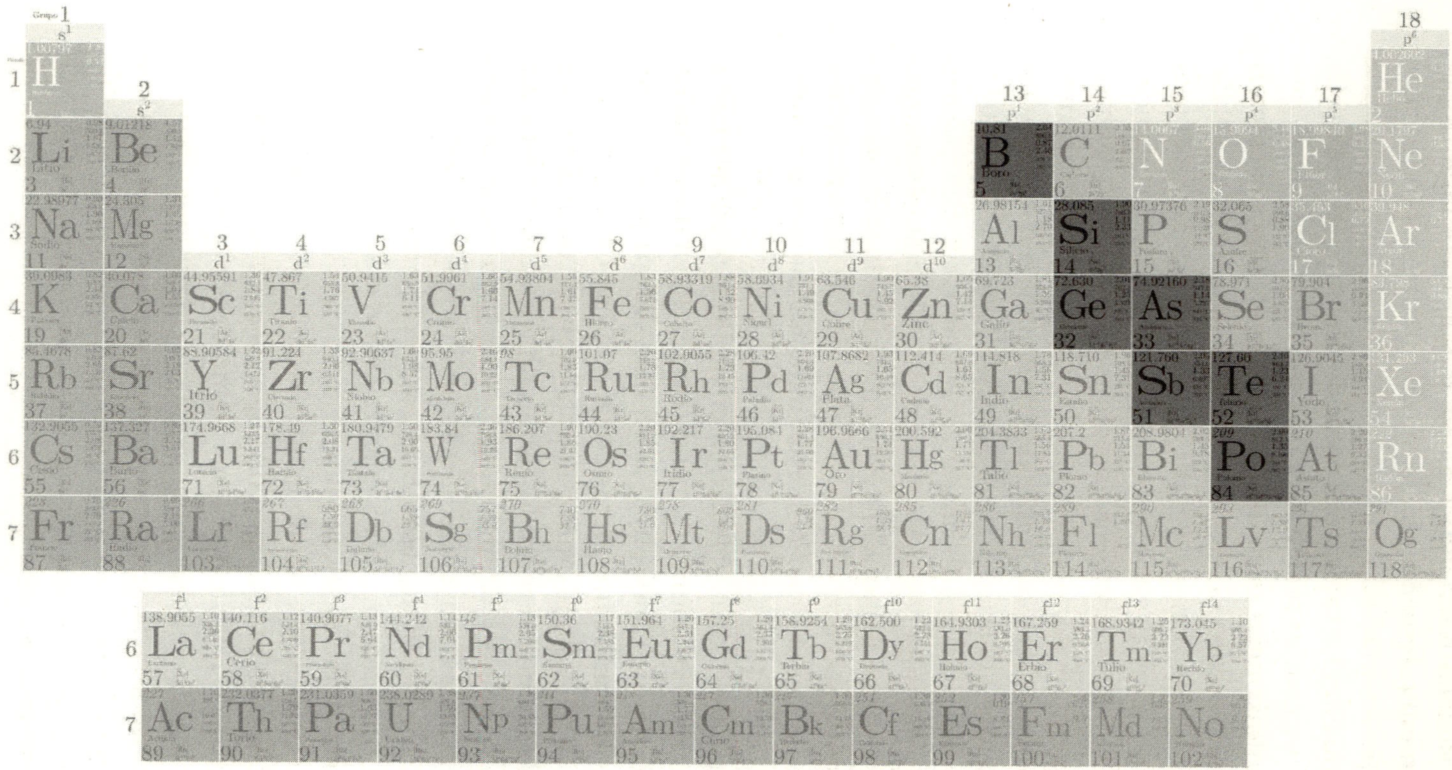

Tabla periódica de los elementos donde está sombreado el grupo de metaloides, al que pertenece el arsénico (As) [modificado de Dolgoruki.es].

La evolución de la propia palabra ya nos indica que no era un elemento desconocido para ninguna sociedad. Incluso sin disponer de técnicas muy sofisticadas, el ser humano fue capaz de emplearlo y de procesarlo mediante procesos rudimentarios gracias sencillamente a una fuente de calor.

Viendo la tabla periódica, el arsénico está situado en la parte de la derecha, en una franja diagonal de varios elementos que se denominan metaloides; es concretamente el elemento número 33, y lo reconoceréis por su símbolo químico «As». Que el arsénico sea un metaloide, o un semimetal como se denomina a veces a este grupo de elementos, implica que a veces se comporta como un metal y a veces no.

Sabemos que la corteza terrestre, el suelo que pisamos, está compuesta por multitud de elementos y que los más abundantes son el oxígeno, la sílice, el aluminio, el hierro, el calcio, el sodio, el potasio y el magnesio. Estos ocho elementos representan casi el 99% del peso total, pero como podemos ver, en la tabla periódica hay muchísimos más elementos y casi todos ellos están presentes en la corteza de forma natural. En nuestro caso, el arsénico, en un ranking de elementos de más a menos abundante en la corteza, tendríamos que llegar casi hasta el puesto cincuenta para encontrarlo.

La cantidad media de arsénico que hay en la corteza es de entre 1,5 y 5 partes por millón, lo que viene a significar que, si tuviéramos mil kilogramos de corteza a nuestra disposición, esta aproximadamente contendría como máximo cinco gramos de arsénico, muchísimo menos de lo que cabe en una cucharita de café. De este ejemplo se puede deducir que es un elemento relativamente escaso si se compara con otros, sin embargo, el arsénico aparece en la composición de casi 250 minerales, siendo el más frecuente la arsenopirita.

El arsénico no aparece solamente en el suelo, también lo podemos encontrar de forma natural en el agua, aunque en cantidades mucho menores, ya que, cuando un río o un manantial subterráneo entra en contacto con una roca que contiene arsénico, poco a poco lo va disolviendo. También en el aire, si vivimos por ejemplo cerca de una planta de tratamiento de arsénico.

Se dice que Alberto Magno (1193?-1280) fue la primera persona que aisló el arsénico en su forma pura en el año 1250. Alberto Magno fue un científico (además de teólogo, profesor y escritor) muy representativo de su época, observador y muy dado a plantearse dudas sobre todo lo que le rodeaba. Estudió en Italia y en Francia, donde se doctoró en 1245 en teología; fue también profesor en varias universidades europeas.

En 1899 se recopiló todo lo que había escrito, llegando casi a alcanzar la friolera cifra de cuarenta libros; en estos volúmenes se trataban temas tan diversos como la teología, la geografía, la mineralogía, la justicia o el derecho. Fue una de las primeras personas en comentar todos los trabajos de Aristóteles, ayudando a propagar sus conocimientos; casi todo lo que sabemos de él se lo debemos a Alberto Magno. Otro de los campos que exploró con gran detalle fueron las ciencias naturales, incluyendo no solo información de fuentes antiguas sino también datos basados en sus experiencias.

Calcografía realizada por Jean Jacques Boissard en 1627 de Alberto Magno [Biblioteca Municipal de Trento].

Hay que pensar que en la Edad Media las teorías naturales se basaban más en explicaciones de tipo divino debido a la gran importancia que tenían la fe y la iglesia en aquel momento. Sin embargo, Alberto Magno no dudó en llevar a cabo sus propios experimentos para buscar explicaciones y poner a prueba esas teorías, motivo por el cual se le considera uno de los precursores de la ciencia empírica. De hecho, fue un acérrimo defensor de la coexistencia de la ciencia con la religión. Tal y como él mismo dejó escrito: «la tarea de la ciencia natural no consiste en aceptar simplemente cosas relatadas, sino en investigar las causas de los sucesos naturales». Dentro de las ciencias naturales, le apasionaban especialmente los minerales, tanto que efectuó distintos viajes a yacimientos mineros repartidos por Europa para ampliar sus conocimientos.

Aunque hemos visto que la existencia del arsénico ya era conocida en la Antigüedad, además de describir su comportamiento como metal, Alberto Magno lo consiguió aislar a partir de un mineral. Esto era algo que nadie había hecho hasta el momento, motivo por el cual se le considera el descubridor de este elemento en casi todos los manuales y libros sobre el tema. El proceso que siguió es sencillo, aunque él mismo lo describió de forma un poco vaga; se supone que calentó un mineral de arsénico (oropimente) con jabón, reacción que dio lugar a la generación de arsénico en su forma elemental (puro).

Alberto Magno fue santificado en 1931 y declarado unos años después como patrón de todas las ciencias naturales por ser la persona que las reintrodujo en las universidades; por este motivo la festividad de San Alberto Magno se celebra en todas las universidades españolas el día 15 de noviembre, fecha que coincide con el día de su fallecimiento.

MINERALES Y COMPUESTOS DE ARSÉNICO

Hemos dicho ya que el arsénico está presente en casi 250 minerales, pero desde luego no vamos a ver aquí una exhaustiva lista de todos ellos. Realmente, los más abundantes y los que más nos interesan aquí son el rejalgar, el oropimente y la arsenopirita.

El rejalgar es un sulfuro de arsénico (As_4S_4) que tiene un llamativo color rojo y anaranjado y es bastante frecuente que aparezca asociado a otro mineral de arsénico, el oropimente. Dada su toxicidad, en la Antigüedad ya se empleaba el rejalgar como veneno, pero también era muy apreciado como pigmento; es la sandáraca a la que hacíamos antes referencia. Plinio menciona en sus escritos que gracias al uso de sandáraca se podían obtener distintos tonos de pigmentos, desde rojizo hasta ocre. Otra aplicación muy extendida de este mineral era en la medicina; concretamente en un producto llamado sangre de toro, un compuesto que se empleaba igualmente como veneno. Nicandro de Colofón (siglo II a. C.), autor de origen griego de, entre otros, dos tratados sobre venenos, animales venenosos y antídotos, ya describió sus tóxicos y letales efectos. Uno de los personajes históricos más famosos, Temístocles, guarda una estrecha relación precisamente con este veneno.

Temístocles (525-460 a. C.) fue un general ateniense conocido por su papel en la batalla naval de Salamina de griegos contra persas. A través de un esclavo llamado Sicino, le hizo llegar a Jerjes I, rey persa, el rumor de que Temístocles era partidario de que él obtuviera la victoria y para ello estaba dispuesto a ayudarle. La estrategia consistía en tentar a Jerjes para que bloqueara con su flota el estrecho para impedir que los barcos griegos pudieran escapar, cosa que efectivamente hizo, cayendo así en la trampa. En ese estrecho los barcos persas, al ser más voluminosos y pesados tenían todas las de perder al no poder maniobrar tan ágilmente como los griegos. A pesar de su inferioridad en número, la flota helena consiguió que se retiraran, impidiendo así que Grecia fuera conquistada. La sangre de toro, según cuenta

Plutarco en una de las varias versiones que existen de la muerte de este gran estratega, fue probablemente lo que empleó Temístocles muchos años después para suicidarse al no poder cumplir las promesas que le había hecho al rey persa Artajerjes I, para el que estuvo trabajando en sus últimos años de vida.

El oropimente es otro sulfuro de arsénico (As_2S_3) que tiene un color amarillento anaranjado. Tan llamativo era su color en la Antigüedad que su nombre en latín (*auripigmentum*) hace referencia de forma específica a ello, siendo una combinación de *aurum*, que significa oro, y *pigmentum*, que significa pigmento. Incluso algunas civilizaciones llegaron a pensar que, por su peculiar color amarillo, podría contener oro o podía servir para extraerlo; de hecho, se menciona esta posibilidad en un libro medieval de recetas, *Mappae Clavicula.*

A lo largo de distintos siglos el oropimente se ha empleado fundamentalmente como pigmento; se puede encontrar en algunos papiros del antiguo Egipto, en las decoraciones de la tumba de Tutankamón e incluso en las paredes del suntuoso monumento funerario del Taj Mahal. En la época celta se seguía empleando con este fin y unos análisis recientes del Libro de Kells, un manuscrito extensamente ilustrado realizado por unos monjes celtas alrededor del año 800, demostraron que el pigmento amarillo que aparece en muchas de las ilustraciones de los cuatro tomos es precisamente oropimente. En otros lugares como en Asia se empleaba tam-

Ilustración de tres minerales de arsénico (de izquierda a derecha): oropimente, rejalgar y arsenopirita. Das Mineralreich in Bildern (1878).

bién para darle color a los grabados y a los sellos de lacre. Tampoco podemos olvidarnos de su propiedad más importante, su toxicidad, motivo por el cual el oropimente también se empleaba para envenenar puntas de flecha.

La arsenopirita es un sulfuro de arsénico y hierro (FeAsS) y, al contrario que los otros dos minerales de los que ya hemos hablado, presenta un color gris metálico mucho menos llamativo y vistoso. Con un contenido de arsénico que roza el 50%, es al calentar la arsenopirita cuando el arsénico se libera en forma de óxido de arsénico gaseoso, que puede resultar fatal si se inhala.

Todos estos minerales se suelen formar en grietas y fisuras por las que circulan líquidos calientes y que han atravesado zonas donde hay otros minerales que contienen arsénico; también en zonas volcánicas, donde se suelen alterar con cierta facilidad dando lugar a un polvo amarillento. Además, el oropimente se suele formar como producto de la alteración del rejalgar. Tampoco es raro que la arsenopirita aparezca asociada a otros muchos minerales como la pirita (sulfuro de hierro), la galena (sulfuro de plomo), esfalerita (sulfuro de zinc), etc.

Por otro lado, aparte de los tres minerales mencionados, existen numerosos compuestos inorgánicos de arsénico, siendo uno de los más famosos el trióxido de arsénico (As_2O_3), extremadamente venenoso y que es precisamente el que se suele emplear como arma letal. Este compuesto, conocido popularmente como arsénico blanco, no tiene olor, color ni sabor por lo que es muy difícil de detectar. Así mismo, se disuelve muy bien en líquidos calientes, como agua, té o incluso chocolate. Dejando de lado sus aplicaciones mortíferas, se ha empleado históricamente y se emplea en la actualidad en distintas industrias, tanto como materia prima para fabricar otros compuestos de arsénico, como para curtir pieles, purificar gases, en la industria del vidrio, etc.

El trióxido de arsénico se puede fabricar fácilmente al quemar en presencia de oxígeno cualquier mineral de arsénico como, por ejemplo, oropimente. Al llevar a cabo este proceso, se obtienen como productos trióxido de arsénico y dióxido de azufre. Este es sin embargo tan solo un ejemplo, ya que la forma más habitual de obtener en la actualidad trióxido de arsénico es durante el procesado de minerales de oro o cobre que van acompañados de arsenopirita. Ocasionalmente, este compuesto puede aparecer de forma natural como producto de alteración de minerales de arsénico.

Otro compuesto inorgánico de arsénico es el tricloruro de arsénico ($AsCl_3$), un material de aspecto oleoso incoloro, muy venenoso, muy volátil y soluble que se emplea en la industria cerámica, en productos farmacéuticos y para fabricar otros productos de arsénico.

Además de los compuestos inorgánicos de arsénico, existen también algunos compuestos orgánicos como el ácido arsanílico, el ácido monometilarsónico (MMA), el ácido dimetilarsínico (DMA) o el óxido de trimetilarsina (TMAO), empleados en agricultura. Por otro lado, están la arsenobetaína (AsB) y la arsenocolina (AsC), sustancias comunes en los ecosistemas biológicos marinos y que los peces van acumulando en sus músculos; eso sí, se trata de especies químicas casi inocuas para el ser humano, por lo que su consumo no suele conllevar riesgo alguno.

Por último, el arsénico puede aparecer en forma de gas, concretamente el llamado gas arsina (AsH_3), compuesto solamente por arsénico e hidrógeno. Este gas lo descubrió el farmacéutico sueco Carl Wilhelm Scheele (1742-1786) en 1775 el mismo año que fue nombrado miembro de la Real Academia Sueca de Ciencias. Scheele dedicó bastante tiempo al estudio de diferentes compuestos de arsénico y descubrió uno muy importante que aparecerá un poco más adelante. Para encontrar una de las primeras víctimas mortales del gas arsina no hace falta ir demasiado lejos. Adolph Ferdinand Gehlen (1775-1815) fue un químico alemán que, debido a las limitaciones de espacio que tenía la Academia de Ciencias de Baviera, donde trabajaba, decidió hacer algunos experimentos en su casa, entre ellos unos con gas arsina. Por desgracia, en julio de 1815, tras sufrir casi durante nueve días, murió debido a una intoxicación aguda causada por la inhalación de este gas.

Además de ser extremadamente tóxico e inflamable, como pudieron descubrir los que se atrevieron a experimentar con él en condiciones nada adecuadas, el gas arsina tiene la peculiaridad de que, si la concentración es lo suficientemente alta, se puede llegar a notar un cierto olor a ajo. Aunque no es muy frecuente, los trabajadores que están en plantas de tratamiento y fundición donde se tratan minerales de arsénico pueden llegar a sufrir intoxicaciones por este gas si las medidas de seguridad no se cumplen, o en el caso de que se produzca algún fallo en el sistema.

DÓNDE HAY ARSÉNICO Y CÓMO SE OBTIENE

Aunque tenemos el oropimente y el rejalgar, realmente, en la actualidad rara vez estos minerales son los que se emplean como fuente de arsénico. Normalmente, se obtiene a partir de la arsenopirita que acompaña a los minerales de cobre; de esta forma, durante el proceso de refinado para obtener el cobre metal se aprovecha también el arsénico. Esta misma estrategia se sigue igualmente en el caso de plantas de refinado de minerales que contienen oro y plomo además de arsénico. Dado que la minería es un sector que requiere de una gran inversión para ponerse en marcha que luego hay que compensar con las ventas de mineral, si se pueden extraer diferentes productos cuya comercialización sea rentable, se suele aprovechar.

Inicialmente, y por falta de conocimientos más avanzados de recuperación, el arsénico se obtenía a partir del rejalgar y del oropimente. Estrabón, un filósofo y geógrafo griego que vivió hace más de dos mil años, ya hacía referencia a varias minas de arsénico en su *Geografía*. Esta obra, compuesta por diecisiete libros, reunía todos los conocimientos disponibles hasta el momento sobre la geografía grecorromana; sin ir más lejos, el tercer libro está dedicado a Iberia. En el libro doce Estrabón habla de las minas de arsénico situadas en el Ponto (actualmente Ucrania); concretamente, habla de una montaña de Asia menor llamada Sandaracurgium de donde se extraía la sandáraca, el rejalgar. No solamente menciona su existencia, añade que la montaña estaba plagada de galerías donde los mineros, cerca de doscientos, normalmente esclavos condenados por algún crimen, padecían terribles enfermedades y tenían una vida muy corta debido al aire y el polvo tóxicos. Por otro lado, en el libro quince habla de unas minas de arsénico en la zona de Partia, situada en el noroeste del actual Irán.

El arsénico que se produjo durante gran parte del siglo XIX provenía fundamentalmente de unas minas situadas en la zona de Erzgebirge (Sajonia, Alemania) además de algunos otros puntos repartidos por ese mismo país. El arsénico blanco se obtenía como subproducto del procesado de minerales de cobalto. En aquella época, el cobalto se extraía para fabricar una sustancia llamada *zaffre* que se empleaba como pigmento azul para colorear el vidrio y las porcelanas. Durante el proceso de combustión del mineral de cobalto se liberaba el arsénico y se recuperaba en un proceso posterior.

A nivel mundial, históricamente se ha extraído arsénico en Perú y Filipinas a partir de minerales de arsénico como el oropimente y el rejalgar. Asimismo, se extrajo el arsénico que aparecía asociado a mineral de oro en Canadá y en Tayikistán. En este último país está situada la mina de Taror, abierta en 1937, de la que se extraía arsénico principalmente. Sin embargo, tras la Segunda Guerra Mundial, el oro que acompañaba a este arsénico la convirtió en algo mucho más rentable. El arsénico presente fue entonces abandonado en las escombreras, contaminando así gran parte del suelo y aguas de la zona.

En otros muchos lugares del mundo existen depósitos minerales con arsénico, desde Chile hasta China. Algunas de las minas más famosas de arsénico de los dos últimos siglos están repartidas entre Reino Unido y Estados Unidos, aunque también existieron explotaciones de arsénico en España; ha llegado el momento de hablar de las más importantes.

En marzo de 1844 empezaron los trabajos en la mina de Devon Great Consols (nombre abreviado de la empresa

Devonshire Great Consolidated Mining Company), situada en Devon, Reino Unido, después de que el ingeniero Josiah Hitchens obtuviera el permiso del séptimo duque de Bedford para buscar cobre en la zona.

Los trabajos comenzaron en agosto de ese mismo año y para finales de 1844 ya estaba claro que allí había una gran cantidad de sulfuros de cobre, concretamente calcopirita ($CuFeS_2$), con un contenido de cobre del 17%. La extracción se empezó a llevar a cabo mediante labores de interior, en distintos pozos, y el material se sacaba a la superficie para ser procesado.

Ya desde el principio los accionistas tuvieron grandes esperanzas en este proyecto. La compañía emitió un total de 1024 acciones (participaciones de la propiedad) en marzo de 1844, con un valor de una libra esterlina cada una. Inicialmente, estas acciones se repartieron entre seis personas, distintos empresarios amigos de la familia Morris, familiares y, por supuesto, el propio William Morris Senior.

Trabajadores extrayendo mineral en el interior de una de las galerías de la mina Devon Great Consols (finales del siglo XIX).

En mayo de 1846, cuando la mina se empezó a denominar Devon Great Consols, se incorporaron nuevos miembros, entre ellos William Morris Senior, a la junta directiva de la empresa. La familia Morris consiguió tener alrededor de un 30% de las acciones de la mina y, tan solo en el primer año de funcionamiento, estas acciones pasaron de valer una libra a valer más de setenta, con lo que se hicieron millonarios. Precisamente, William Morris Senior tuvo un hijo, también llamado William en su honor, que sería el director de la empresa minera desde 1871 hasta 1875 y que volverá a aparecer más adelante cuando hablemos del arsénico empleado como pigmento en la Inglaterra victoriana.

Durante más de veinte años, la Devon Great Consols fue la mina más importante de cobre de toda Europa. Se calcula que entre 1861 y 1870 se extrajeron más de ciento cuarenta mil toneladas de cobre, llegando a alcanzar en sus mejores momentos una producción de aproximadamente treinta mil toneladas al año. Esto generaba, lógicamente, grandes beneficios a sus accionistas, tanto que las acciones llegaron a alcanzar una cotización de 920 libras, casi mil veces su valor inicial.

Cerca de seis mil empleos directos e indirectos dependían del buen funcionamiento de las minas y aproximadamente mil doscientas treinta personas trabajaban de forma directa en ellas. Cada uno de estos trabajadores recibía un salario que dependía de si trabajaba en las labores de exterior o de interior, cobrando estos últimos algo más que los de exterior por la peligrosidad asociada. Por otro lado, en la mina trabajaban algunas mujeres, que se encargaban de moler el mineral, junto con unos cuatrocientos treinta niños y niñas con edades que partían de los ocho años. El trabajo infantil era bastante habitual en la época, dado que los menores podían acceder a sitios donde los adultos no llegaban; era mano de obra barata y fácil de reemplazar. En España hasta enero de 1908 no se prohibió de forma específica el trabajo de menores de dieciséis años de y de mujeres menores de edad, es decir, mujeres menores de veintitrés años según establecían los criterios legales de aquel momento, en la fabricación de productos de arsénico.

Todos estos trabajadores formaban parte de una gran empresa y, a pesar de lo precario de la situación, contaban con algunas ventajas que en otras minas no podían ni imaginar. Todos tenían acceso a duchas, vestuarios y armarios donde dejar sus cosas, agua y comida caliente, té y café, incluso había un médico residente y un profesor que les daba clase a los más jóvenes.

Inicialmente, el mineral extraído se transportaba en carros de caballos y a través del río, pero en 1857 se empezó a construir una línea de ferrocarril que se terminó en noviembre del año siguiente y que permitía llevar el mineral extraído hasta el puerto de Morwellham, situado a unos siete kilómetros de distancia; esto hizo que el coste del transporte del mineral disminuyera considerablemente. Contaban con tres locomotoras y unos sesenta vagones que servían para llevar el mineral hasta el puerto y para transportar, entre otras cosas, el carbón necesario para el funcionamiento de las máquinas de vapor instaladas en la mina.

En la década de 1860 el precio del cobre bajó considerablemente y así lo hicieron igualmente los beneficios. Con la apertura de otras minas a nivel mundial, la Devon Great Consols dejó de ser tan rentable como antaño. Fue entonces cuando se dieron cuenta de que tenían un as en la manga. Durante mucho tiempo habían estado acumulando la arsenopirita que extraían de la mina y, poco a poco, se pasó de obtener solamente cobre a procesar también el arsénico.

En 1867 empezaron a producir activamente arsénico, que hasta el momento el Reino Unido importaba de forma casi exclusiva de Alemania. Era un elemento cuyas ventas eran muy rentables ya que se empleaba en una gran variedad de usos en esa época, desde pesticidas hasta colorantes para textiles, papeles de pared, jabones y velas. Con este cambio de dirección en la producción, la Devon Great Consols pasó a producir en la década de 1870 casi la mitad del arsénico que se empleaba a nivel mundial, que además era de una muy buena calidad, obteniendo grandes beneficios.

El proceso de obtención del arsénico era el siguiente: el mineral se extraía de la mina y de las escombreras que se habían ido creando con el paso del tiempo y se reducía su tamaño mediante trituradoras. Después, se lavaba y separaba por tamaños, y se tostaba en un horno a una temperatura cercana a los 590 °C. Los vapores generados atravesaban una serie de galerías en las que, al bajar la temperatura, el arsénico quedaba condensado en las paredes de las distintas cámaras. A través de unas puertas que daban acceso a esa zona de condensación, los trabajadores se encargaban de recogerlo. Este sistema de puertas permitía que mientras recogían el arsénico que había quedado depositado en una zona siguiera depositándose más arsénico en otra.

Posteriormente, ese arsénico, que tenía una pureza del 90%, se volvía a calcinar en un horno circular para obtener un arsénico de una pureza superior, del orden del 99,5%. Por último, este arsénico se molía a mano y se metía en barriles que luego se vendían y distribuían por todo el mundo.

Trabajadores recogiendo el arsénico que ha quedado depositado en las galerías de condensación de la Devon Great Consols; véase a la derecha el sistema de puertas que daban acceso a la zona de condensación (principios del siglo XX).

Los trabajadores que se encargaban de moler el arsénico para obtener el producto en forma de fino polvo no tenían grandes equipos ni tampoco estaban protegidos frente a los vapores que salían de los hornos, ya que llevaban simplemente unas mascarillas muy rudimentarias hechas a base de trozos de tela de arpillera con las que apenas se podían cubrir la cabeza o las manos.

Como se puede deducir, los trabajadores de la Devon Great Consols estaban expuestos a un gran riesgo y las enfermedades propias de este tipo de trabajo pronto empezaron a aparecer. Al principio de la década de 1860 se llevaron a cabo distintas investigaciones sobre la salud de los trabajadores de la mina y el asunto alcanzó tal relevancia que llegó incluso a aparecer en la prensa local. Thomas Morris, el hermano de William Morris Senior, concedió varias entrevistas sobre el tema llegando a admitir que niños y niñas de corta edad

Trabajador de la mina Devon Great Consols moliendo el arsénico blanco con escasas medidas de protección. Hoy en día en la zona todavía se pueden ver los restos de algunos de estos molinos (principios del siglo XX).

estaban en contacto continuado con el arsénico y que los síntomas que presentaban todos los trabajadores se debían al contacto directo con este elemento. Pensemos que las telas que llevaban a modo de mascarillas y guantes no servirían de mucho para impedir que el trabajador entrara en contacto con el arsénico, con su piel o que lo respirara, y más cuando estamos hablando del producto final, ese fino polvo que tenían que obtener de forma manual. Aunque hablaremos de los síntomas en el siguiente capítulo, los más habituales que presentaban estos trabajadores eran úlceras y llagas en la piel, coloración verdosa o amarillenta de las uñas, problemas respiratorios, etc.

A partir de 1872 las cosas cambiaron en la Devon Great Consols, las ganancias eran menores y, aunque se intentó buscar estaño (un metal que se pensaba que podría aparecer en ese mismo lugar) y se volvieron a emitir más acciones, tras haber disminuido el número de trabajadores hasta tan solo una cuarta parte del número inicial, a principios del siglo XX la mina terminó cerrando. Gran parte de la línea de ferrocarril que tan útil había sido en años anteriores se eliminó y fue vendida como chatarra en 1903.

El terreno, tras ser devuelto al correspondiente duque de Bedford, fue parcialmente restaurado de forma que no queda casi rastro alguno de dónde estuvieron las distintas zonas de explotación.

Durante la Primera Guerra Mundial se reactivó ligeramente la producción de arsénico para la fabricación de gases empleados para fines bélicos; también se extrajeron otros metales, fundamentalmente estaño y wolframio. La producción de arsénico se mantuvo de forma discontinua hasta la década de 1930. Se calcula que, durante los cincuenta y ocho años que estuvo la mina en activo, se extrajeron unas setecientas mil toneladas de cobre y se produjeron unas setenta y tres mil toneladas de arsénico.

Hoy en día, la mina forma parte del conocido como Paisaje minero de Cornualles y el oeste de Devon, declarado Patrimonio Mundial de la Humanidad por la UNESCO en julio de 2006. Todavía queda mucho arsénico en la zona, además, la propia actividad minera acentuó la contaminación de suelos y aguas de los alrededores. El contenido de arsénico en los suelos es bastante más elevado al considerado natural, lo supera en casi dos mil veces, eso sí, no pensemos que esto impide que haya vida en esta zona. Existe una especie de gusano (*Lumbricus rebellus*) que tiene una gran tolerancia al arsénico y es capaz de vivir en estos suelos contaminados.

Cerca de donde estaba la Devon Great Consols había otro lugar en donde se producía arsénico, en la mina de Botallack. Esta mina tenía la peculiaridad de estar situada por debajo del nivel del mar, junto a la costa. Entre los años 1815 y 1914 se produjeron allí unas 1525 toneladas de arsénico, junto a muchas más toneladas de cobre y estaño. Como la parte más rica en mineral estaba bajo el agua, decidieron ir ampliando los trabajos poco a poco desde la costa para maximizar el beneficio obtenido.

Entre 1895 y 1905 hubo un parón en la producción, cuando se rompió un dique; las galerías se inundaron y quedó inutilizada parcialmente. Otra compañía decidió retomar los trabajos más tarde debido al aumento de precio de venta del estaño. Aun así, la mina cerró en 1914 tras haber invertido distintas empresas una gran cantidad de dinero y no obtener beneficios suficientes.

Hoy en día todavía se conservan algunos restos de los edificios y de las galerías de condensación donde se recolectaba el arsénico.

Por otro lado, en Estados Unidos, hay varias minas de arsénico y refinerías que destacan en el panorama. En el estado de Nueva York, en la zona de Kent, desde mitad del siglo XIX hasta 1918 estuvo en funcionamiento la mina conocida como Pine Pond (aunque tuvo otros nombres como Silver Mine y Nimhan Mountain Mines) en la que se extraía arsenopirita para después obtener arsénico blanco. En la actualidad, debido a la contaminación de los suelos, se están llevando a cabo distintas iniciativas para recuperar la zona y minimizar el contacto de las personas con este elemento. Otra mina conocida es la de Brinton, en el estado de Virginia, que se descubrió en 1880 y que estuvo activa desde 1903 hasta 1919.

Ilustración de Philip Mitchell de las instalaciones de la mina de Botallack cuando estaba en actividad (circa 1840). Wikimedia Commons.

Un componente fundamental del proceso de producción de arsénico son las refinerías metálicas, donde se obtenía el arsénico blanco a partir del tratamiento de otros minerales; en Estados Unidos, a principios del siglo XX, había varias muy importantes.

La refinería situada en Everett (Washington, Estados Unidos) estuvo en funcionamiento desde 1894 hasta 1912. En 1903 la empresa Asarco (American Smelting and Refining Company) la compró y estuvo extrayendo plomo y arsénico hasta que cerró, momento en el cual se destruyeron todas las instalaciones. El terreno fue vendido dos décadas después y allí mismo se construyeron decenas de casas. En la década de 1990 se descubrió que tanto el suelo como las aguas subterráneas de toda la zona habían quedado gravemente contaminadas con arsénico y plomo, elementos que proceden sin duda alguna de la planta de refinado. Aunque a finales de la misma década se pensaba poner en marcha un plan de descontaminación, la empresa quebró. Desde entonces, se siguen llevando a cabo tareas para eliminar los elementos tóxicos presentes y la población tiene que seguir una serie de recomendaciones para evitar el envenenamiento accidental (lavarse las manos después de tocar tierra, vigilar a los niños para que no se lleven tierra a la boca...).

Otra refinería muy conocida fue la de Tacoma, en el mismo estado que la anterior, que empezó a funcionar en 1890 y que compró también la empresa Asarco en 1905; en aquel momento, la planta ya contaba con unos 525 trabajadores.

Asarco contaba con un total de doce plantas de tratamiento, siendo esta de Tacoma en donde se extraía el trióxido arsénico al mismo tiempo que se procesaban otros metales como el plomo, oro y plata. Tras un periodo en el que se estuvo recuperando solamente cobre, en la segunda mitad del siglo, el arsénico volvió a tener un papel protagonista. Allí se procesaban principalmente residuos de otras empresas que contenían arsénico, convirtiendo así estos residuos, que de otra forma hubieran terminado en vertederos, en recursos.

Esta refinería de Tacoma era la única que producía arsénico en Estados Unidos en aquel momento, llegando a obtener hasta dieciocho toneladas al año de arsénico blanco. Gracias a la expansión de la agricultura y al empleo de este producto como plaguicida y pesticida, como conservante de madera y a su uso como agente químico en la guerra, la planta alcanzó su máxima producción en las décadas de 1940 y 1950, disminuyendo después considerablemente hasta que terminó cerrando en 1985. No solo la bajada de las ventas determinó su cierre, la creciente preocupación por los efectos que tenía el arsénico en el medioambiente jugó un papel importante, junto con la salud de los trabajadores y de todos aquellos que vivían cerca. De hecho, la expresión «el aroma de Tacoma» era muy popular y hacía referencia al olor tan peculiar y característico que emanaba de la fábrica.

Refinería de Tacoma; la chimenea, hecha de cemento, construida en 1917, y fue en ese momento la más alta del mundo con 174 metros; se derribó en 1993.

Postal de la primera mitad del siglo XX donde se aprecia una vista general de la planta de Saint-Pièrre Montlimart (Francia), justo debajo de la chimenea están las cámaras de condensación empleadas para la fabricación del arsénico.

La nueva normativa ambiental que limitaba la cantidad de arsénico que se podía liberar al medioambiente en este tipo de refinerías también empezó a aplicarse de forma mucho más severa y, a pesar de que se llevaron a cabo cuantiosas inversiones para mejorar la planta e impedir así la creciente ola de casos de cáncer de pulmón de la zona, no fue suficiente. Estas limitaciones, unidas a la fuerte bajada del precio del cobre, principal producto de la planta, acabaron con la única fábrica de arsénico nacional del país. Tras la demolición de los edificios, el suelo, que estaba contaminado, se selló con una gruesa capa de cemento y gran parte de la zona todavía está a la espera de ser descontaminada.

Más cerca de nuestras fronteras, en Francia, estaban las minas de la Bellière en Saint-Pièrre Montlimart. Esta mina fue descubierta por M. Burthe en 1895, en una zona que ya habían explotado previamente los romanos para sacar oro. Las minas de la Bellière estuvieron en actividad desde 1905 hasta 1953. En 1908 contaba casi con cuatrocientos cincuenta trabajadores, de los cuales más de la mitad trabajaban en las galerías de interior.

En estas minas de la Bellière se extraía principalmente oro y algo de plata, pero también el arsénico que lo acompañaba en forma de arsenopirita. Se calcula que se extrajeron unas diez toneladas de oro en total y algo más de mil kilogramos de plata; esta mina generaba grandes beneficios, entre otros, la producción de mineral vendible rozaba el millón y medio de francos pocos años después de la apertura de la mina.

Una vez se extraía el oro, los concentrados restantes, que contenían una gran cantidad de arsenopirita, se enviaban a los hornos para fabricar ácido arsenioso de una pureza del 99,6%. Estos hornos permitían producir unas 660 toneladas de ácido arsenioso al año.

Una de las consecuencias más graves de la actividad minera en la zona fue la contaminación de las aguas y de los ríos cercanos con arsénico además de con otros productos procedentes del lavado de minerales. Había tanto arsénico que los agricultores tenían que comprar el agua en otras regiones para poder regar sus cultivos. Hoy en día no queda resto alguno de las minas ya que las galerías fueron rellenadas y los edificios derribados para construir otros.

Al igual que en Reino Unido, Estados Unidos y Francia, España también llegó a producir cantidades nada despreciables de arsénico. Una de las zonas más productivas está situada en el valle de Ribes, en el Pirineo, donde hay un depósito de piritas arsenicales con oro.

El valle de Ribes fue explorado con todo detalle en 1853 por José María Santos, pero no fue hasta 1889, cuando otro ingeniero, M.E. Lhomme, se fijó en lo ricos en arsénico que eran los sulfuros allí presentes (pirita, arsenopirita, estibina y otros) y especialmente en sus elevados contenidos en oro y plata, de unos unos treinta y sesenta gramos por tonelada.

En el año 1900 la empresa «Minas y Minerales Gironés y Henrich en Comandita» empezó a explotar a gran escala estos yacimientos. Había varias concesiones mineras, como *La Jeanette*, una de las más importantes y que incluía varias antiguas minas, situada cerca del pueblo de Queralbs (Gerona). Otra de las minas de la zona era la *Teodora*, muy cerca del pueblo, que llegó a tener hasta cinco pisos de los cuales cuatro conectaban con la superficie mediante socavones.

El material extraído se transportaba a través de un sistema de vías por cable y se llevaba hasta la fábrica conocida como la Farga, que se levantó empleando los edificios que ya habían sido construidos previamente cuando se trató a mitad del siglo XIX de recuperar el oro de las piritas. Dado que era más fácil y barato procesar allí el mineral de arsénico, se decidió que el proceso de refinado se llevaría a cabo también en España. Por ello, el mineral extraído y fragmentado se enviaba posteriormente a la planta que, por cuestiones técnicas y económicas, se situó en Badalona, a unos dos kilómetros de una vía férrea internacional que unía nuestro país con Francia. Allí se fabricó trióxido de arsénico, ácido arsenioso, arsénico amarillo (producto de la condensación de vapores de arsénico) y régulo de antimonio (la forma en que se llama al antimonio de baja pureza). Tal fue la relevancia de esta fábrica que llegó a producir el 15% del trióxido de arsénico a nivel mundial.

Fotografía de la fábrica de arsénico situada en Badalona (Silvino Thós y Codina, 1904).

En la planta de refinado había un total de siete edificios, el principal estaba destinado a la fabricación de ácido arsenioso, cerca de los hornos de calcinación de los minerales arsenicales. En ese mismo lugar se procesaba el mineral de plomo y se llevaba a cabo el proceso de extracción de la plata.

En la parte de la planta de refinado de arsénico se procesaba el mineral de la misma forma que en la mina de Devon Great Consols. Primero, gracias a unos elevadores, el mineral arsenical se hacía pasar por un horno de calcinación, donde se volatilizaban el arsénico y el azufre presentes. Los gases generados atravesaban las cámaras de condensación, de un par de centenares de metros de longitud. El azufre salía por una chimenea de cuarenta y seis metros de altura y el arsénico se depositaba, al bajar la temperatura lo suficiente, en las propias cámaras. Era en ese lugar donde se recogía el arsénico que después era triturado mediante molinos y posteriormente almacenado en sacos de tela de algodón y barriles. Dado que en España se calcula que en esa época se consumían unas cincuenta toneladas de arsénico al año, la gran parte de la producción, más de cuatro mil, se exportaba a otros países. Por desgracia, y tras el hundimiento de los precios del trióxido de arsénico y también de la demanda, tanto las minas como la fábrica se vieron obligadas a cerrar en la segunda década del siglo XX.

En la zona de Riaño (León), Juan Álvarez Fernández solicitó en 1946 varios permisos de investigación, denominados *Jesusina* y *Manuela*, para ver si era rentable extraer el arsénico que había en la zona. Más personas también solicitaron otros permisos en la zona ese mismo año como Manuel Abastas Robles y Victorino Chamorro Merino. La solicitud de estos permisos de investigación no implicaba necesariamente que luego se fuera a explotar el arsénico, eran simplemente permisos que tenía que dar el Estado, tal y como establecía la Ley de Minas vigente, para poder estudiar las zonas con mayor detalle. Lo más habitual era que, pasado el tiempo establecido, estos permisos caducaran sin que se hubiera hecho gran cosa en ellos.

Postal de la primera mitad del siglo XX donde se ve a varios trabajadores de las minas de arsénico de La Junquera (Gerona).

Industrias Arsenicales Reunidas, S.L, fundada en 1939, fue una empresa encargada de explotar piritas arsenicales en la zona de Riaño (León), en el año 1940 produjo 570 toneladas de piritas arsenicales y, algo menos, 426 toneladas en el año 1941. Estas piritas arsenicales tenían entre un 25 y un 34% de arsénico.

Inicialmente, el mineral extraído en Riaño era llevado hasta Teixeiro (La Coruña), donde estaban los hornos de calcinación. Cerca de Teixeiro se extraía también algo de arsenopirita en minas de pequeño tamaño que era procesada en la planta; la mina más importante era la llamada *Arriba España* y estaba a unos cuatro kilómetros del pueblo. Esta planta de La Coruña estaba autorizada concretamente para producir arsenito sódico en solución, además de otros productos derivados del arsénico.

A finales de la década de 1940 *Industrias Arsenicales Reunidas, S.L.* contaba ya con varias minas e instalaciones repartidas por la zona norte de España. En 1947 solicitaron permiso para instalar cuatro hornos para la obtención de arsénico blanco en Riaño que les permitirían obtener una tonelada al día con cada uno de ellos. La materia prima que se quemaba en dichos hornos, procedía de la mina conocida como *Dos Amigos,* situada cerca.

Esta misma empresa solicitó permiso en 1950 impregnar madera con sales arsenicales como plaguicida. En 1956 también solicitaron otro permiso para instalar un horno de recuperación de arsénico a partir del mineral de cobre procedente de la mina *Tres Amigos* en Palencia.

Otros lugares de España donde se extrajo arsénico fue en Palacios del Sil (León) o las minas de Sant Pere, de La Junquera (Gerona). Hubo así mismo instalaciones industriales para el aprovechamiento de minerales de arsénico en Yecla de Yeltes (Salamanca) y en Pola de Lena (Asturias). En esta última, propiedad de la empresa Minas de Soterraña, S.A., se solicitó en 1959 la autorización para instalar un horno rotativo para la calcinación de minerales de arsénico y mercurio procedentes de la mina *La Soterraña.*

Aunque hoy en día el arsénico ya no tiene las mismas aplicaciones que tenía antaño, es un elemento que sigue teniendo cierta importancia. En la actualidad, según el Servicio Geológico de los Estados Unidos (USGS), se producen unas 33 000 toneladas de trióxido de arsénico (arsénico blanco) al año en el mundo, aunque todas como subproducto del proceso de refinado de otros elementos. La gran mayoría de estas toneladas se obtienen en plantas de China, seguida muy de lejos por Marruecos y Rusia.

¿EXISTE VIDA A BASE DE ARSÉNICO EN NUESTRO PLANETA?

Aunque es posible que muchos de nosotros al escuchar hablar del arsénico pensemos inevitablemente en la muerte, la realidad siempre consigue superar a la ficción. Recientemente se descubrió una bacteria que es capaz de vivir rodeada de cantidades de arsénico muy superiores a las habituales en suelos y que en cualquier otro contexto podrían llegar a ser letales.

Antes de pasar al tema en cuestión, hagamos un pequeño repaso de biología. Dentro de las bacterias, que son organismos unicelulares extremadamente pequeños, se distingue un pequeño grupo, las bacterias extremófilas, que son aquellas capaces de vivir en condiciones extremas. Algunas de estas bacterias extremófilas pueden vivir perfectamente en condiciones muy ácidas, como las que podemos encontrar en el río Tinto en Huelva. Otras prefieren ambientes más alcalinos, también las hay que pueden resistir condiciones de sequedad extrema, elevadas presiones o altas concentraciones de metales en su entorno.

A finales de 2010, en un artículo publicado en una de las revistas científicas más importantes a nivel mundial, se decía haber descubierto una bacteria (bautizada con el nombre de GFAJ-1) en un lago de Estados Unidos que era capaz de usar el arsénico presente en su entorno para desarrollarse en vez del fósforo. Esto en su momento desafió todas las leyes de la biología; si repasamos, hay seis elementos que se consideran fundamentales para la vida (oxígeno, carbono, hidrógeno, nitrógeno, calcio y fósforo) y esta bacteria prefería cambiar el fósforo por arsénico.

En teoría, este descubrimiento era capaz de alterar todo lo que se sabía hasta el momento de la vida en la Tierra. Sí se sabía que algunos microorganismos podían emplear arsénico en el proceso de respiración, pero esta vez era diferente, la bacteria fabricaba ADN con este elemento en vez de con fósforo cuando se veía obligada a hacerlo.

Aunque parecía muy prometedora la idea de un organismo vivo basado en el arsénico, otros investigadores pronto la pusieron en duda. Las pruebas presentadas por los autores del artículo original no eran lo suficientemente consistentes ni convincentes. Varias de las críticas hacían referencia a que la bacteria en cuestión, a pesar de usar arsénico, sí necesitaba pequeñas cantidades de fósforo para poder sobrevivir dado que con el arsénico por sí solo no era suficiente. En 2012 otro grupo de investigadores analizó la misma cepa de bacterias buscando arsénico, pero no lo encontró.

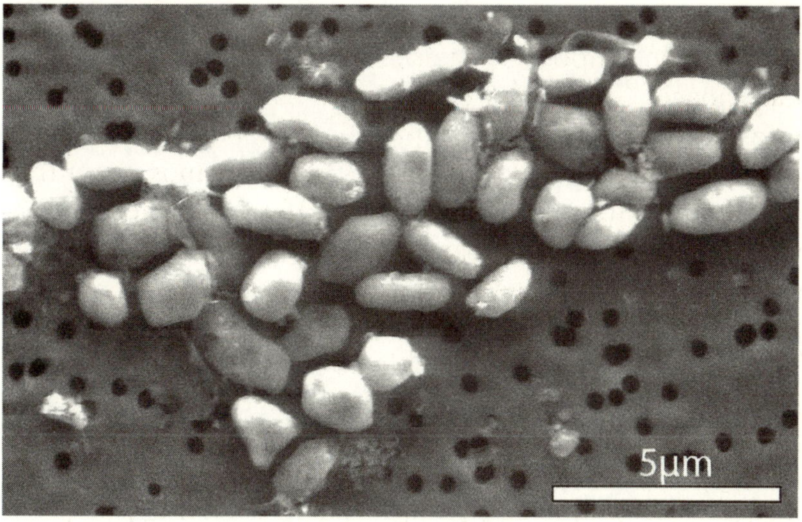

Bacterias de la cepa GFAJ-1 [NASA. Wikimedia Commons].

Desde entonces, y tras enviar bacterias de esa cepa a varios investigadores, los resultados han demostrado que es más probable que estemos ante una bacteria extremófila (que es capaz de vivir en un medio con mucho arsénico) más que ante una bacteria que es capaz de incorporarlo durante su crecimiento, ya que los análisis realizados no detectaron arsénico en su ADN.

Sea como sea, la ciencia está en continua evolución y es precisamente a partir de estos descubrimientos y los sucesivos debates como vamos avanzando. Visto esto, ha llegado el momento de descubrir porqué el arsénico es un elemento tan tóxico para el ser humano y cómo podemos detectar que estamos siendo envenenados.

📖 PARA LEER MÁS:

- Boos, F. S. y O'Sullivan, P. (2011). Morris and Devon Great Consols. Texto correspondiente a una charla dada el 26 de noviembre de 2011 en Kelmscott House.
- Cullen, W. R. (2008). *Is arsenic an aphrodisiac? The sociochemistry of an element.* RSC Publishing.
- Hayden, E. C. (2012). Study Fails to Confirm Existence of Arsenic-Based Life. Scientific American, *Nature magazine.*
- Linden, G. (2004). Les mots des mines et carrières du Maine-et-Loire. *Cheminements.*
- Ortega-San-Martin, L. (2010). Alberto Magno: patrón de los científicos. *Revista De Química,* 24 (1-2), 26-30.
- Pye, A. R. y Dixon, T. 1989. The Arsenic works at Devon Great Consols mine, Tavistock. *Proceedings of the Devon Archaeology Society,* 47, 79-111.
- Silvino Thós y Codina, D. (1904). *Exploración y explotación de los criaderos metalíferos del valle de Ribas por la sociedad «Minas y minerales» Gironés y Henrich, en comandita. Memoria sobre el estado actual de los trabajos.* Imprenta de Henrich y compañía en comandita.
- Tepper, L. B. y Tepper, J. H. (2013). The rise and fall of the Tacoma arsenic industry. *The journal of the society for industrial archeology,* 39, 1/2, 65-78.
- Wolfe-Simon, F.; Switzer Blum, J.; Kulp, T.R. et al. (2011). A Bacterium That Can Grow by Using Arsenic Instead of Phosphorus. *Science,* 3, 332 (6034), 1163-1166.

Muerte por arsénico

La toxicidad del arsénico va a depender en un primer lugar del compuesto que sea y en segundo lugar de la dosis. Algunos compuestos orgánicos no son muy tóxicos en tanto que los compuestos inorgánicos trivalentes, como el arsénico blanco (trióxido de arsénico), son extremadamente tóxicos para el ser humano. Por ello, a partir de ahora, casi siempre que se mencione la palabra arsénico en realidad no nos estaremos refiriendo al arsénico elemental como tal, sino a alguno de sus compuestos inorgánicos letales.

No hay que olvidar que, a pesar de que muchos de los compuestos de arsénico son tóxicos, lo que es realmente importante es la cantidad a la que estamos expuestos o que ingerimos ya sea a través de la comida, del aire o del agua y, si somos pequeños, de la tierra que nos metamos en la boca. De todas estas fuentes, normalmente la comida es la más importante, y no estamos hablando de situaciones en las que nos estén intentando envenenar y hayan condimentado nuestro té con arsénico; sencillamente, algunos alimentos tienden a acumular más arsénico que otros y terminan en nuestros platos. Por tanto, con una alimentación normal, siempre se va a colar algo de arsénico en nuestro organismo.

Nuestro cuerpo es capaz de eliminar una dosis mínima de arsénico de forma diaria, concretamente es el hígado el encargado de llevar a cabo la laboriosa tarea de limpiarlo de la sangre. En general, ingerimos unas cantidades de arsénico de entre 0,000012 y 0,000050 gramos por día, una cantidad que muchos no sabríamos ni con qué medir por lo minúscula que es y que se podría comparar con el peso de un único grano de sal. Nuestro hígado se encarga de transformar los compuestos inorgánicos de arsénico, como el trióxido de arsénico, en otros menos tóxicos añadiendo uno o varios grupos metilo ($-CH_3$). Estos compuestos, y otros que pueda haber en la sangre, son filtrados por los riñones y son luego eliminados de nuestro cuerpo a través de la orina junto a otros desechos. Por otro lado, la dosis diaria que podría tolerar una persona de 70 kg sin llegar a notar síntoma alguno de envenenamiento es de unos 0,001 gramos (el equivalente en peso a unos veinte granos de sal); una cifra algo más elevada, pero, de nuevo, bastante insignificante a nivel global.

Ahora bien, ¿cuál sería la dosis letal? Pensemos que no todas las personas tienen la misma capacidad de eliminar este elemento de sus organismos, por lo que las cifras varían, tampoco es lo mismo si estamos hablando de un niño o de una persona ya adulta, ni si estamos hablando de una persona sana o de una persona con enfermedades previas. En general, la dosis mínima letal de arsénico para un adulto se sitúa entre los 0,07 y los 0,2 gramos, aunque como ya veremos hay gente que puede llegar a tomar dosis muy superiores de una sentada sin notar efecto alguno en su organismo. Esto sería en el caso de envenenamiento letal, ya sea intencionado o accidental, y que suele ser la situación más habitual en los casos en los que la víctima tarda unos pocos días en morir tras mostrar los primeros síntomas.

A esto hay que sumarle que se trata de un veneno con efecto acumulativo, de forma que se pueden administrar pequeñas dosis a lo largo de un periodo de tiempo muy prolongado llegando a causar la muerte de un individuo. En este caso sería un envenenamiento crónico, que también puede ser intencionado o accidental, que puede alargarse muchos años.

Una vez sabemos cuánto arsénico podríamos llegar a tomar sin morir o de cuánto arsénico nos podría matar, vamos a ver cómo mata exactamente el arsénico, qué efectos tiene en nuestro cuerpo y si existe alguna forma de prevenir o curar el envenenamiento con este elemento.

CÓMO TE MATA EL ARSÉNICO

Podemos entrar en contacto con el arsénico de distintas formas, entre otras, si está en el aire podemos inhalarlo, también podemos entrar en contacto con este elemento y sus compuestos a través de la piel. Sin embargo, lo más frecuente es que entre en nuestro organismo a través de la ingestión por la boca, sobre todo si alguien nos está intentando asesinar. Del estómago pasaría directamente a la sangre, lo que le da vía libre para poder recorrer todo nuestro cuerpo hasta llegar al hígado y a otros órganos vitales. Tal es su capacidad de recorrernos enteros que, si alguien nos ha tratado de envenenar con él, un pelo nuestro le delataría.

Los síntomas del envenenamiento del arsénico, de los que hablaremos en el siguiente apartado, pueden aparecer entre media hora y varias horas después de la ingestión en el caso de haber tomado una dosis muy elevada, pero ¿cómo te mata el arsénico? Básicamente, este elemento interfiere en algunos de los procesos químicos que tienen lugar en el interior de nuestro cuerpo.

Este proceso de envenenamiento está relacionado con dos factores; en primer lugar, con el que nuestro cuerpo no sabe distinguir bien algunos productos de otros y, en segundo lugar, en la interferencia del arsénico en los procesos enzimáticos. Realmente hay otras muchas formas en las que el arsénico interviene en nuestro cuerpo, pero las dos más importantes, y las dos que vamos a tratar en este capítulo, son esas.

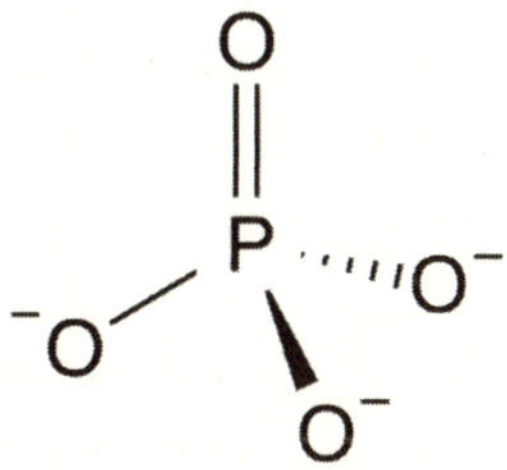

Grupo fosfato

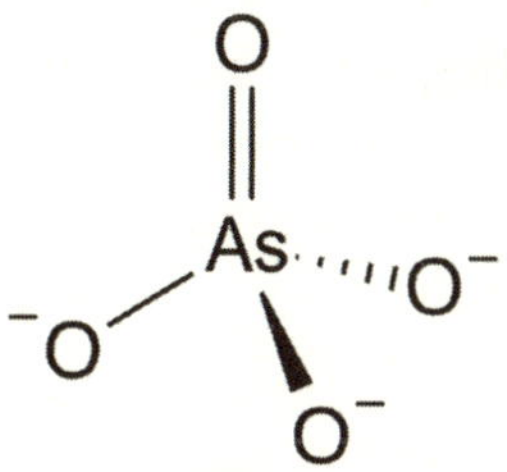

Grupo arseniato

Grupo fosfato y grupo arseniato, ambos presentan características muy similares y nuestro cuerpo los puede «confundir» con facilidad.

El grupo arseniato (AsO_4^{3-}) imita casi a la perfección las características del grupo fosfato (PO_4^{3-}), a simple vista ya podemos ver que la única diferencia entre estos dos grupos es que en lugar de arsénico (As) hay fósforo (P). Por desgracia, por mucho que hayamos evolucionado, nuestro cuerpo no sabe distinguir un grupo de otro debido precisamente a lo similares que son sus propiedades y terminan compitiendo entre ellos.

El grupo fosfato tiene un papel crucial en distintos procesos biológicos, entre ellos, en el de almacenar energía en las células. Tal vez a algunos lectores les suenen las siglas ATP (adenosín trifosfato), una molécula orgánica que interviene en la obtención de energía para que las células puedan realizar sus funciones de forma correcta. Una parte de esta molécula de ATP está formada por estos grupos fosfato que acabamos de mencionar y la energía está precisamente almacenada en los enlaces que mantienen unidos los diferentes grupos fosfato entre sí. Al liberar estos grupos fosfato, cede su energía y ayudan a que se produzcan las reacciones bioquí-

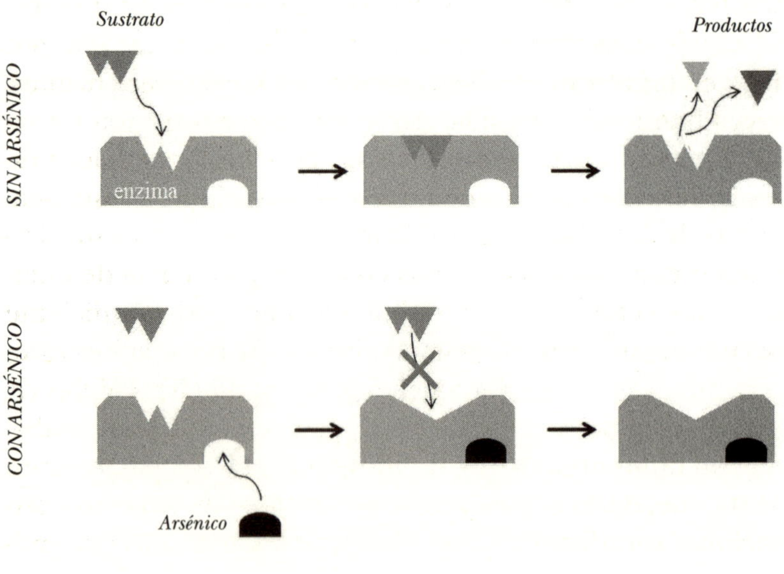

Modificación de las enzimas debido a la presencia de arsénico que impide que los sustratos puedan unirse bien, lo que a la larga conlleva la muerte celular.

micas. Sin embargo, en presencia de grupos arseniato, estos sustituyen a los grupos fosfato y por desgracia la energía de unión entre varios grupos arseniato es mucho menor. Esto hace que la molécula sea mucho menos reactiva, funcione peor y, por tanto, que todas las reacciones químicas involucradas en el intercambio de energía en las células se vean reducidas o incluso detenidas por completo, algo que, como podemos suponer, no es nada bueno para nuestro cuerpo.

Por otro lado, hemos dicho que el arsénico interfiere en los procesos enzimáticos. Las enzimas son moléculas encargadas de acelerar las velocidades de las reacciones químicas, para ello, se combinan con los llamados sustratos en un sistema que podemos comparar con una llave y su cerradura.

Este modelo de llave y cerradura fue propuesto por Hermann Emil Fischer, un químico alemán que además de ser el descubridor de uno de los primeros somníferos, también recibió el premio Nobel de Química en 1902 por sus investigaciones en síntesis de purinas y azúcares. El modelo llave-cerradura funciona de la siguiente manera: las enzimas, lo que serían nuestras cerraduras, son muy selectivas y no pueden combinarse con cualquier sustrato, es decir, necesitan llaves muy concretas para poder hacer bien su trabajo.

Cuando ingerimos arsénico, parte de este circula por nuestra sangre y puede llegar a combinarse con las enzimas, especialmente con aquellas que contienen azufre (en forma de grupo sulfhidrilo), modificando la cerradura y haciendo así que las llaves no encajen. Esto impide el buen funcionamiento de las células, por ejemplo, si el arsénico está presente en enzimas relacionadas con la transferencia de energía en las células, estas no obtienen la cantidad suficiente y terminan muriendo. Además, inhibe la respiración celular lo que también ocasiona la muerte. Si muchas células de un mismo órgano presentan este problema, al final acabamos con fallos orgánicos o multiorgánicos. Hay que tener en cuenta que, dado que existen muchos tipos de enzimas y sus funciones son distintas, esto hace que los síntomas que presenta el envenenamiento por arsénico puedan ser diferentes de una persona a otra.

A esto le podemos añadir que el arsénico afecta a los glóbulos rojos, destruyéndolos hasta causar anemia en su huésped; irónicamente, hace varios siglos el arsénico se empleaba para tratar la anemia y los pacientes, tras experimentar una leve mejora, solían empeorar drásticamente.

Por otro lado, ingerir arsénico de forma habitual (como veremos más adelante que se hacía, en teoría, en Estiria hace unos cuantos siglos) también interfiere con el yodo, elemento que es fundamental para generar la hormona tiroxina que, entre otras cosas, regula el metabolismo de las células, el crecimiento y la temperatura corporal. Por esto, era frecuente que en Estiria los niños tuvieran tendencia a sufrir cretinismo, una enfermedad caracterizada por un déficit del desarrollo físico y psíquico, y los adultos bocio.

Bien es cierto que nuestro cuerpo va expulsando el arsénico ingerido de forma natural, pero a un ritmo bastante lento. Necesitaríamos entre uno y tres días para eliminar, fundamentalmente a través de la orina, la mitad del trióxido de arsénico que hay en nuestro cuerpo y, al menos en los casos de envenenamiento intencionado, el tomar una dosis letal o el seguir ingiriendo arsénico a un ritmo superior al que lo podemos excretar, es lo que causa la muerte del individuo.

SÍNTOMAS DEL ENVENENAMIENTO

Ahora que ya sabemos cómo nos mata el arsénico desde un punto de vista biológico, veamos cuáles son los síntomas más frecuentes que pueden indicarnos que alguien nos está intentando envenenar.

Se pueden distinguir aquellos que se producen por la ingestión de una dosis muy alta de forma puntual de aquellos que se producen por estar en contacto continuado con el arsénico, pero en dosis bajas. Los síntomas van a depender del tipo de compuesto de arsénico con el que hemos entrado en contacto ya que, como hemos visto, hay compuestos tanto orgánicos como inorgánicos, siendo los primeros menos tóxicos.

Si de pronto ingerimos una cantidad muy elevada de arsénico, digamos que alguien nos sirve un té calentito bien cargado, la primera reacción que tiene el cuerpo es intentar expulsar el veneno y lo hace mediante fuertes vómitos o diarreas. Esto desemboca en deshidratación, temblores y, si la dosis es muy elevada, la persona puede terminar entrando en coma y muriendo un día o dos después.

Los primeros síntomas en caso de envenenamiento agudo pueden empezar desde pocos minutos después de la ingestión hasta pasadas varias horas. Primero empezaría el dolor de estómago, con una sensación de quemazón y de molestias, después le seguirían las náuseas acompañadas de vómitos. Aunque los vómitos podrían parecer efectivos para eliminar el arsénico, en realidad, cuando esto sucede ya es tarde y gran parte del elemento ha entrado a formar parte de nuestra sangre. Estos vómitos, además de producir deshidratación, pueden dar lugar a sequedad de boca y garganta, dolores al tragar, síntomas que tampoco desaparecen al beber, y dolores de estómago.

La sequedad en la boca y la sed extrema que causa la ingestión de arsénico son, por otro lado, incompatibles con beber líquidos dado que esto desencadenaría todavía más vómitos y diarreas. Por este motivo, normalmente a estos pacientes apenas se les permitía usar agua más que para enjuagarse la boca.

Aunque parte del arsénico se puede expulsar a través de la orina, no lo hace a un ritmo suficiente, y el siguiente síntoma que suele aparecer es la diarrea. De nuevo, se trata de un mecanismo que emplea el cuerpo para tratar de expulsar el elemento extraño. Otros síntomas relacionados y ciertamente frecuentes son la debilidad muscular, espasmos, caída del cabello, convulsiones, taquicardias y sudores.

En cuanto a nuestros órganos internos, el arsénico afecta considerablemente al estómago, generando llagas y úlceras, claras muestras de haber estado en contacto con un veneno irritante y que los forenses pueden emplear como prueba del envenenamiento.

Si la dosis de arsénico ingerida es letal, en unos pocos días la persona muere debido a un fallo multiorgánico ya que,

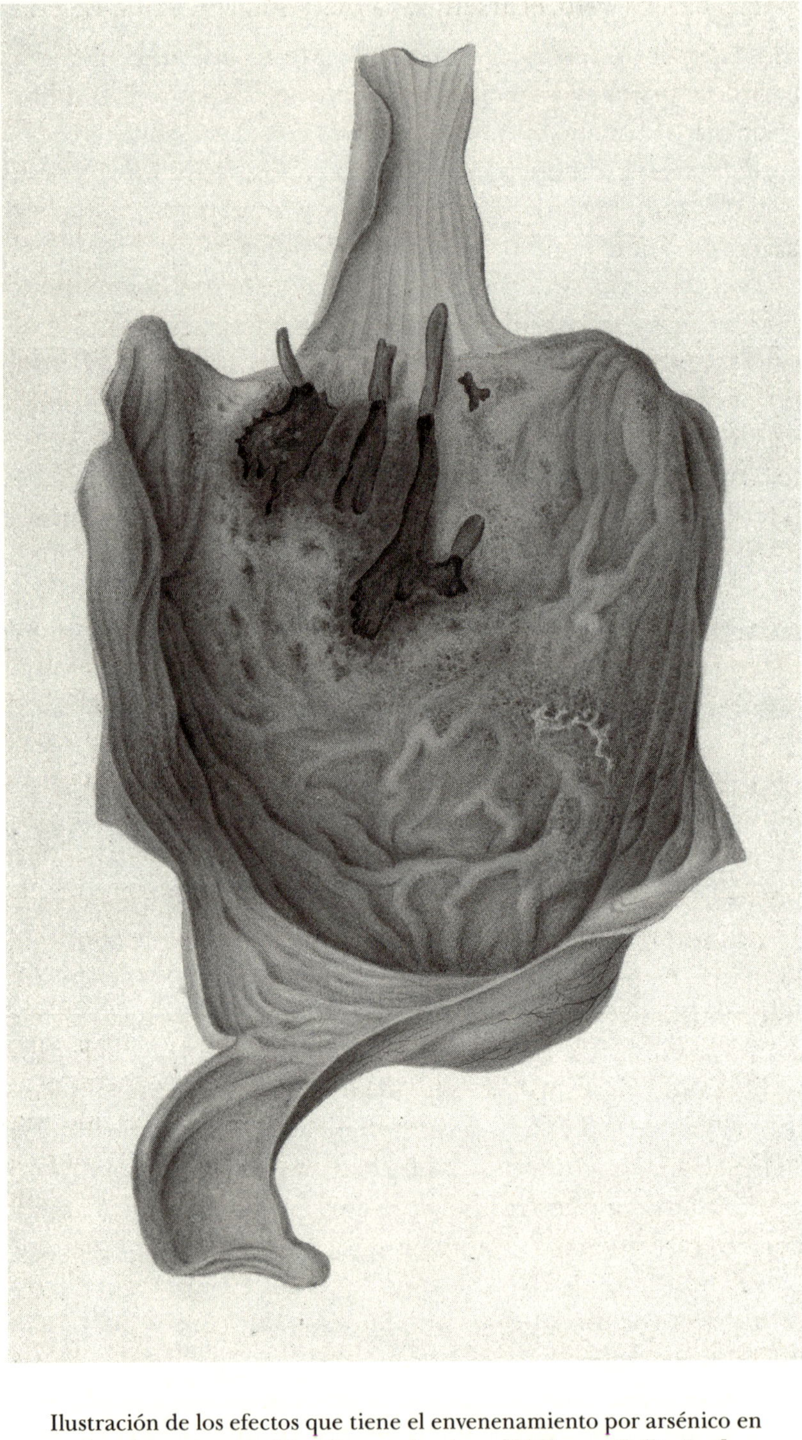

Ilustración de los efectos que tiene el envenenamiento por arsénico en el estómago, parte del esófago y duodeno [Wellcome Collection].

como hemos visto, el arsénico va matando las células de nuestro cuerpo una por una. Tras la muerte, parte del arsénico ha podido quedarse todavía en el organismo, motivo por el cual se suele analizar tanto el estómago como el hígado en busca de este elemento cuando hay sospechas para tratar de esclarecer la causa de la muerte.

En dosis más bajas, el arsénico produce algunos de los síntomas ya mencionados, como vómitos y diarreas, aunque su duración suele ser menor y la persona puede llegar a recuperarse si deja de estar en contacto con el elemento. Además, suele ir asociado a la pérdida de apetito, pérdida de peso y fatiga generalizada.

El contacto prolongado con el arsénico durante varias semanas y meses puede generar neuropatía periférica, un problema que afecta la forma en que los nervios hacen llegar la información al cerebro y que da lugar a fuertes dolores, pérdida de sensibilidad y control de los músculos. Estos síntomas, algo más específicos del envenenamiento por arsénico, suelen ir acompañados de cambios de coloración en la piel, dando lugar a la aparición de manchas oscuras y, a muy largo plazo, puede llegar a causar cáncer de piel o de pulmón.

Además del envenenamiento o la ingestión accidental, hay varias formas más de entrar en contacto directo con este elemento, en algunas fábricas y, por supuesto, en la minería. Hemos visto que en la Devon Great Consols (Reino Unido) se llevaron a cabo distintas investigaciones sobre los síntomas y enfermedades pulmonares que presentaban los trabajadores que recogían y molían el mineral, ya que contaban con escasas protecciones. Por desgracia, incluso hoy en día, en algunas minas y plantas de refinado de metales que aparecen junto al arsénico se han producido accidentes donde se ha inhalado este elemento debido a algún problema en el procesado.

Los síntomas que presentaban los trabajadores de las minas donde había arsénico ya se habían detectado en el siglo XVII. Concretamente, Bernardino Ramazzini (1633-1714), médico italiano considerado el fundador de la medicina del trabajo, publicó en 1700 uno de los primeros trata-

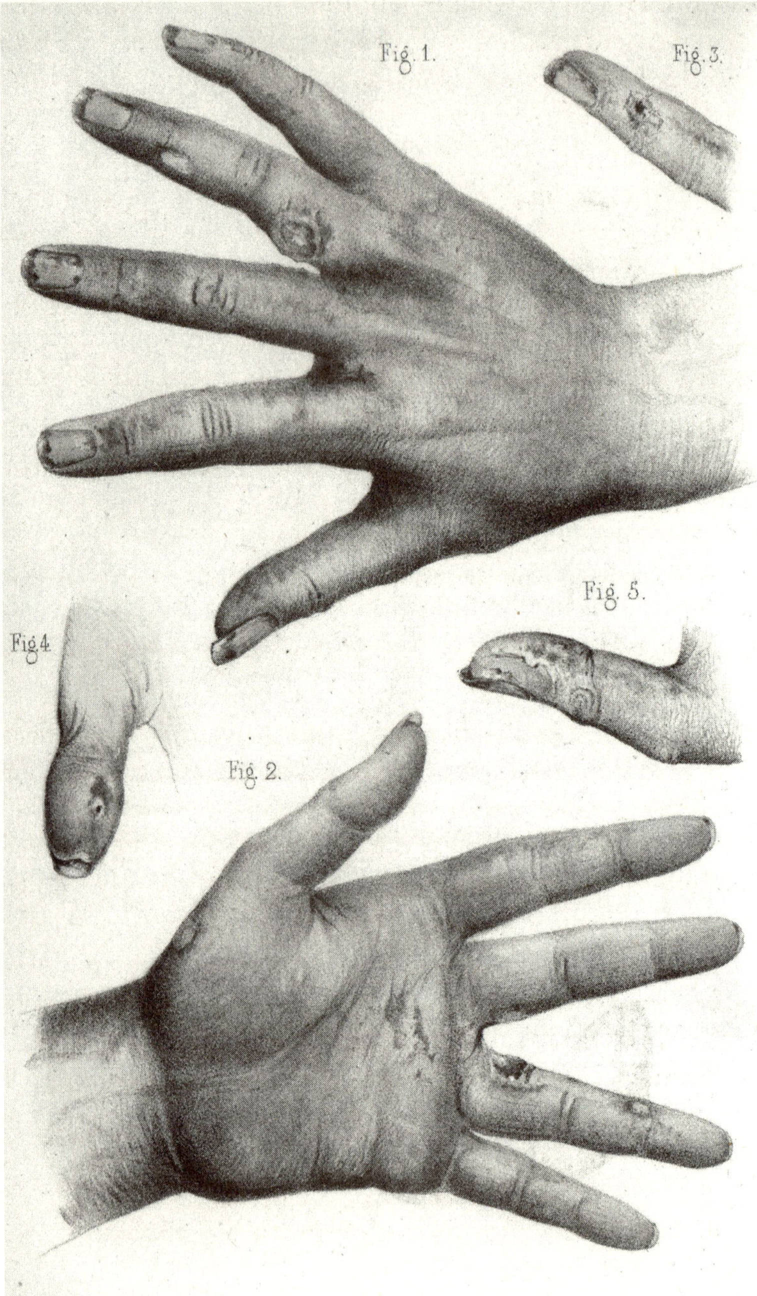

Algunos de los síntomas que causa el envenenamiento por arsénico en la piel. Concretamente, en este caso serían producto de haber estado en contacto con tintes verdes con arsénico. Litografía de P. Lackerbauer [Wellcome Collection].

dos sobre las enfermedades laborales de mineros, artesanos, médicos, pintores, herreros, etc. En su obra *De morbis artificium diatriba* menciona los dos tipos de personas que corrían el riesgo de envenenarse con arsénico: los mineros (por el aire «poco limpio» de las minas) y los farmacéuticos (por preparar medicamentos con arsénico). De hecho, incluso habla de que en algunos sitios los mineros llevaban unas pantallas hechas con cristal para intentar protegerse de los vapores. Estas enfermedades se estudiaron en los siglos posteriores, estableciendo una clara relación entre el trabajo con arsénico y el envenenamiento crónico con este elemento.

El contacto continuado con este elemento da lugar a la llamada arsenicosis, una enfermedad que produce muchos problemas de piel, llagas, engrosamientos en las palmas de las manos y plantas de los pies, cambios de coloración, incluso llegando a teñir el blanco de los ojos de verde y, tras muchos meses de exposición, causar la muerte de los trabajadores. Por desgracia, todos los síntomas descritos de la arsenicosis no son algo del pasado; como ya veremos, hay millones de personas que están diariamente expuestas a dosis muy elevadas de arsénico ya sea a través de suelos, aguas o comida contaminada. Concretamente, en Bangladés esto se ha convertido prácticamente en un problema sistémico, en el capítulo final le dedicaremos un apartado especial.

La mayor parte de los síntomas que hemos visto son poco específicos y pueden confundirse con otras muchas dolencias. En el siglo XIX era habitual que los médicos los atribuyeran al cólera (o a lo que por aquel entonces llamaban cólera) o a distintos tipos de dolencias gastrointestinales como la gastritis y, también por este motivo, era el veneno preferido por muchos al pasar casi desapercibido. Pocos médicos eran capaces de distinguir los síntomas cuando todavía era posible tratarlos o administrar algún tipo de antídoto (con mayor o menor efectividad).

Curiosamente, los efectos del arsénico en el cuerpo pueden seguir viéndose años después ya que este elemento actúa muy bien como conservante. Por este motivo, en muchos juicios de siglos pasados donde había dudas de si la víctima había muerto envenenada por arsénico, tras exhumar el cadáver pasadas semanas o incluso meses, les llamaba la atención el buen estado de conservación de este.

El embalsamamiento de los cuerpos es algo que ya practicaban los egipcios y que se fue extendiendo por otras culturas. En el siglo XIX se llevaron a cabo distintos ensayos de productos químicos para embalsamar, incluyendo unos pocos compuestos de arsénico entre ellos. En 1838, John Snow, médico inglés, publicó un comentario en *The Lancet* donde hablaba precisamente de los peligros del arsénico empleado como conservante en los cadáveres que se iban a emplear después en las aulas de medicina. De hecho, comenta en su texto el caso de un alumno que, tras participar en una disección, presentó síntomas compatibles con el envenenamiento por arsénico: vómitos, dolores en el estómago y diarrea.

Fuente a la que le han quitado el mango y que rinde homenaje a John Snow. Está situada cerca de donde estuvo la fuente original que causó el brote de cólera en Londres en 1854. En la actualidad se encuentra junto al pub que lleva su nombre, en Broadwick Street (Londres).

Este fue uno de los primeros artículos que John Snow publicó, por aquel momento no era muy conocido pero lo sería unos pocos años después. En primer lugar, por sus trabajos relacionados con la fabricación de un inhalador para administrar éter como anestésico, pensemos que hasta entonces no existía la anestesia y cualquier operación era extremadamente dolorosa. John Snow presentó en 1847 ante la Sociedad de Westminster su inhalador y tuvo un gran éxito, tanto que incluso la reina Victoria le mandó llamar en 1853 para que la anestesiara durante el parto de su octavo hijo. En segundo lugar, lo que más famoso hizo a este médico fue demostrar, mediante la elaboración de un complejo mapa y análisis de distintas fuentes de agua, que el origen del brote de cólera que asoló el barrio del Soho de Londres en 1854 y que produjo más de seiscientas muertes, había sido el consumo de aguas contaminadas con materia fecal.

En lo relativo al arsénico, algunos países, como Francia en 1846, prohibieron su uso para la conservación de cuerpos tras ser empleado como estrategia de defensa en diversos casos de asesinato por envenenamiento con este elemento. Después de todo, si había arsénico en un cadáver, nada les impedía decir a los abogados que defendían al acusado que este provenía del proceso de embalsamado y no de un envenenamiento intencionado. Por supuesto, los que se encargaban de llevar a cabo el proceso de embalsamado con arsénico no estaban fuera de peligro al estar expuestos a este elemento de forma casi constante en su lugar de trabajo, y se conocen varios casos de envenenamiento accidental. Lo mismo sucede en la taxidermia, donde el arsénico se empleaba como conservante de ejemplares en museos de ciencias naturales del siglo XIX y que se estuvo empleando hasta hace tan solo unas pocas décadas.

Hasta ahora hemos hablado de qué sucede al ingerir arsénico, pero pensemos que el arsénico también se puede inhalar en forma de gas, concretamente de gas arsina (AsH_3). Se trata de un gas incoloro, que tiene un ligero olor a ajo y que además de ser inflamable es extremadamente tóxico.

Los síntomas en este caso comienzan a las pocas horas de haber estado en contacto con el gas, empezando por molestias y malestar, dolor abdominal, seguido de mareos, dolor de cabeza, vómitos y diarreas. Al igual que pasaba con los síntomas que hemos visto antes, son bastante poco específicos, pero sí hay uno que es muy evidente y es el cambio de color en la orina, que pasa a ser rojiza debido a la presencia de glóbulos rojos. En tan solo unos pocos días llega a causar la muerte y actúa de forma tan rápida que es difícil de contrarrestar, aunque sí existe algún caso de personas que han sobrevivido. Este gas arsina se podía generar, por ejemplo, en la industria minera durante el proceso de refinado de minerales de cobre y ser liberado al ambiente de forma accidental, envenenando a los trabajadores.

Uno de los casos más inquietantes y también más famosos de envenenamiento con gas arsina sucedió en el barco S.S. Vaderland, perteneciente a la Red Star Line, que hacía el trayecto de Amberes a Nueva York en el año 1905. En el viaje más de cincuenta pasajeros de tercera clase cayeron enfermos, once murieron durante el propio viaje y otros muchos más al llegar a tierra. Inicialmente se pensó que estos fallecimientos se habían debido a un brote de plaga o a neumonía, sin embargo, la realidad fue otra. Debajo de las habitaciones de tercera clase, en los almacenes, había ferrosilicio, empleado en la fabricación de acero. Al entrar durante el viaje agua de mar en la parte baja del barco, esta reaccionó con el cargamento, generándose gas arsina y fosfina, siendo el segundo mucho menos tóxico que el primero. Los pasajeros de tercera clase inhalaron desgraciadamente los gases que se habían generado, con las consecuencias ya mencionadas; siempre son los más pobres los que acaban pagando el pato. El destino del barco tampoco fue mucho más agradable, entre los años 1903 y 1914 estuvo haciendo ese mismo recorrido pero en 1915 fue requisado y convertido en un barco para transportar tropas, entre otros, llevó soldados desde Devonport hasta Gallipolli entre julio y agosto de 1915. Ese mismo año, en septiembre, recibió el impacto de un torpedo procedente del submarino alemán UB-14; por suerte no hubo apenas víctimas, pudieron remolcar el barco hasta Lemnos y fue reparado. En junio de 1917, cuando estaba haciendo un viaje desde Liverpool hasta Filadelfia, otro torpedo alemán, esta vez del submarino U-70, impactó en el barco y, esta vez sí, se hundió a unos 260 kilómetros al noreste de Isla Tory (Irlanda).

CÓMO DETECTARLO

Aparte de los síntomas externos de los que hemos hablado, el arsénico permanece en nuestro cuerpo queramos o no en diferentes sitios y es algo que resulta de gran utilidad, especialmente a los forenses, a la hora de recopilar pruebas y señalar al arsénico como el causante de un fallecimiento.

De forma más concreta, además de dejar señales de su paso en algunos de nuestros órganos internos, el arsénico puede aparecer en nuestra orina, en el pelo y en las uñas; vayamos poco a poco viendo cómo detectar el veneno en cada uno de estos lugares.

Como hemos visto ya, los riñones extraen parte del arsénico de nuestra sangre, que excretamos después a través de la orina. Por eso, analizar la orina puede servir como indicador para saber si una persona está siendo envenenada. En apenas cuarenta y ocho horas, nuestro cuerpo sería capaz de eliminar un 35% de los compuestos de arsénico ingeridos de forma puntual, aunque otros animales, como los conejos o los ratones lo eliminan de forma mucho más rápida. Suponiendo que estuviéramos tomando arsénico de forma continuada, en unos pocos días habríamos eliminado entre el 60 y el 70%. Sin embargo, encontrar arsénico en la orina tampoco implica específicamente que alguien esté intentando matarnos, puede ser simplemente un indicativo de que hayamos comido marisco unas horas o días antes. Aun así, el compuesto de arsénico presente en la orina puede distinguirse realizando un test específico de forma que se puede separar el arsénico que proviene, por ejemplo, de una mariscada, del que está escondido en un chocolate bien caliente. En cuanto al contenido, niveles de más de cincuenta microgramos por litro en la orina pueden empezar a ser preocupantes ya que lo habitual es que la cantidad de arsénico que excretamos de forma natural sea bastante inferior.

El arsénico tiene la capacidad de formar enlaces con la queratina del pelo cuando este está en su fase de crecimiento. La cantidad de arsénico que se puede encontrar en un pelo dependerá entonces, por un lado, de la velocidad de crecimiento del pelo, y por otro de la cantidad de arsénico a la que estemos expuestos. De media, el pelo crece a una velocidad de un centímetro al mes por lo que, si encontramos arsénico en un pelo que ha sido cortado al nivel del cuero cabelludo, quiere decir que al menos hace una semana que entramos en contacto con niveles muy elevados de este elemento.

Además, este pelo nos puede dar información de si hemos estado en contacto con el arsénico entre seis meses y un año antes, y puede dar esta información incluso después de que hayamos muerto, ya que no se degrada. Se encontró arsénico en mechones de pelo de una momia que se calcula que tenía entre mil y mil quinientos años de antigüedad procedente de un cementerio precolombino chileno. El arsénico estaba presente en todo el pelo, por lo que la persona había estado en contacto continuado con él, concretamente, en el agua contaminada que había estado bebiendo.

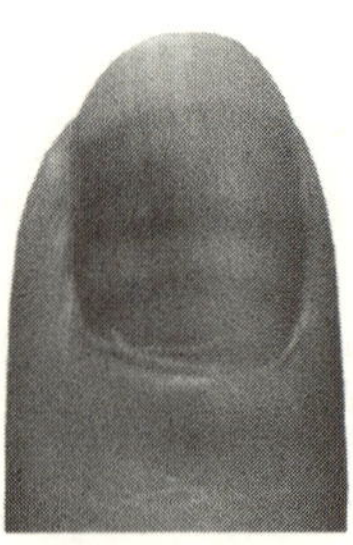

Líneas de Mees en una uña de una paciente que ha sido sometida a quimioterapia. Fotógrafo: Yannick Trottier [Wikimedia Commons].

Al igual que el pelo, las uñas están hechas de queratina principalmente y, tal y como sucedía antes, el arsénico puede aparecer en ellas al combinarse con esta proteína. Las uñas crecen de media unos 3 milímetros al mes y, si estamos en contacto con arsénico de forma continuada, a las cinco o seis semanas pueden aparecer unas líneas blanquecinas en varias o en todas nuestras uñas llamadas líneas de Mees. Estas líneas también pueden ser indicativas de envenenamiento por talio, plomo u otros metales pesados, de un linfoma de Hodgkin, causadas por un tratamiento con quimioterapia, por malnutrición u otras muchas patologías.

Por eso, la medida del arsénico presente en uñas y pelo es una de las formas de demostrar que alguien está siendo envenenado, ya sea accidental o intencionadamente. El pelo de Napoleón Bonaparte ha sido analizado en varias ocasiones para poder confirmar (o desmentir) si el arsénico tuvo algo que ver con su muerte; sin embargo, como veremos más adelante, que haya arsénico en el pelo no quiere decir necesariamente que este elemento sea culpable de nada.

Aunque los métodos de detección de arsénico fueron bastante rudimentarios, por no decir inexistentes hasta mitades del siglo XIX, el test de Marsh, que veremos en el capítulo dedicado a la ciencia de arsénico, supuso un gran avance para los métodos forenses para detectar el envenenamiento por arsénico. Gracias a los métodos más modernos, hoy en día se puede detectar además el arsénico presente en la saliva, que aparece en minúsculas dosis, y en otras partes del cuerpo.

¿EXISTE UN ANTÍDOTO?

Hemos tomado accidentalmente arsénico o nos han intentado asesinar con este elemento, ¿qué podemos hacer? ¿Existe algún tipo de antídoto o remedio milagroso?.

En 1813 un químico francés llamado Michel Bertrand se tomó cinco granos de arsénico blanco, una cantidad que podría llegar a matar a unas ciento cincuenta personas, junto a un puñado de carbón activo. Tal y como sucedió poco después con otro científico que tomó carbón junto a una dosis de estricnina, ninguno presentó los típicos síntomas de envenenamiento asociados a ambas sustancias. De esta forma, quedó demostrado que, gracias a la ingesta de carbón o de carbón activo y a que los venenos se quedaban retenidos en sus poros, era posible prevenir el envenenamiento. Eso sí, este tratamiento solo era efectivo si este carbón se tomaba junto a o poco después del veneno, ya que una vez el arsénico ha entrado en nuestro torrente sanguíneo, poco se puede hacer.

Algunos compuestos de hierro, como el precipitado de óxido férrico, entre otros, eran los antídotos empleados durante el siglo XIX por los médicos encargados de tratar pacientes que presentaban síntomas compatibles con el envenenamiento por arsénico. Estos compuestos tenían efecto también si se tomaban poco después de la ingestión del arsénico y en muy grandes dosis; en experimentos llevados a cabo por los médicos Bunsen y Berthold demostró tener cierto éxito.

Retrato de Michel Bertrand aparecido en un discurso leído en la Academia de las Ciencias, Bellas Letras y Artes de Clérmont (Francia) el 8 de noviembre de 1860, tres años después de su muerte. Universidad de París.

En 1839 un médico, Donald Mackenzie, llevó a cabo distintos experimentos en busca de un antídoto. En el caso del carbón empleado por Michel Bertrand, o de la magnesia empleada por De Bussy, director de la escuela de farmacia de París, además de por M. Mandel. En el caso de la magnesia, formaría un compuesto insoluble con el arsénico; las pruebas con animales dieron buenos resultados, el veneno era neutralizado rápidamente y sin generar síntomas negativos.

Donald Mackenzie alegaba que los «antídotos no reaccionaban químicamente con el arsénico», es decir, que realmente no lo desactivaban. También hace referencia en su obra a la quina, la corteza de un árbol originario de América del Sur, conocida como corteza peruana, que solamente era útil si se tragaba al mismo tiempo que el arsénico. Todo esto está muy bien, aunque dudo mucho que si alguien nos quiere envenenar con arsénico nos vaya a dar a la vez el antídoto.

Donald Mackenzie pareció finalmente inclinarse por el uso de precipitados de hierro férrico frente a otros compuestos, basándose precisamente en los experimentos de Bunsen y Berthold. Concretamente, al ingerir estos precipitados de hierro, formarían un compuesto de arsénico que no sería soluble ni en agua ni en los ácidos del estómago, eliminando así su efecto tóxico. Mackenzie llevó a cabo un total de siete experimentos en vasos de precipitados y con distintas razas de perros a las que administró una dosis de arsénico seguida de una dosis del antídoto a los 5, 10, 15, 20 y 25 minutos. Los perros empleados no mostraron síntoma alguno en vida y, tras la autopsia de cada uno de ellos, se confirmó que sus órganos tampoco presentaban los típicos efectos del envenenamiento por arsénico. De estos experimentos concluyó que el sesquióxido de hierro servía perfectamente como antídoto si se administraba poco después de la ingestión de arsénico y si se continuaba con el tratamiento.

Durante la primera mitad del siglo XX, y con la aparición de un gas tóxico con arsénico, la lewisita, un derivado clorurado de un compuesto orgánico de arsénico, se intentó buscar algún método alternativo para paliar los efectos o eliminar el arsénico del organismo a través de agentes quelantes.

Un agente quelante es un producto químico que tiene la capacidad de unirse a otros elementos dando lugar a productos estables, desactivando o neutralizando así el veneno, que luego se elimina a través de la orina. En este caso, uno de los quelantes que se probó fue el dimercaprol, también conocido como anti-lewisita británica o simplemente BAL por sus siglas en inglés (British anti-lewisite). Este agente va atravesando el cuerpo y uniéndose al arsénico que encuentra a su paso, transformándose en algo totalmente inocuo; pero no todo iba a ser de color de rosa, este quelante produce efectos secundarios que, aunque no suelen ser graves sí pueden ser molestos, como náuseas o vómitos.

Dado que el BAL era complicado de administrar, se han ido empleando otros agentes quelantes que presentan una mayor efectividad con el objetivo de eliminar el arsénico del cuerpo; son unos compuestos conocidos como DMPS y DMSA, cuyos nombres son demasiado largos e incomprensibles como para que merezca la pena incluirlos aquí. Experimentos llevados a cabo con animales demostraron que la tasa de supervivencia era mayor cuando se administraban estos quelantes poco después de la ingestión del arsénico pero que, según iba pasando el tiempo, la efectividad

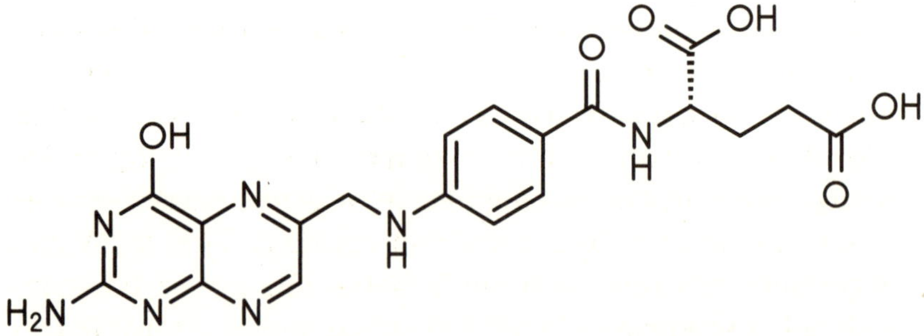

Fórmula esquelética de la molécula de la vitamina B_9 (ácido fólico).

disminuía considerablemente. Recientemente, a la lista de quelantes se ha añadido uno llamado NBMI, que se empleó inicialmente para tratar el envenenamiento por mercurio, pero parece ser que es capaz de seleccionar los iones de arsénico en el cuerpo.

Por otro lado, se han llevado a cabo estudios de los efectos que puede tener la ingestión de ácido fólico, una vitamina del grupo B, en relación con el contenido en arsénico en la sangre. En un estudio llevado a cabo en 2007 se demostró que el contenido en sangre de arsénico de un grupo de doscientos personas que habían estado tomando tan solo unos 0,0004 gramos de ácido fólico al día durante doce semanas disminuyó casi un 14%. Eso sí, solo en la sangre, todavía haría falta buscar algo que fuera capaz de eliminar el arsénico presente en los riñones, corazón, pulmones u otros órganos del cuerpo. Una forma alternativa de eliminar el arsénico presente en la sangre tras un envenenamiento accidental sería la hemodiálisis o llevar a cabo transfusiones de sangre no contaminada.

Aun así, casi todos los antídotos que hemos visto solo tienen cierta utilidad cuando se toman poco después de haber estado en contacto con el arsénico y, por desgracia, no tienen efecto alguno si hemos estados expuestos a este elemento de forma constante y continua en el tiempo. Va a depender bastante del estado de salud en el que se encuentre la persona afectada, del modo en que se ha entrado en contacto con el arsénico, del compuesto concreto de arsénico, de la dosis, etc.

Aunque no todo está perdido; recientemente se demostró que la genética puede ayudarnos. Muchos organismos se han ido adaptando con el paso del tiempo para poder tolerar los tóxicos presentes en sus lugares de origen y, parece ser que el ser humano también tiene esta capacidad. En los Andes argentinos hay una parte de la población que se ha adaptado a la presencia del arsénico en sus aguas, y son capaces de metabolizar el arsénico presente a una velocidad mucho mayor que otras personas lo que disminuye las probabilidades de morir envenenados por este elemento.

PARA LEER MÁS:

- Bjørklund, G.; Oliinyk, P.; Lysiuk, R.; Rahaman, S.; Antonyak, H.; Lozynska, I.; Lenchyk, L. y Peana, M. (2020). Arsenic intoxication: general aspects and chelating agents. *Archives of Toxicology*, 1-19.
- Cullen, W. R. (2008). Is arsenic an aphrodisiac? The sociochemistry of an element. *RSC Publishing.*
- Gamble, M.V.; Liu, X.; Slavkovich, V. et al. (2007). Folic acid supplementation lowers blood arsenic. *American Journal of Clinical Nutrition* 86, 1202-1209.
- Johnson, S. (2020). *El mapa fantasma. La epidemia que cambió la ciencia, las ciudades y el mundo entero.* Capitan Swing.
- Kakoulli, I.; Prikhodko, V.; Fischer, C.; Cilluffo, M.; Uribe, M.; Bechtel, H. A.; Fakra, S. C. y Marcus, M. A. (2014). Distribution and chemical speciation of arsenic in ancient human hair using synchrotron radiation. *Analytical Chemistry*, 86, 521-526.
- Quecedo, E.; Sanmartín, O.; Febrer, I.; Martínez-Escribano, J. A.; Oliver, V. y Aliaga, A. (1996). Mees' Lines: A Clue for the Diagnosis of Arsenic Poisoning. *Archives of Dermatology*, 132 (3), 349-350.
- Schlebusch, C. M.; Gattepaille, L. M.; Engström, K.; Vahter, M.; Jakobsson, M. y Broberg, K. (2015). Human adaptation to arsenic-rich environments. *Molecular Biology and Evolution*, 32, 6, 1544-1555.

El arsénico en el pasado

Que el arsénico está presente en diversas partes del mundo y que existan restos de explotaciones de este elemento que se remontan a miles de años atrás puede servirnos como indicativo de que ya se empleaba con distintos fines en la Antigüedad. Los griegos y los romanos ya tenían bastantes conocimientos para saber que el arsénico podía llegar a matar a alguien si se ingería en cantidad suficiente, y que podía emplearse como tratamiento para algunas enfermedades. Una situación parecida se podía ver en Asia.

El recorrido de este elemento a lo largo de la historia está marcado precisamente por esas dos características, la de ser capaz de matar, pero también de curar; por ello, resulta interesante ver cuáles han sido las interpretaciones y usos en distintos momentos de nuestro pasado para poder vincularlo después con el presente.

EN LA ANTIGÜEDAD

Aunque el arsénico siempre ha tenido bastante éxito y fama por ser un veneno letal, en realidad una de sus primeras aplicaciones más destacables no está relacionada con esta propiedad. Hace varios miles de años el ser humano ya fabricaba armas con cobre, concretamente de bronce arsenical. Lo que conocemos actualmente como bronce es una aleación formada por cobre y estaño que dio precisamente origen al nombre de Edad del Bronce, que fue cuando el ser humano comenzó a emplearlo para la fabricación de armas, en joyería y escultura. La utilización del bronce en lugar del cobre fue un gran avance, ya que era mucho más duro. Sin embargo, existen distintos tipos de bronces, en función de los elementos que se mezclan con el cobre y el estaño, y uno de ellos es el bronce arsenical.

Se denomina bronce arsenical a aquel que contiene más de un 1% de arsénico en peso. Este bronce presenta un comportamiento óptimo en el proceso de fundición y da lugar a un producto final mucho más resistente; además, en el caso de las armas, cortan mucho más. El mineral de cobre más utilizado en la Prehistoria, la malaquita, un carbonato de cobre de color verde intenso, aparece a veces asociado con arseniatos de cobre de un color parecido, por lo que no resulta muy extraño que al elaborar las armas este elemento acabara también en ellas y si, con este añadido, sus propiedades mejoraban, tampoco sorprende que se mantuviera esta mezcla con el paso del tiempo.

Conjunto de cuenco y jarra (2465-2323 a.C.) elaborados con bronce arsenical procedentes de una tumba, probablemente destinados a usarse durante algún ritual de purificación [The Metropolitan Museum of Art].

Lo que no está del todo claro es si ese arsénico se usaba en las armas por accidente o si se añadía de forma deliberada; lo más probable es que fueran simplemente seleccionando aquellos «minerales de cobre» que daban armas con mejores propiedades en cuanto a dureza y resistencia, empleando incluso minerales de cobre y arsénico que estaban a cientos de kilómetros de distancia del punto de fabricación en detrimento de otras fuentes de mineral de cobre más cercanas.

Los restos más antiguos de armas hechas con bronce arsenical se han encontrado en la meseta de Irán, fabricadas entre cuatro mil y cinco mil años antes de la era cristiana. Además, han aparecido en Mesopotamia, en el norte de Italia y en América del Sur. En Egipto se usaba el bronce arsenical de forma habitual en recipientes como los aguamaniles y otros recipientes destinados a rituales de purificación.

Se empleó de forma bastante habitual durante unos dos mil años, entre el segundo y el cuarto milenio antes de la era cristiana. Poco tiempo después, alrededor del año 1500 antes de la era cristiana, el bronce arsenical fue reemplazado por el bronce con estaño.

Una aplicación de la que hablaremos más en detalle algo despúes y que se retomaría más adelante en la Primera y Segunda Guerra Mundial es el uso de armas químicas con base arsenical; en la guerra del Peloponeso (431-404 a. C.) aparecieron los primeros gases empleados como arma química. Los espartanos, por ejemplo, quemaban distintos productos, entre ellos minerales de azufre o arsénico, para generar un humo tóxico y acabar así con sus enemigos.

Por otro lado, nos tenemos que remontar hasta Hipócrates para llegar hasta una de las primeras menciones del arsénico como medicamento. Hipócrates de Cos fue un destacado médico de la Antigua Grecia que vivió entre los años 460 y 370 antes de la era cristiana. Fue una figura de particular relevancia en el campo de la medicina, llegando algunos autores incluso a considerarlo como el padre de esta disciplina. Hay constancia en los registros de que Hipócrates recetaba minerales de arsénico, concretamente oropimente y rejalgar, para el tratamiento de úlceras, además de para otras enfermedades.

Mitrídates es otra persona que se asocia inevitablemente con este tóxico elemento. Mitrídates el Grande, rey del Ponto, tenía un miedo constante a ser asesinado por sus enemigos e incluso por sus amigos, tanto, que su relación con los venenos se ha llegado a convertir en leyenda.

Según se cuenta, Mitrídates había cogido la costumbre de experimentar con distintos venenos, en algunos casos en su propia persona y en otros con sus prisioneros, tomando pequeñas dosis y buscando posibles antídotos. Su interés radicaba en poder estar preparado ante cualquier situación de envenenamiento intencionado. Llegó a crear una especie de antídoto universal que estaba hecho a base de más de sesenta compuestos diferentes, el conocido como mitridato, que en teoría le volvía inmune ante cualquier posible envenenamiento.

Recipientes de cerámica donde supuestamente se guardaba el mitridato [Wellcome Collection].

El mitridato estaba formado tanto por especies vegetales como minerales, figurando supuestamente los minerales de arsénico entre ellos. Según las fuentes de la época, cuando Mitrídates fue derrotado por Pompeyo, asesinó a toda su familia y trató de suicidarse, pero, al haber estado precisamente tomándose el antídoto universal que él mismo había elaborado, no consiguió morir tras ingerir ningún veneno y tuvo que recurrir al acero de la espada de un soldado.

La receta de este particular antídoto se la llevó Pompeyo a Roma, donde varios médicos, entre ellos Andrómaco y Galeno, la mejoraron. En el tratado de ocho tomos titulado *De Medicina* de Aulo Cornelio Celsus, de los cuales solo ha llegado uno hasta nuestros días, aparece una de las posibles recetas del mitridato que incluye algunos ingredientes tan dispares como pétalos de rosa seca, mirra, cardamomo, jengibre o perejil. Este antídoto universal tuvo tanto éxito que se estuvo usando hasta bien entrado el siglo XVII y figura además en diversas farmacopeas europeas antiguas. Si es muy útil o no y si cumplía su cometido, eso ya es otra historia.

Regresando de nuevo hasta Galeno, conocido médico griego del imperio romano, él empleaba arsénico como tratamiento para sus pacientes, pidiéndoles a aquellos que presentaban tos crónica que inhalaran los gases procedentes de la quema de oropimente y rejalgar; también le servía para tratar úlceras y molestias de garganta.

En la obra titulada *Compositiones medicamentorum*, una recopilación de recetas de medicamentos del siglo I hecha por Escribonio Largo, aparece una receta para fabricar un tipo de tratamiento para el cáncer que es como sigue: seis dracmas de oropimente (un dracma sería el equivalente a unos 1,7 gramos), dos dracmas de escama de cobre, un dracma de jugo de pepino de primavera y tres dracmas de cenizas de papel quemado. Ya vemos que la receta no solo tiene arsénico, tiene también cobre que, al igual que otros muchos elementos metálicos, era un compuesto básico de aquel momento para tratar las lesiones de la piel. El cobre no solo se empleaba en forma de ingrediente directo; mezclar los distintos ingredientes en vasijas de cobre era otra opción recomendada.

Siguiendo con el siglo I, Dioscórides, que practicó la medicina en Roma y fue el autor de uno de los principales manuales de farmacopea empleado en los siglos siguientes, recomendaba el rejalgar para tratar las úlceras de la piel, la mezcla de rejalgar y aceite para acabar con los piojos y la inhalación de vapores para la tos crónica y el asma. En su libro *De materia medica,* precisamente escribe sobre estos tratamientos, haciendo especial mención al de las úlceras de la piel, añadiendo que debido a las propiedades corrosivas del mineral, hace que desaparezca el vello de la zona tratada.

Continuando con Roma, se piensa que Agripina la menor, hermana de Calígula, envenenó a varias personas con la intención de casarse con Claudio y convertirse en emperatriz. Entre las posibles víctimas de su ascenso político estarían su segundo marido, Cayo Salustio Pasieno Crispo, además de la esposa de Claudio, Mesalina, teniendo así vía libre para casarse con él al eliminarla.

Agripina, tras casarse con Claudio (que era su tío) le convenció para que tomara a Nerón, uno de los hijos biológicos de ella, como heredero. Una vez asegurado su futuro y el de Nerón como próximo emperador, se dice que Agripina asesinó a Claudio con un plato de setas envenenadas para lo que probablemente contrató los servicios de Locusta, una famosa envenenadora. Hay varias teorías sobre qué tipo de veneno empleó, o si en el plato había también algún tipo de seta venenosa pero los síntomas que se dice que tuvo (vómitos, diarreas, lenta agonía…) apuntan tal vez al uso de arsénico.

Locusta, esclava que había sido librada de una primera condena a muerte por Agripina y que es considerada una de las asesinas en serie más antiguas de la historia, siguió trabajando para la familia. Al segundo intento consiguió acabar con el hermanastro de Nerón, Germánico, tras administrarle sardonia, una planta cuyo jugo es venenoso y que produce unas contracturas características en la cara (de ahí la expresión de risa sardónica), en un caldo. A partir de ahí ya no se sabe exactamente qué fue de Locusta, algunas fuentes recientes dicen que llegó a fundar su propia escuela para instruir en el peculiar arte del envenenamiento, otras dicen que fue condenada a morir devorada por leones, pero nada en los escritos de Tácito, fuente principal de la historia de esta envenenadora, hace referencia a ello.

De hecho, tal era el problema que existía en Roma con las muertes por envenenamiento que tiempo atrás, en el año 82 antes de Cristo, Lucio Cornelio Sila instauró la llamada Lex Cornelia, la primera ley de la historia que buscaba prevenir este tipo de fallecimientos. La ley contenía un apartado especial dedicado a aquellas personas que fabricaban, vendían o daban veneno a alguien con el fin de asesinar a otra persona imponiendo como castigo la confiscación de todas las propiedades y la deportación. Esta escuela italiana de asesinatos mediante el uso de diversos venenos, algunos basados en compuestos de arsénico, se extendió a lo largo de la historia de forma casi imparable por otros países; en Francia la técnica se volvió bastante popular siendo la Marquesa de Brinvilliers y Catherine Deshayes dos de sus máximas representantes y cuyas hazañas conoceremos más adelante.

Antes de pasar a otras regiones del planeta, no podemos olvidarnos del fuego griego, un arma incendiaria que se ha hecho tan famosa que hasta ha llegado a aparecer (aunque con otro nombre y con algunas modificaciones menores) en famosas series de televisión. No era la primera vez que se empleaba un arma de este tipo en las batallas, pero sí es una de las más destacables y la que más nos interesa arsenicalmente hablando.

Según algunas fuentes de la época, el llamado fuego griego se empleó por primera vez en Constantinopla contra las flotas árabes entre los años 673 y 717; su invención se le atribuye a un refugiado de Siria, Calínico, que se marchó de su tierra natal cuando los árabes la conquistaron, aunque otras teorías sugieren que su origen está en un tipo de arma incendiaria que empleaban los bizantinos ya en el siglo VI. La aparición de este invento probablemente tuvo un gran impacto en la historia del imperio bizantino; no estaban en su mejor momento y gracias al fuego griego pudieron recuperar su territorio y su fama.

Imagen del *Codex Skylitzes Matritensis* donde se ve cómo empleaban el fuego griego contra los enemigos. Biblioteca Nacional de Madrid [Wikimedia Commons].

La forma de usarlo era la siguiente: los ingredientes estaban en un contenedor sellado y presurizado, se conseguía mantener la presión en el interior mediante una bomba y un brasero que generaba mucho calor justo debajo del contenedor. De este contenedor salía un tubo que estaba regulado con una válvula para permitir o cerrar el paso del producto al que, al llegar al final del tubo, se le prendía fuego. En teoría, prendía de forma instantánea y se creía que el fuego que producía era imposible de apagar (algunas fuentes dicen que solamente se podía apagar con arena o vinagre). Esos tubos, por los que el fuego griego salía a presión, como si fuera un lanzallamas, estaban situados en la proa de los barcos y se apuntaban hacia el barco enemigo.

En la obra *De administrando Imperio*, el emperador Constantino VII, una especie de manual de política nacional y exterior destinada a su hijo y sucesor, Romano II, le dice que no debe revelar jamás el secreto del fuego griego, es decir, su composición, ya que fue un ángel el que se la dio para que solamente los cristianos pudieran usarlo.

Visto que era un gran secreto militar de la época, y que las personas que lo conocían fueron capaces de no revelar la composición exacta, los ingredientes necesarios para fabricar el fuego griego todavía no se conocen hoy en día. Se puede suponer que para que fuera más efectivo hacían falta una serie de componentes y armas unidas entre sí, no solamente disponer de los ingredientes a los que se les prendía fuego. Además era necesario todo un sistema de tubos y mecanismos instalado en el barco y también soldados especializados y entrenados, para asegurarse de que no hubiera accidentes y de que fuera usado de forma correcta. Si el conocimiento estaba disperso o, dicho de otro modo, si cada persona solamente conocía cómo funcionaba una parte del arma, aunque fueran capturados, tampoco podrían desvelar lo necesario para que el enemigo pudiera hacer una copia.

Lo que sí existen son diversas teorías sobre qué ingredientes se necesitaban para crear fuego griego, que era incluso capaz de mantenerse activo en el agua. Una de ellas es que en el contenedor podría haber una mezcla de hidrocarburos volátiles, sulfuro de arsénico y salitre. De forma más reciente se ha descartado que el salitre fuera uno de los elementos principales de la fórmula, aunque sí pudiera estar presente en pequeñas cantidades, dado que hasta varios siglos después no empezó a usarse como arma. Dado que el agua no era capaz de extinguir el fuego, otras teorías apuntan a que en la mezcla inicial podría haber cal viva, muy reactiva al entrar en contacto con ella. Eso tampoco explicaría por qué el fuego griego podría prender en zonas donde no había agua, como cuando se empleaba directamente sobre la cubierta de los barcos enemigos. Por estos motivos, se piensa que el encendedor usado para crear el fuego griego debía contener petróleo o algún tipo de producto refinado comparable hoy en día al napalm junto a otros ingredientes que le dieran más vidilla y lo hicieran más mortífero, como el sulfuro de arsénico.

Aun así, los bizantinos no pudieron evitar que algunos de sus barcos, con el precioso sistema del fuego griego intacto, fueran capturados por los árabes y los búlgaros a principios del siglo IX. De todas maneras, tuvieron suerte, ya que sus enemigos no fueron capaces de replicarlo con éxito.

El fuego griego continúo usándose tiempo después, hasta bien entrado el siglo XIII, aunque fue rápidamente reemplazado por otro tipo de armas más poderosas y que podían usarse a mayores distancias del barco enemigo.

Como podemos suponer, no solamente en Europa conocían el arsénico; se sabe que hace más de dos mil años en China se empleaba este elemento para la fabricación de bombas de humo venenoso que se lanzaban a los enemigos. Concretamente, se habla de una persona llamada Tangfu que habría usado este tipo de bombas de humo y granadas contra los Chao y la dinastía Song. Estas bombas irían rellenas de trióxido de arsénico (arsénico blanco) además de con otro veneno derivado del crotonaldehído, un líquido lacrimógeno. Después de prender su mecha, la bomba o granada iría soltando humo venenoso en el bando enemigo, debilitándolos durante la lucha. Este tipo de armas se habrían mantenido en uso con el paso del tiempo, debido a la facilidad de preparación y gran efectividad. También en esta zona se dieron cuenta de que si se mezclaba salitre (uno de los elementos supuestamente empleados en el fuego griego) con miel, azufre y sulfuro de arsénico se generaba una mezcla que prendía fuego de forma espontánea mientras emitía al mismo tiempo gases tóxicos.

Pero no solamente se empleó como arma, en China se usaban igualmente oropimente y rejalgar para tratar diversas enfermedades como abscesos y problemas dérmicos, de la misma forma que se empleaba para tratar la tuberculosis y la malaria.

La primera mención que se puede encontrar de los dos principales sulfuros de arsénico (rejalgar y oropimente) en la literatura china está en la obra *Shén Nóng Běn Cǎo Jīng* (traducido al castellano como *Clásico de Materia médica* de Shen Nong), uno de los cuatro tratados básicos sobre medicina tradicional china y uno de los más antiguos, ya que se compiló a finales de la dinastía Han (hace más de 1800 años). Aunque la obra original se perdió hace tiempo, sí existe una copia que se llevó a cabo en el siglo VI gracias a la cual conocemos su contenido.

En esta obra se hace referencia a las distintas propiedades y efectos terapéuticos de numerosas plantas, además de sustancias de origen animal y de origen mineral, como es el caso de los minerales de arsénico. Según se dice en el libro, el rejalgar, que se conocía con el nombre de piedra comestible amarilla, es amargo y equilibrado; sirve para tratar llagas, abscesos, hemorroides y para matar a los espíritus que causaban los delirios, entre otras cosas. También se menciona que, si se calienta hasta que sale humo, te hace inmortal. No estaríamos hablando de otra cosa que del trióxido de arsénico, compuesto que ya hemos visto que es más bien mortal de necesidad. Por otro lado, el oropimente serviría para matar insectos y piojos, aunque dice que produciría picores en el cuerpo al mismo tiempo; de nuevo, sublimado, tendría efectos similares al rejalgar, prolongando la vida y previniendo la senilidad. Hasta qué punto un elemento que te puede matar te puede al mismo tiempo hacer eterno, eso ya no ha quedado reflejado en los escritos.

No hay que olvidar tampoco que, en la cultura china ancestral, la materia se repartía entre cinco elementos: agua, fuego, madera, tierra y metal que a su vez estaban asociados a cinco planetas y a cinco minerales. Curiosamente, hay dos minerales de arsénico en esta asociación tan peculiar. El rejalgar estaría asociado al planeta Saturno y al elemento tierra. Por otro lado, la arsenolita, el óxido de arsénico, estaría asociado a Venus y al elemento metal.

Como se puede ver, la importancia del arsénico era muy relevante en esta cultura. Existía concretamente la leyenda de que llevar un mineral de arsénico como amuleto hacía que animales peligrosos y serpientes venenosas se mantuvieran alejados de ti, mito que se vio perpetuado además por distintas historias donde quedaba demostrada esta capacidad tan peculiar.

Eso sí, no pensemos que eran todo fantasías e historias de vida eterna. En el siglo I en esta región se sabía ya que los sublimados de minerales de arsénico eran un tipo de droga que se podía emplear para curar las fiebres que eran tan comunes en las zonas pantanosas.

Xilografía de Shen Nong, uno de los fundadores de la medicina china procedente de la obra *Bencao mengquan* de la época de la dinastía Ming [Wellcome Collection].

Una de las obras más relevantes de la literatura china, *A la orilla del agua*, escrita en el siglo XIV y atribuida a Shi Nai'an, está ambientada durante la dinastía Song, que gobernó en China entre 960 y 1279. En ella se habla de un grupo de 108 forajidos que se dan cita en el monte Liang para formar un ejército antes de que el gobierno les envíe a luchar contra los invasores extranjeros y las fuerzas rebeldes. En esta novela aparece una mujer llamada Pan Jinlian, cuya historia siglos después aparecerá también en otra novela, *Jing Ping Mei*, y que se puede considerar una de las villanas de la literatura china clásica y una femme fatale. Concretamente, Pan Jinlian, junto a su amante, deciden matar al marido de esta envenenándolo, añadiendo arsénico en su comida. Es a partir de este punto cuando la historia cambia en función de qué novela estemos leyendo; en *A la orilla del agua*, Pan Jinlian y su amante son brutalmente asesinados por el hermano del marido por venganza mientras que en *Jin Ping Mei*, el hermano mata solamente a Pan Jinlian después de que su amante haya muerto tras un exceso de actividad sexual.

Continuando con China, entre 1875 y 1908 reinó en el país el emperador Guangxu, undécimo emperador perteneciente a la dinastía Qing, aunque en la práctica, dado que ascendió al trono con cuatro años, fue la emperatriz viuda Cixi (su tía) la que actuó como regente durante parte del tiempo. El reinado de Guangxu terminó con un golpe de Estado en 1889 dado por Cixi junto a varios ministros que se oponían a las reformas que estaba llevando a cabo. Tras este golpe estuvo en arresto domiciliario, limitando considerablemente sus tareas como emperador, aunque sí se mantuvo nominalmente en el poder y acudía a las audiencias mientras acompañaba a Cixi en el trono. En el año 1900 ambos se vieron obligados a huir de Pekín tras el asedio de las tropas de la Alianza de las ocho naciones (formadas por tropas del Imperio Británico, Austrohúngaro, de Japón, de Rusia, de Francia, de Alemania, de Estados Unidos y de Italia) enviadas rescatar a los occidentales del levantamiento de los boxers. Finalmente, regresaron a la capital en 1902 y pasó el tiempo rodeado de relojes, una de sus antiguas pasiones, leyendo y aprendiendo inglés.

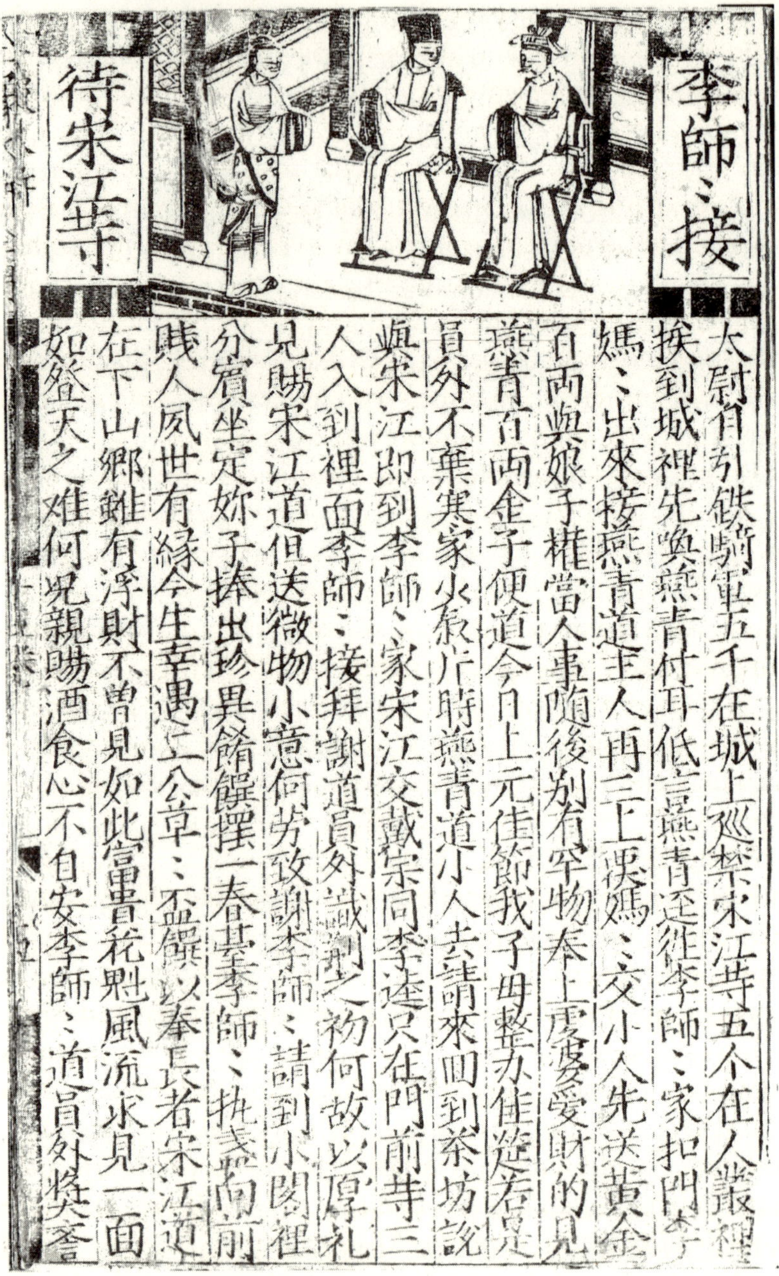

太尉自引鐵騎軍五千在城上巡禁宋江等五个在人叢裡挨到城裡先與燕青付耳低言燕青逕往李師師家扣門李媽媽出來接燕青道主人再三上復媽媽交小人先送黃金百兩與娘子權當人事隨後別有罕物奉上虔婆愛財的見燕青百兩金子便道今日上元佳節我子母整办筵席若是員外不棄其家少叙片時燕青道小人去請來回到茶坊說與宋江即到李師師家宋江交戴宗同李逵只在門前等三人入到裡面李師師接拜謝道員外識荊之初何故以厚礼見賜宋江道但送微物小意何勞致謝李師師請到小閣裡分賓坐定妳子捧出珍異餚饌擺一春臺李師師執盞向前賤人夙世有緣今生幸遇二公草草杯盤以奉長者宋江道在下山鄉雖有浮財不曾見如此富貴花魁風流求見一面如登天之難何况親賜酒食心不自安李師師道員外獎譽

Fragmento de la novela *A la orilla del agua*, atribuida a Shi Nai'an, impresa en el siglo XVII que fue empleada como elemento decorativo en el castillo de Rosenborg, en Copenhague.

Guangxu murió el 14 de noviembre de 1908, cuando tenía treinta y siete años y las teorías sobre la causa de su fallecimiento desde entonces han sido de lo más variadas. Una de las teorías que cuenta con más adeptos es la de que Cixi le envenenó, sabiendo que ella misma estaba enferma, para evitar que pudiera revertir las políticas vigentes tras su muerte. De hecho, Cixi murió tan solo veintidós horas después de Guangxu. Los informes del médico del emperador dejaron constancia de que Guangxu presentó fuertes vómitos y que su cara se volvió azul poco antes de morir, síntomas que podrían ser compatibles con el envenenamiento con arsénico, pero también con otras muchas cosas.

En un estudio llevado a cabo por, entre otros, la policía de Pekín y el Instituto de Energía Atómica de China, que comenzó en 2003 y cuyos resultados se dieron a conocer en noviembre de 2008, más de cien años después del fallecimiento del emperador Guangxu, se determinó que efectivamente había muerto envenenado por arsénico. En dicho estudio se analizaron muestras de pelo, ropa y de su estómago y se constató que los niveles de arsénico que contenían eran del orden de unos 201,5 miligramos, unas dos mil veces superiores a los que son habituales en las personas; recordemos que la ingestión de entre setenta y doscientos miligramos de arsénico ya suponen una dosis letal. Esto hace pensar que, poco antes de su muerte, le fue administrada una gran cantidad de arsénico con el fin de matarlo, lo que refuerza la teoría de que Cixi lo quiso matar antes de morir ella misma.

Prosiguiendo con nuestro viaje arsenical, llegamos hasta la India. La medicina tradicional india, conocida también como ayurveda, está basada en tres obras principales de Charaka, Sushruta y Vagbhata que se escribieron varios cientos de años antes de Cristo, aunque probablemente llevaba ya usándose miles de años antes. En estos documentos aparecen descritas distintas preparaciones medicinales a base de productos de origen animal, vegetal y mineral; entre ellas, destacan distintos tipos de venenos. Medicamentos hechos a base de minerales, llamados bhasmas en la medicina ayúrvica, se preparan tras someter a los metales a un proceso de purificación que, supuestamente, elimina su toxicidad. Compuestos y minerales de arsénico como el oropimente (llamado haritala), el rejalgar (manashila) o el óxido de arsénico (gouripasana) parecen tener efectos milagrosos en el cuerpo humano y se emplean en distintos medicamentos. El *haritala,* por ejemplo, se aplica para la limpieza de heridas, para que la piel cicatrizada recupere su color original, para tratar problemas de piel o para eliminar el vello corporal; el *manashila* para la anorexia, algunos tipos de cáncer, fiebres crónicas y el *glouripsana* para la sífilis, anemia, psoriasis o asma.

En cuanto a los fines bélicos del arsénico en India, en un tratado titulado *Shukra Niti Shastra,* que, a pesar de existir muchas dudas sobre su procedencia y origen, algunos estudiosos dicen que se escribió alrededor del siglo IV, incluye textos sobre la ciencia de la gobernanza donde aparecen numerosas recetas de diferentes tipos de pólvora. Concretamente, se describe un tipo de arma tubular que contenía una combinación de salitre, arsénico, azufre y carbón. Estos tubos, de casi un metro de largo, se empleaban para disparar proyectiles hacia el enemigo con el objetivo de causar la mayor destrucción posible.

Siguiendo nuestro viaje por otras regiones, en el siglo VIII sobresale de entre muchos el nombre de un alquimista que vivía en la ciudad de Kufa (hoy en día perteneciente a Irak), Abu Musa Jabir ibn Hayyan, conocido por ser el autor de diversos tratados de cosmología, numerología, astrología y medicina, entre otros. En algunos círculos se le considera incluso el padre de la química por haber publicado el primer trabajo conocido que presenta una clasificación sistemática de sustancias químicas. También fue una de las primeras personas en darse cuenta de que hacía falta emplear una determinada cantidad de una sustancia para producir una reacción química concreta.

En una de sus varias obras aparecían los elementos divididos en tres categorías: espíritus (aquellos que se vaporizan al calentarse, como el arsénico), metales (como el oro y la plata) y no metales (sustancias no maleables que pueden convertirse en polvo, como las rocas). El arsénico, en forma de oropimente y rejalgar, era un elemento que estaba muy presente en sus laboratorios; precisamente, al calentar el rejalgar o el oropimente, habría podido recuperar el compuesto de arsénico que se formaba (trióxido de arsénico), lo que él denominaba proceso de blanqueado.

ITALIA, LA CUNA DEL ENVENENAMIENTO

Si un país ha destacado siempre históricamente por encima de los demás en temas de envenenamiento ha sido Italia. Ya desde el siglo XIV incluso contaban con una organización secreta que se dedicaba a asesinar a aquellas personas que no les caían muy en gracia.

En el caso del arsénico, su historia como arma en Italia se remonta muchos siglos atrás. Ya hemos visto que incluso en la Antigüedad ya se empleaba como veneno para alterar al gusto las líneas sucesorias. Sin embargo, la verdadera explosión del uso del arsénico para acabar con los competidores tuvo lugar en Italia entre los siglos XV y XVI, concretamente, los máximos representantes fueron los miembros de la familia Borgia. Hay que pensar que estamos en el Renacimiento, una época en la que hubo un resurgimiento del interés por diferentes ramas de las artes y de las ciencias, desde la medicina hasta la química, y el arsénico llevaba tiempo esperando ser el protagonista.

Nos encontramos pues en la Italia del siglo XV, donde el envenenamiento era relativamente común en las altas esferas y donde la muerte de un papa, de un cardenal o de un miembro de la realeza rara vez se debía a un fallecimiento por causas naturales. Los venenos más frecuentes y populares del momento eran de origen animal (veneno procedente de alimañas), vegetal (como la belladona o el acónito) y mineral (cómo no, nuestro querido arsénico) y es en este último en el que nos vamos a centrar.

Los farmacéuticos, médicos y alquimistas eran los encargados de elaborar los venenos que las familias de alta cuna empleaban para acabar con sus competidores. En el caso que nos interesa, uno de los venenos más populares era la cantarella cuya composición exacta se desconoce pero que sí se piensa que contenía arsénico.

Existen distintas hipótesis del origen del nombre del veneno: cantarella. Según una teoría, vendría de la palabra latina *cantharellus*, diminutivo de la palabra copa, algo que tendría sentido si pensamos que era precisamente en las copas, mezclado con la bebida, donde se ponía discretamente el veneno. Otra teoría está relacionada con la palabra de origen griego *kantharis*, que haría referencia a un tipo de insecto conocido popularmente como cantárida; este insecto segrega cantaridina, una sustancia química irritante y venenosa que posiblemente, junto a otras, formaba parte de la fórmula completa de la cantarella.

La cantarella era muy popular porque era extremadamente fácil de administrar, no tenía olor ni sabor y se podía mezclar con cualquier comida o bebida. Una de las teorías de cómo se obtenía la cantarella, descrita por Nicolas Garelli, era la siguiente: hacía falta administrarle una alta dosis de arsénico a un cerdo que luego se colgaba de las patas traseras; al poco tiempo, el cerdo empezaba a sacar espuma por la boca, dicha espuma se recogía y guardaba en un frasco para ser empleada después en la elaboración del veneno. Otra hipótesis para el proceso de fabricación de cantarella también guarda una estrecha relación con el cerdo. Después de sacrificarlo, se cogían sus entrañas y se metían en una vasija donde se cubrían con arsénico y se dejaba actuar durante un mes aproximadamente. A continuación, se recogía el líquido resultante y se secaba hasta convertirlo en un fino polvo que luego se añadía a la bebida. En este caso, se puede suponer que, si el arsénico no mataba a la víctima, el trabajo lo podían acabar las toxinas y otros elementos procedentes del proceso de putrefacción del cerdo. En cualquier caso, las dos recetas parecen igual de poco agradables y requerían cierta lentitud y dedicación, por lo que había que planear las cosas con algo de tiempo.

La cantarella, según Paolo Jovio, era una especie de polvo de color blanquecino que se parecía bastante al azúcar. Se podía añadir en bebidas, como el vino, y se podía incluso llegar a calcular cuándo haría efecto en función de la dosis empleada, si en un día, una semana o en un año. Los síntomas que producía la ingestión de cantarella eran similares a los que ya hemos visto por la ingestión de arsénico: vómitos, dolores abdominales, diarrea y nauseas. Todos estos síntomas se podían confundir fácilmente con otras enfermedades muy frecuentes en la época como el cólera o la disentería, por lo que no llamaba particularmente la atención.

La familia Borgia, de origen español, alcanzó una gran relevancia en las esferas políticas y eclesiásticas de la Italia de los siglos XV y XVI, tanto que dos de sus miembros llegaron a ser papas. El primero, Alfonso, ascendió al trono papal con el nombre de Calixto III, aunque solamente estuvo en el poder tres años. Tras su muerte, Rodrigo Borgia, que había ido ascendiendo poco a poco hasta llegar a ser cardenal, fue elegido papa con el nombre de Alejandro VI en 1492.

Alejandro VI murió el 18 de agosto de 1503 tras caer, en teoría, en su propia trampa. Según cuentan algunas fuentes, el papa habría invitado a cenar a nueve cardenales que deberían haber visto sus bebidas condimentadas con veneno (concretamente cantarella) a lo largo de la noche, librándose de este terrible destino solamente él y su hijo César, que también estaba invitado al evento. Sin embargo, algún sirviente descuidado debió servirles el vino contaminado haciendo que tanto él como su hijo César enfermaran. El papa presentaba síntomas de extrema gravedad y murió poco tiempo después; César, aunque sí consiguió recuperarse, vio como sus planes políticos se iban al traste con la muerte de su padre y benefactor. Hoy en día algunas teorías afirman que en realidad no fue el veneno lo que los hizo enfermar, sino la malaria, sin embargo, sí resulta sospechoso que enfermaran justo a la vez y que además uno de ellos falleciera en tan poco tiempo con síntomas tan parecidos a los del envenenamiento por arsénico.

César Borgia, que fue ordenado cardenal a los dieciséis años y sucedió a su hermano Juan al frente del ejército papal tras asesinarle, se cita en numerosas ocasiones como la fuente de inspiración de Maquiavelo para su obra cumbre

Retrato del papa Alejandro VI (Rodrigo Borgia) pintado por Cristoffano dell'Altissimo. Colección Vasari Corridor [Wikimedia Commons].

El príncipe, donde el autor explica cómo se debería actuar para unificar Italia y sacarla de la crisis, manteniéndose en el poder, haciendo hincapié en la estrategia política y los juegos de poder además de cuestiones de moral y religión.

Alejandro VI tuvo también una hija que pasaría a la fama, Lucrecia Borgia, que se casó tres veces siguiendo las órdenes de su padre y de su hermano. El primer matrimonio de Lucrecia, con Giovanni Sforza, fue resultado de los intereses políticos ya que los Borgia querían formar una alianza con esta familia de Milán. Sin embargo, pronto dejaron de necesitar su apoyo y Giovanni terminó huyendo cuando Lucrecia le avisó de que, supuestamente, el papa Alejandro VI había ordenado su asesinato. Finalmente, dado que el matrimonio no llegó a consumarse, pudieron anular la boda y la familia seguir con sus planes de conquista.

El segundo marido, Alfonso de Aragón, tras quedar malherido tras ser atacado en 1500, murió de forma sospechosa poco después, probablemente asesinado siguiendo las órdenes de Cesar Borgia. En teoría, aunque se piensa que Lucrecia sí tuvo algún papel activo en los envenenamientos e incluso se rumoreaba que llevaba un anillo con una cápsula donde guardaba dentro el veneno, según lo que figura en los escritos que se conservan, fue una mujer muy discreta, culta, delicada y piadosa. Fue, por otro lado, la única de los Borgia que mantuvo algo de poder después de la muerte de su padre, exiliándose a la corte de Ferrara tras casarse con Alfonso d'Este, donde dio refugio a alguno de sus parientes.

ACQUA TOFFANA

Decíamos que Italia fue la cuna del envenenamiento con arsénico, y es que no solamente la familia Borgia se aprovechó de sus tóxicas propiedades para acabar con sus enemigos; Giulia Toffana, conocida como La Toffana, vivió primero en Palermo y después en Nápoles durante el siglo XVI y era la reina arsenical del momento.

Se hizo popular porque vendía un cosmético principalmente compuesto por arsénico, conocido como *acqua toffana* (agua tofana) o *Manna di San Nicola di Bari* (el maná de San Nicolás) que, en realidad, las mujeres lo compraban con la intención de usarlo como veneno. Este cosmético además venía en un envase con etiquetas con ilustraciones de distintos santos, siendo muy populares los envases de cristal con la imagen de San Nicolás, pareciendo así un producto totalmente inocuo ante los ojos de cualquiera.

La madre de Giulia, Thofania d'Adamo, fue ejecutada en 1633 acusada de haber envenenado a su marido, por lo que probablemente esta peculiar afición le venía por tradición familiar. El caso de Thofania d'Adamo es de particular interés ya que fue una de sus clientas la que la delató. La clienta, que trató de envenenar a su marido poniéndole agua tofana en su

Le Poison des Francs-Maçons

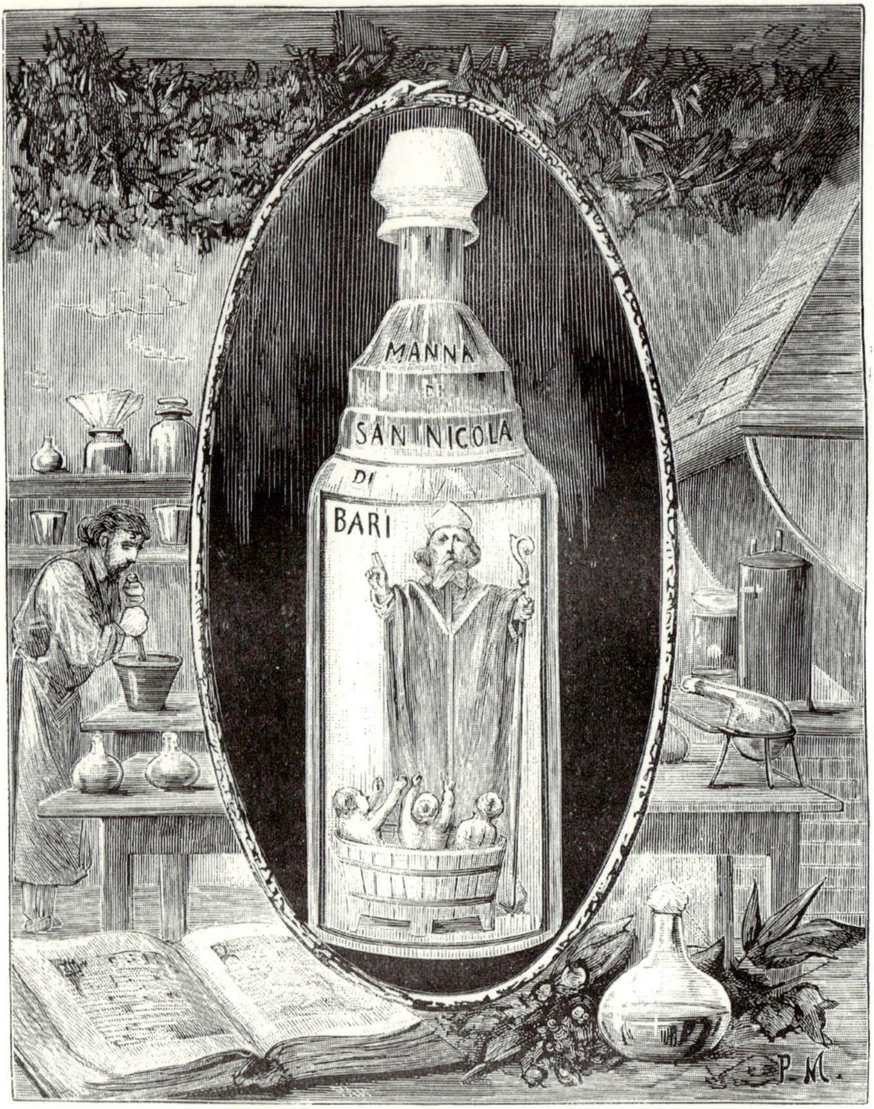

Ce poison est fabriqué à Naples; on l'appelle *Manna di San Nicola di Bari;* il s'expédie aux Suprêmes Conseils, qui en font la demande, dans de minuscules fioles portant une étiquette ornée de l'image de Saint-Nicolas.

Grabado de Pierre Méjanel y François Pannemaker aparecido en *Les mystères de la Franc-maçonnerie* (1886) donde se puede ver una botella de agua tofana [Wikimedia Commons].

comida, no se dio cuenta de que este había intercambiado los platos y ella acabó tomando el plato que le estaba destinado a él, poniéndose gravemente enferma. Acudió a las autoridades para denunciar a Thofania y fue así como descubrieron su sucio negocio, la detuvieron y posteriormente la ejecutaron en la horca. Su hija tomó su relevo y estuvo durante muchos años vendiendo este mismo producto a diversas mujeres italianas que querían acabar con sus maridos.

La composición del agua tofana hoy en día es desconocida, pero, según los escritos, era un líquido transparente, que carecía de sabor alguno y que podría haber contenido, junto al arsénico, otras sustancias de origen vegetal como la belladona o la cimbalaria, un tipo de planta venenosa. La forma de administrarla era sencilla, solo hacía falta añadir unas pocas gotas, normalmente con seis era suficiente, en la comida o en la bebida de la víctima.

Dado que esta agua tofana tardaba mucho en hacer efecto y los síntomas que producía eran muy poco violentos, tales como agotamiento, ganas de dormir, debilidad generalizada, falta de apetito o de vitalidad, era prácticamente imposible detectar que el arsénico hubiera sido la causa de la muerte de las víctimas. Servía además para empeorar los síntomas de enfermedades previas, acabando así con la víctima antes de lo previsto.

Aunque permaneció bajo sospecha durante muchos años, Giulia Toffana consiguió eludir a las fuerzas de la justicia gracias a sus frecuentes cambios de domicilio. En 1650, al igual que le sucedería a su madre, cuentan las historias que una clienta la delató tras haber intentado asesinar a su marido. Después de ponerle el agua tofana en la sopa, se arrepintió y tiró la comida, lo que levantó las sospechas de su marido obligándola a confesar y entregándola a las autoridades por intento de asesinato. Bajo tortura, la forma habitual en que se obtenían confesiones en aquella época, señaló como proveedora del veneno a Giulia.

Finalmente, en 1659 fue capturada en el convento donde se refugiaba. Desde allí había estado vendiendo su veneno hasta que, en contra de las protestas de los clérigos, fue detenida y posteriormente torturada. Confesó su crimen siendo después estrangulada y lanzada al patio de un convento. Se calcula que, durante el tiempo que estuvo en activo, fue la responsable de la muerte de casi seiscientas personas con su Acqua Toffana, incluyendo probablemente entre las víctimas a dos papas (Pío III y Clemente XIV) según cuentan los rumores de la época.

Giovanna Bonnano, una mujer de Palermo conocida como la vieja del vinagre (*la vecchia dell'aceto*) fue otra de las famosas envenenadoras italianas, esta vez del siglo XVIII. En su caso, el veneno que usaba lo denominaba licor de vinagre blanco, que estaba hecho a base de una mezcla de vino blanco, vinagre y arsénico. Las clientas tenían el mismo objetivo que las de la Toffana, acabar con sus desdichados matrimonios (o querer heredar pronto) asesinando a sus maridos. Tras una primera dosis de este licor de vinagre blanco, la víctima empezaba a encontrarse mal y a presentar dolores en el estómago, las sucesivas dosis le hacían empeorar hasta causar la muerte.

Fue detenida cuando una de las mujeres que trabajaba para ella repartiendo veneno entre sus compradoras, Maria Pitarra, fue a entregar el producto y se dio cuenta de que estaba destinado al hijo de una de sus amigas. Decidió avisar a su amiga para evitarle ese cruel destino a su hijo y entre ambas le tendieron una trampa a Giovanna; la amiga de Maria encargó veneno y, cuando Giovanna se lo fue a entregar, la detuvieron. En 1788 comenzó el juicio en el que fue acusada de brujería; murió ahorcada el 30 de julio de 1789.

El agua tofana no ha sido uno de esos productos que el tiempo ha dejado caer en el olvido. Durante muchos años estuvo en circulación y hasta se la relaciona con un incidente que tuvo Mozart durante un concierto en Praga; incluso le llegó a confesar a su esposa que pensaba que le estaban envenenando con agua tofana, aunque nunca llegó a ser demostrado.

De forma más reciente, en la novela de aventuras *El Conde de Montecristo* publicada en 1844 de Alexandre Dumas, aparece mencionada el agua tofana en una conversación, haciendo referencia precisamente a los secretos ingredientes que se empleaban para su fabricación.

PARA LEER MÁS:

- Cabanés, A. y Nass, L. (2016). *Poisons et Sortilèges: Les Césars - Envoûteurs et sorciers - Les Borgia.* Collection XIX.
- Cullen, W. R. (2008). *Is arsenic an aphrodisiac? The sociochemistry of an element.* RSC Publishing.
- Emsley, J. (2005). *The elements of murder.* Oxford University Press.
- Karamanou, M.; Androutsos, G.; Hayes, A. W. y Tsatsakis, A. (2018). Toxicology in the Borgias period: the mystery of Cantarella poison. T*oxicology research and application* 2, 1-3.
- Levack, B. P. (2001). *New Perspectives on Witchcraft, Magic, and Demonology: Witchcraft in the Modern World.* Taylor & Francis.
- Mayor, A. (2018). *Fuego griego, flechas envenenadas y escorpiones. La guerra química y biológica en la antigüedad.* Editorial Desperta Ferro.
- Muñoz Páez, A. (2012). *Historia del veneno: de la cicuta al polonio.* Barcelona: Debate.
- Pascandola, J. (2012). *King of poisons.* Potomac Books.

La ciencia del arsénico

Aunque ya se tenía ya conocimiento de la existencia del arsénico y de sus propiedades desde hace siglos, y bastantes fueron los que lo emplearon como veneno, en realidad, era muy difícil demostrar que una persona había sido envenenada con este elemento ya que no tenía olor, color ni sabor alguno. Pasaron muchos años antes de que se pudiera detectar la presencia de arsénico de forma segura y fehaciente en distintos tipos de muestras como comidas, bebidas o restos biológicos. El conocimiento científico fue mejorando paulatinamente, después de todo, nadie quería que un asesino quedara libre. Se desarrollaron una serie de pruebas químicas de detección que fueron incorporando mejoras con el paso del tiempo. Estas pruebas no tardaron demasiado en hacerse muy populares en los juicios de personas acusadas de haber empleado este elemento para acabar con la vida de alguien, aun así, como veremos, no siempre eran muy fiables.

Los métodos iniciales de detección de arsénico eran extremadamente rudimentarios. En los primeros juicios que se llevaron a cabo, cuando se tenían muestras del producto que se pensaba que había envenenado a la víctima, esa muestra se le daba a un perro para observar los efectos que en él tenía. De esta forma, se buscaba poder distinguir si contenía arsénico o no en función de cómo fuera evolucionando el animal. Esta técnica, como podemos deducir, no era ni demasiado precisa ni excesivamente útil en la gran mayoría de los casos.

Más técnicas, a la altura de la que acabamos de explicar incluían quemar la muestra para ver si desprendía un olor a ajo (lo que podría indicar la presencia de arsénico o de gas arsina) o añadir distintos productos químicos esperando que alguno produjera una reacción concreta que pudiera indicar que había arsénico en la mezcla. Uno de los experimentos más populares consistía en añadir ácido sulfhídrico (H_2S) a una solución acuosa donde se había introducido la muestra que teóricamente contenía arsénico; si el líquido se volvía amarillo o se formaba un precipitado de sulfuro de arsénico, se podía deducir que efectivamente había arsénico en dicha muestra.

Una forma alternativa de reconocer si había arsénico en un líquido era mediante un test sencillo, ideado por un médico británico, John Ayrton Paris, en 1820. Este test consistía en derramar la muestra líquida sobre un papel, formando una línea ancha y pasar por encima una barrita de nitrato de plata (conocido también entonces como cáustico lunar). Si la zona que había estado en contacto con el nitrato de plata se volvía primero de color amarillo y pasados unos instantes tornaba hacia un color más bien pardo, significaba que el líquido contenía arsénico. Curiosamente, John Ayrton Paris es más conocido por ser el inventor del taumatopo en 1824, un juguete con forma de disco, con una imagen fija a cada lado, y que al girarse rápidamente mediante un sistema de cuerdas, creaba la impresión de que ambas imágenes estaban juntas.

Una de las primeras veces que se emplearon este tipo de análisis químicos en un caso de muerte por envenenamiento con arsénico fue en 1752, en el juicio de Mary Blandy, acusada haber matado a su padre con arsénico blanco. Dado el interés que tuvo el caso, lo veremos con todo detalle más adelante en otro capítulo.

Lo que conocemos hoy en día como toxicología forense no arrancó hasta bien entrado el siglo XIX. En el caso del arsénico, los primeros avances se llevaron a cabo en la década de 1830, con James Marsh y Mathieu Orfila a la cabeza, aunque otros muchos científicos participaron en el proceso de mejora de los métodos de detección de arsénico.

TEST DE COLORES

Para poder conocer cuáles fueron los inicios y cómo ha ido avanzando la ciencia de la detección del arsénico, nos tenemos que remontar hasta uno de los casos en los que actuó Samuel Jackson (1788-1869) como médico forense a finales de la década de 1820.

William Logan murió durante el mes de febrero en 1828, en una pequeña ciudad de Pensilvania (Estados Unidos). Un tiempo antes se había hecho un corte en el pie, perdiendo mucha sangre; estando recuperado, pasó fuera una fría noche de invierno y regresó a casa bebido. El día 1 de febrero empezó a sentir dolores de cabeza, molestias en las extremidades y, de forma más concreta, mucho dolor en la parte de la pierna donde se había cortado.

En las primeras visitas de Samuel Jackson, su médico, este le hizo una sangría, lo habitual en aquella época para tratar diversas dolencias, y le trató además con eméticos (sustancias que buscan provocar el vómito para limpiar el organismo). Tras unos días en las que el paciente mostró alguna mejoría, volvió a empeorar. Le había subido la fiebre y, por las descripciones existentes, parece que algunas de las heridas hechas para la sangría anterior se habían infectado. Horas antes de morir, William estaba muy débil, incluso llegó a tener delirios y se quejaba de un fuerte dolor en el brazo.

Inicialmente no se pensó que William hubiera muerto de algo que no fueran causas naturales, sin embargo, a los pocos días de ser enterrado se descubrió que su mujer había comprado arsénico a un boticario de la zona y ahí fue donde comenzaron las sospechas. También salió a la luz una supuesta relación con un vecino, su honor empezó a ser cuestionado y, finalmente, se decidió exhumar el cuerpo de William.

El informe elaborado por cuatro médicos (W.N. Robins, D. Gilbert, John B. Price e Isaac Hottenstein), donde se analizaba el estómago de la víctima, concluía, sin que hubiera duda alguna, que había arsénico en los restos del fallecido y que había muerto envenenado; fue precisamente dicho informe lo que llevó a su mujer a la cárcel.

Tras analizar ese mismo informe, Samuel Jackson publicó en 1829 en la *Revista americana de ciencia médica* un artículo sobre el asunto donde explicó los numerosos errores que habían cometido los médicos en cuestión, al mismo tiempo que ponía en evidencia lo peligroso que era que un científico fallara al sacar sus conclusiones en este tipo de casos de asesinato.

Los médicos que emitieron el informe hicieron cuatro pruebas diferentes para determinar si el cuerpo de William Logan tenía restos de arsénico, vamos a describirlas a continuación. En primer lugar, hirvieron los contenidos del estómago junto a unos pocos granos de subcarbonato de potasio y vieron que el líquido se volvía verde al añadir sulfato de cobre. El segundo test que hicieron es el que ideó el doctor Paris que se ha mencionado antes; colocaron una muestra del líquido del estómago encima de un fragmento de papel blanco, sobre esa muestra se pasó una barrilla de nitrato de

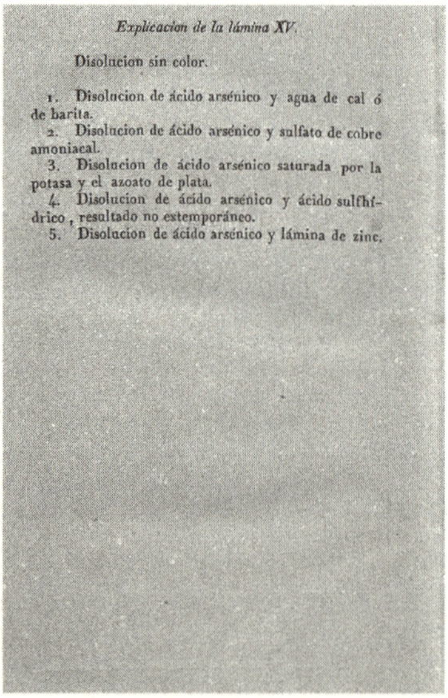
Explicacion de la lámina XV.

Disolucion sin color.

1. Disolucion de ácido arsénico y agua de cal ó de barita.
2. Disolucion de ácido arsénico y sulfato de cobre amoniacal.
3. Disolucion de ácido arsénico saturada por la potasa y el azoato de plata.
4. Disolucion de ácido arsénico y ácido sulfhídrico, resultado no extemporáneo.
5. Disolucion de ácido arsénico y lámina de zinc.

Lámina del *Tratado completo de química* (1844) donde se habla de los distintos colores que presentan los precipitados de arsénico en función de los reactivos empleados.

plata y de inmediato se formó una línea de color amarillo claro. En tercer lugar, se colocó una muestra del estómago entre dos placas de cobre recubiertas de un material llamado flujo negro; este flujo negro se obtenía mezclando y quemando una parte de nitrato potásico (nitro) con dos de crémor tártaro, que reaccionan dando lugar a carbón y potasa. Al calentarse apareció una mancha blanca plateada llamada espejo de arsénico por su color. En la cuarta y última prueba que hicieron estos cuatro médicos, tras hervir un trozo del estómago y dejar enfriar el líquido, añadieron ácido sulfhídrico, poco después se formó un precipitado de color amarillo demostrando así que había arsénico en el estómago. Vamos, que obtuvieron un arcoíris completo de resultados.

Precisamente, este último test que hemos descrito lo inventó en 1785 Samuel Hahnemann, considerado el padre de la homeopatía, y se empleó en numerosos juicios donde se pensaba que la víctima había muerto envenenada por arsénico. Este tipo de tests «de colores» no eran algo excepcional, eran rápidos de hacer, daban resultados claros, y terminaron siendo los métodos más habituales durante la primera mitad del siglo XIX para detectar el arsénico; curiosamente siguieron usándose tiempo después a pesar de haberse descubierto otros mejores y más fiables.

Samuel Jackson alegó en su escrito que, a pesar de haber visitado al fallecido en numerosas ocasiones, incluso varias veces en un mismo día, jamás vio en él los típicos síntomas del envenenamiento con arsénico que ya conocemos (vómitos, diarreas, parálisis) y que resultaba imposible que esa hubiera sido la causa de su muerte. Sí se conocían algunos casos de muertes por envenenamiento con arsénico donde el paciente no había tenido ni siquiera tiempo de sentir dolores ni presentar estos típicos síntomas, debido a la elevada y fulminante dosis tomada, pero tampoco parecía ser el caso dado que pasaron muchos días entre los primeros síntomas y su muerte.

En el artículo, rebate todas las pruebas «infalibles» de los cuatro médicos y deja claro que no confiaba en que las pruebas llevadas a cabo demostrasen que hubiera realmente arsénico en el estómago de la víctima. Con la primera prueba se podía deducir que había arsénico cuando el líquido se tornaba de un color verdoso, sin embargo, este mismo color también podía ser fruto de la contaminación debida a ciertos productos o elementos químicos presentes en el estómago. Según la opinión de Jackson, deberían haberse llevado a cabo análisis adicionales después de extraer los metales contenidos en la muestra para demostrar que realmente se trataba de arsénico y que no habían sido falsos positivos.

Durante el juicio la hermana del señor Logan declaró haberle oído quejarse en numerosas ocasiones de las ratas, que no le dejaban dormir bien por las noches; otra persona más testificó que la señora Logan se había quejado por su parte de que las ratas iban a terminar con su reserva de patatas. Inicialmente era la hija del matrimonio la que iba a ir a comprar el veneno, pero ya que se trataba de una sustancia peligrosa, finalmente fue la señora Logan a comprarlo. Una vez tuvo el producto en casa y cuando estaba ya dispuesta a mezclarlo con harina para acabar con las plagas de alimañas, lo terminó tirando al fuego preocupada por la seguridad de su familia. La señora Logan alegó en el juicio que si su hija había ido a por más arsénico había sido bajo las órdenes de su marido y que ella no estaba enterada; la propia hija lo confirmó.

Las pruebas forenses parecían estar en contra de la señora Logan, ya que indicaban que en teoría el fallecido había muerto debido a la ingestión de arsénico, aun así, fue absuelta del crimen por un jurado con veintitrés votos a favor y uno en contra.

Samuel Jackson estaba convencido de que la mujer, debido a su carácter y forma de ser, y a que no tenía motivos algunos para acabar con su marido, era totalmente inocente y que las pruebas eran, como mucho, circunstanciales. Aun así, unos análisis realizados con mayor cuidado o un tipo de pruebas más fiables podrían haber servido para determinar si William Logan fue asesinado de forma intencionada o simplemente murió por causas naturales. Una situación parecida sucedió en el caso de Abraham Kesler, acusado de haber asesinado a su mujer con arsénico en 1817, aunque él si fue condenado a muerte a pesar de que las pruebas forenses tampoco eran demasiado concluyentes.

Aunque pronto veremos que los métodos de detección de arsénico mejoraron sustancialmente en las siguientes décadas, estos test de colores siguieron estando presentes en numerosos juicios. Veamos uno de los primeros casos donde la toxicología forense sí triunfó con este tipo de test.

William Herapath, nacido en Bristol en 1796, era profesor de química y toxicología en la Escuela Médica de Bristol en 1828. Fue llamado a participar, junto a varios médicos y forenses más, en la exhumación del cadáver de Clara Ann Smith en diciembre de 1834, una mujer que supuestamente había fallecido por causas naturales el 26 de octubre de 1833.

Uno de sus sobrinos, Thomas Manley, conocedor de que su tía tenía cierta fortuna, se sorprendió al conocer que no le había dejado nada como herencia y comenzaron las investigaciones. Pronto se dieron cuenta de que la casera de Clara Ann había ingresado una gran suma de dinero en su cuenta poco después de la muerte de esta, motivo por el cual terminó siendo acusada de robo y asesinato. Pese a que había pasado un tiempo considerable desde la muerte y enterramiento de Clara Ann, pudieron analizar diferentes muestras con estos test de colores de los que ya hemos hablado, en una de ellas obtuvieron el famoso precipitado de color verde, que demostraba que había sido envenenada con arsénico. La casera, Mary Ann Burdock, había llevado una vida un tanto revuelta antes de decidirse a abrir una casa de huéspedes. Su marido además le suponía una carga económica muy severa, ya que estaba gravemente enfermo y parece ser que al cruzarse Clara Ann en su camino vio la solución a sus problemas de dinero.

Mary Ann supuestamente se hizo con el arsénico en octubre de 1833 para acabar con las ratas que habitaban debajo de la cama de su esposo. Para no levantar sospechas, le encargó a uno de sus inquilinos, Edwards Evans, que comprara el arsénico. Desde luego no eligió a un intermediario muy fiable, ya que este se gastó el dinero que le dio en cerveza; Edwards finalmente le pidió dinero prestado a un amigo para poder cumplir con su recado. El farmacéutico inicialmente se negó a venderle el arsénico sin contar con testigos y Edward tuvo que ir a buscar a varios a un pub cercano. Dado que se le había terminado el arsénico blanco, le vendió en su lugar arsénico amarillo que contenía algo de rejalgar (mineral de arsénico de color rojo).

Cuando Clara Ann enfermó, su casera contrató a una niña como su sirvienta para que le llevara la comida a su habitación, advirtiéndola de que no podía tomar nada de lo que le llevara. El 24 de octubre por la tarde, la señora Burdock en persona le llevó un plato de gachas a la enferma; la recién contratada sirvienta vio como le añadía un polvo amarillento antes de dárselo y, aunque le extrañó el color rojizo final de la mezcla, se lo entregó a su paciente. Pocos minutos después Clara Ann empezó a sentirse mal, mostrando fuertes dolores y agitándose de forma tan violenta que terminó golpeándose la cabeza con el cabecero de la cama, al día siguiente ya estaba muerta.

El 30 de diciembre de 1834, tras analizar las pruebas y los testimonios de todos los implicados, Mary Ann Burdock fue declarada culpable de haber asesinado a la señora Clara Ann Smith con arsénico para quedarse con su dinero. Apenas dos días después de finalizar el juicio, Mary Ann fue ejecutada delante de más de cincuenta mil personas.

William Herapath fue llamado desde aquel momento como médico experto en diferentes juicios, empleando muchos años después estas pruebas de colores en los casos de envenenamiento con arsénico.

Las disputas y problemas relacionados con la demostración de presencia o ausencia de arsénico eran bastante habituales en los tribunales ya que, como podemos ver, todavía no había ninguna forma estándar ni suficientemente precisa para detectar la presencia de arsénico. Esto, por suerte cambiaría con la llegada del test de Marsh.

JAMES MARSH Y EL PRIMER TEST FIABLE DE DETECCIÓN DE ARSÉNICO

James Marsh (1794-1846) fue un químico británico del que poco se sabe de sus primeras etapas. En 1822 trabajaba como químico en el Arsenal Real, una de las principales fábricas de munición de Reino Unido y que formaba parte de la Real Academia Naval. Allí se dedicó a estudiar y mejorar distintos aparatos, como el tubo de percusión o un dispositivo electromagnético portátil, por el cual recibió la medalla de plata de la Real Sociedad de las Artes. En la Academia Naval estuvo también trabajando otro famoso científico, Michael Faraday, conocido por haber descubierto la inducción electromagnética y la electrólisis. James Marsh fue uno de sus varios asistentes, y probablemente le preparaba los discursos y le ayudaba con sus estudiantes en los laboratorios.

James Marsh fue adquiriendo cierta fama como químico; tal vez por eso (o porque era el único químico que tenían cerca) fue llamado a testificar en un juicio en 1833, donde se acusaba a un hombre, John Bodle, de haber asesinado a su abuelo, George Bodle, añadiendo arsénico en su café.

Retrato de James Marsh realizado por W.T. Vincent aparecido en *The records of the Woolwich District* [Wikimedia Commons].

El café era un producto muy caro entonces y se solía vender ya molido. Ese día, el granjero fue al armario donde tenían guardado el café bajo llave y cogió la ración justa y necesaria para preparar el café de toda la familia. La mañana del 2 de noviembre de 1833, la sirvienta, Besty, preparó el desayuno al igual que hacía todos los días, echando agua caliente sobre el café molido. George, se tomó su café en la cocina; a la esposa de George, Ann, una de sus hijas de un matrimonio anterior le subió el desayuno a la habitación. Después, tanto esta hija como otros miembros de la casa desayunaron lo mismo. Pronto se vieron aquejados de los mismos síntomas: vómitos y fuertes dolores en el estómago.

Por otro lado, una vecina de origen humilde que iba todos los días a ordeñar sus vacas, Judith Lear, se llevó los restos que habían quedado del café molido ya usado para preparar otra segunda tanda de café y poder repartirlo con su marido y sus siete hijos. Ellos tuvieron más suerte dado que no llegaron a tomárselo, a uno de sus hijos no le pareció que el café tuviera buena pinta y lo tiraron.

El día 2 de noviembre por la tarde, todos los miembros de la familia Bodle seguían muy enfermos y el médico local le administró un tratamiento a base de clara de huevo. George murió pocos días después, fue el único, dado que el resto de los familiares afectados sí se recuperaron.

Durante la autopsia, llevada a cabo por Samuel Solly, se detectó que el fallecido había ingerido algún tipo de sustancia que había irritado su estómago, probablemente arsénico. Cuando se registró la casa se encontraron dos paquetes de arsénico, uno de ellos abierto y en el que faltaba un poco de veneno, que supuestamente había comprado John Bodle a un farmacéutico local pocos días antes del suceso para acabar con una plaga de ratas. Todas estas pruebas fueron llevadas ante Michael Faraday, profesor de química en la Real Academia Naval, pero, al estar muy ocupado, le pasó la tediosa tarea de analizarlas a su asistente, James Marsh.

En primer lugar, James Marsh analizó los restos del café molido empleando el procedimiento ideado por Samuel Hahnemann, ya descrito anteriormente. Los resultados fueron positivos, por lo que el café contenía arsénico; esto sirvió para convencer al jurado de que Bodle debía ser juzgado por asesinato. Sin embargo, el problema era que analizar los contenidos del estómago con este mismo test era harina de otro costal. Durante el juicio, y aunque se presentaron los precipitados obtenidos tras analizar el café, al tribunal no le convenció demasiado, ya que, aunque había quedado claro que George había muerto envenenado por arsénico, no estaba claro quién había sido la persona encargada de administrarlo, por lo que finalmente Bodle fue absuelto del crimen. Varios años después, en 1844, John Bodle que por aquel entonces se hacía llamar James Smyth, fue arrestado de nuevo por amenazas y extorsión. Fue condenado a trabajos forzados es Tasmania, pero, justo antes de su partida, confesó que efectivamente diez años antes había envenenado a su abuelo con arsénico; sorpresa, sorpresa. En mayo de 1852, ocho años después de llegar a Tasmania, John Bodle consiguió escapar, se llegó incluso a ofrecer una recompensa de dos libras a quien le capturara. Lo último que se supo de él fue que llegó hasta Melbourne en un barco de pasajeros tras ocupar el sitio de una de las personas para las que había trabajado como mayordomo; al desembarcar desapareció entre la multitud.

Es de suponer que esta experiencia en el juzgado le sirvió a James Marsh de inspiración para buscar otro método más efectivo para detectar de forma fehaciente que había arsénico en una muestra, algo que podía ser muy importante en juicios de este tipo.

En vez de generar precipitados de colores que podían dar falsos positivos si no se era muy cuidadoso y si las muestras no habían sido contaminadas, lo ideal sería encontrar una forma de separar el arsénico metal de las muestras orgánicas para luego poder demostrar que estaba ahí mediante otras técnicas analíticas. Esto podría además demostrar la presencia de cualquier otra sustancia que contuviera arsénico, no solamente del temido arsénico blanco, el más habitual cn los casos de envenenamiento, para lo cual hacía falta encontrar un procedimiento que pudiera aplicarse siempre y en cualquier circunstancia y muestra.

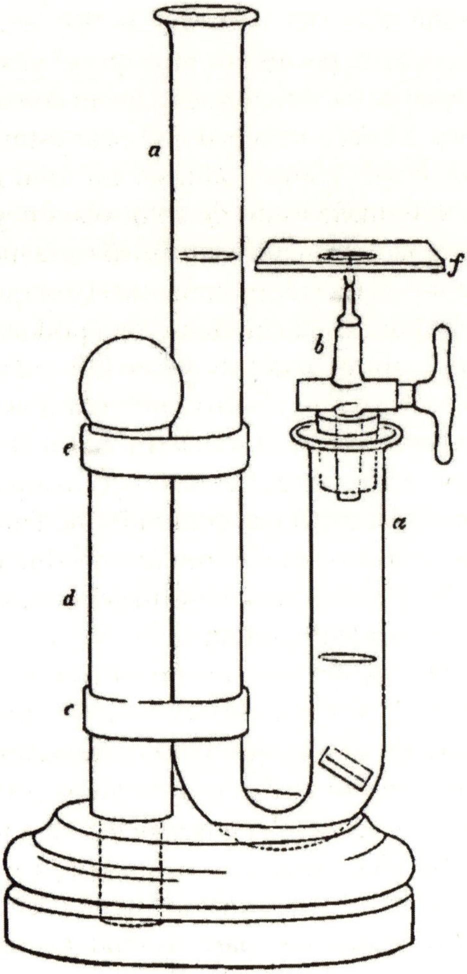

Ilustración aparecida en *Transaction of the society of arts* (1842) para explicar cómo se realiza el test de Marsh.

James Marsh creó un sistema de detección de arsénico en 1836 mucho más preciso que los que había hasta el momento. Se basó en los estudios previos de Carl Wilhelm Scheele, que descubrió que si se añadía zinc a una solución de ácido sulfúrico que supuestamente contenía arsénico, se formaba un gas que olía a ajo; este gas no era otro que el gas arsina (AsH_3). Al quemar este gas se descompone en arsénico metálico puro e hidrógeno, al hacer atravesar o chocar estos productos con una superficie fría, como podía ser un tubo o una placa de cristal, aparece un depósito de color plata negruzco, prueba inequívoca de la presencia de arsénico en la muestra. Veamos de forma más precisa en qué consistía el test que diseñó James Marsh y qué aparatos hacían falta para poder llevarlo a cabo.

Todo empezaba con un tubo de cristal con forma de u, con un lado más largo que el otro, que está abierto por ambos lados (en la figura, tubo con la letra a). En el lado más corto (el de la derecha en la figura), se colocaba un tapón que permitía dejar salir o no el gas generado mediante una válvula (letra b). Se colocaba un fragmento de zinc en el lado más corto del tubo y se añadía ácido sulfúrico hasta llenarlo y llegar a la parte donde está el tapón.

Cuando la muestra se introducía por el lado largo del tubo (estando la válvula cerrada), se producía la reacción y se generaba gas arsina que se iba acumulando en la parte alta del lado corto del tubo, desplazando el líquido que ahí había. Una vez se generaba gas suficiente, se abría la válvula y se quemaba dicho gas. Este proceso de quemado debía hacerse rápidamente para evitar que el gas saliera antes de poder ver los resultados, para lo cual solía hacer falta un ayudante. Tras quemar el gas, sobre el trozo plano de cristal (letra f) que estaba colocado justo encima del lado corto del tubo, aparecía entonces una mancha negra característica donde había quedado depositado el arsénico metal.

Dado que el dispositivo tenía que estar siempre en posición vertical, se sujetaba con unas gomas (letra e) a un soporte de madera (letra d) y todo el sistema estaba sujeto por una placa de madera con varios agujeros donde colocar los tubos (letra c).

Si la muestra analizada no contenía arsénico, el gas que se generaba en vez de arsina era hidrógeno puro y al quemar este gas no quedaría macha alguna sobre el cristal colocado encima del lado corto del tubo. Es decir, la teoría dice que solo si aparece esa mancha negruzca hay arsénico en la muestra.

El test de Marsh, que permitía detectar cantidades muy pequeñas de arsénico en tejidos humanos y en diversos materiales orgánicos, hizo que este elemento, que había supuesto una gran amenaza para la sociedad, mucho más aterradora que cualquier plaga, fuera «desterrado del mundo» según algunos escritos del momento.

Mediante este supuestamente sencillo test, iba a ser posible demostrar que una persona había ingerido arsénico a través de los análisis de muestras de su estómago, de su comida o de su bebida. Esto tuvo como ventajas el que muertes cuya causa hasta el momento no se había podido esclarecer a pesar de existir sospechas de envenenamiento por arsénico, serían ahora más fáciles de demostrar. En cambio, dado que se hacían más análisis, también aumentó la percepción de que los casos de envenenamiento habían crecido considerablemente respecto a las décadas anteriores.

Por mucho que James Marsh dijera que su test lo podía aplicar prácticamente cualquiera que tuviera el equipo y los reactivos necesarios, la realidad era bastante diferente. Si la placa de cristal estaba demasiado cerca del gas que se quemaba al salir, podía explotar, dando al traste con el experimento. Por otro lado, si el gas no se quemaba a tiempo, lo podían inhalar los que estaban llevando a cabo el experimento, una experiencia bastante desagradable. Otro problema mucho más importante era que no solamente la presencia de arsénico en las muestras daba lugar a esa mancha negra en la placa de vidrio; el antimonio hacía exactamente lo mismo y, dado que muchos eméticos que se empleaban en la época contenían antimonio, el test podía dar falsos positivos. Además, se habían obtenido falsos positivos en muestras que se sabía seguro que no contenían arsénico. En el caso del análisis de muestras orgánicas, se solía formar mucha espuma al desprenderse el hidrógeno, algo que impedía realizar el procedimiento de forma correcta al llenarse por completo el tarro con dicha espuma, llegando incluso a ser imposible condensar el metal al final.

Una vez creado el test, mejorarlo era algo sencillo. Sin ir más lejos, Jöns Jacob Berzelius, un químico sueco, introdujo ciertas modificaciones en el año siguiente a su puesta en marcha. En esta versión alternativa del test, la muestra a analizar se mezclaba previamente con el zinc y con el ácido sulfúrico en un recipiente del que salían dos tubos. Por uno de esos tubos (el que se ve en horizontal en la figura) escapaba el gas que se formaba, varias partes del tubo se habían hecho más estrechas a propósito y, en la parte final, el gas se calentaba mediante una llama o un mechero, haciendo que se descompusiera en hidrógeno y (si había) en arsénico metal. El arsénico se depositaba entonces en la segunda sección del tubo. Esta técnica no solo permitía detectar la presencia de arsénico, permitía medir también la cantidad, ya que se podía pesar la sección del tubo para saber cuánto arsénico había quedado depositado en él.

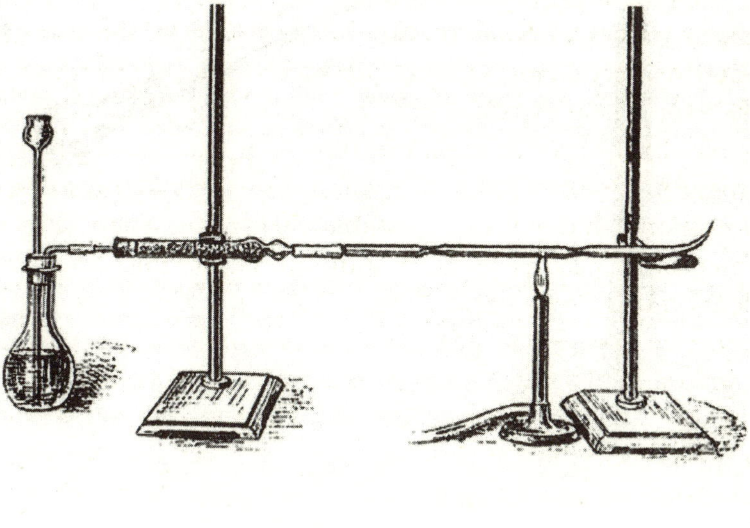

Test de Berzelius empleado para detectar la presencia de arsénico en una muestra (Jensen, 2014).

Lógicamente, si el test se hubiera inventado antes hubiera sido de gran utilidad en el caso de William Logan que hemos visto, así como en otros muchos, pudiendo determinar con seguridad si había o no arsénico en las muestras en vez de realizar las rudimentarias pruebas mencionadas.

Otro intento de mejora tuvo lugar en 1841 cuando el científico W.J.T. Morton propuso una nueva forma de detección de arsénico basándose en el test de Marsh que fue publicada en *The Lancet.* Con su método, a diferencia del de Marsh, solamente era necesario emplear un único recipiente, de mayor tamaño, que permitía recolectar una mayor cantidad de gas además de evitar que así se colmatara con la espuma que se formaba en las muestras orgánicas.

Una vez reaccionaba la muestra con los reactivos (normalmente ácido sulfúrico o carbonato de potasio), se formaba el compuesto arsenical en forma de gas; este salía por la parte superior que se podía quemar para obtener el espejo de arsénico. Al ser el recipiente más grande, se podía acumular más gas dentro y era más sencillo realizar obtener la mancha arsenical sin tener que darse tanta prisa como con el test de Marsh. Sin embargo, tampoco este test era perfecto. Como siempre pasa en ciencia, a veces es cuestión de paciencia y es gracias a nuestro siguiente protagonista, Mathieu Orfila, cuando se vertió algo más de luz sobre este asunto.

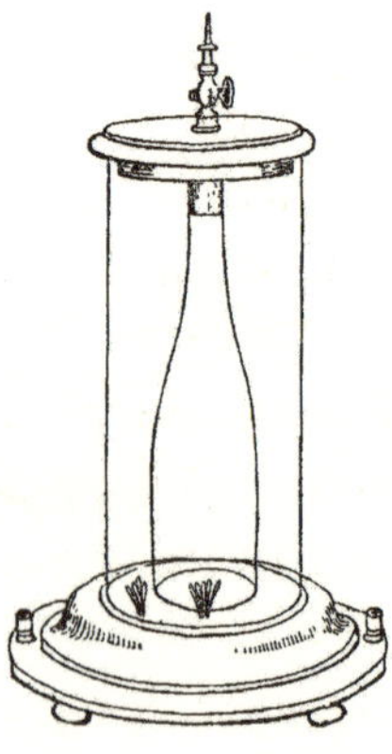

Esquema del test de Morton aparecido en The Lancet (1841).

MATHIEU ORFILA Y EL CASO LAFARGE

Mathieu Orfila (1787-1853) nació en la ciudad de Mahón, en Menorca (España); allí tuvo distintos tutores que, además de varios idiomas, le enseñaron ciencias, conocimientos que fue ampliando a través de los libros que tenía a su disposición. Tales eran sus habilidades que, con tan solo catorce años, comenzó él mismo a impartir lecciones de matemáticas a otras personas. Estudió medicina en distintas ciudades españolas, entre las que destacan Valencia, que en aquel momento tenía una de las mejores facultades de medicina de España, Barcelona y Madrid. Continuó con su formación en química y mineralogía en París. En su época formativa acudió a clases de varios de los científicos más importantes del siglo XIX como Georges Cuvier (primero en proponer que los dinosaurios se extinguieron debido a una catástrofe natural), Jean-Baptiste Lamarck (quien formuló una de las primeras teorías de la evolución) o Jacques Thenard (descubridor del boro, del agua oxigenada y de un pigmento azul que lleva su nombre).

En 1807 Orfila comenzó a dar clases privadas de ciencias, iniciándose así en el mundo de la docencia. En 1811 consiguió por fin el título de doctor en medicina tras lo cual siguió en Francia impartiendo cursos privados que le permitieron mantener un nivel de vida acomodado, llegando a tener en algunos momentos más de trescientos alumnos. En 1819 fue nombrado profesor de la Facultad de Medicina y posteriormente decano en 1831.

Su relación con el arsénico, y sobre todo en cómo detectarlo, se remonta hasta 1813, cuando en una de sus clases privadas explicó cómo se podían formar distintos precipitados y disoluciones de colores combinando varios reactivos, recordemos que en ese momento todavía faltaban muchos años para que el test de Marsh fuera inventado. Después de que uno de sus experimentos fallara, y tras muchas investigaciones, se dio cuenta de los numerosos problemas que presentaban las técnicas de detección existentes hasta el momento.

Orfila es considerado como uno de los padres de la toxicología por haber publicado su *Tratado sobre los venenos,* (1814-1815), obra de dos tomos donde habla de distintas sustancias venenosas, tanto de origen animal, vegetal como mineral, de sus características, de cómo reconocerlas, de su forma de actuación, las lesiones que producen, técnicas analíticas para detectar su presencia en muestras, etc., con el objetivo de actualizar los conocimientos que se tenían hasta el momento y dejarlos por escrito en un manual. Incluía un apartado sobre cómo aplicar estos conocimientos en medicina forense, algo de especial utilidad en los juicios donde se pensaba que la víctima había muerto envenenada. El libro fue muy bien recibido por la comunidad científica y forense y pronto todo el mundo había oído hablar de él.

En el primer volumen del *Tratado sobre los venenos,* Orfila hablaba de los «venenos arsenicales» a lo largo de más de 100 páginas; menciona el ácido arsenioso, los arseniatos, los sulfuros de arsénico (como el rejalgar o el oropimente), el óxido negro de arsénico o los vapores arsenicales. De hecho, destaca en particular el arsénico frente a otros minerales

Retrato de Mathieu Orfila. *Bibliothèque Interuniversitaire de Santé* [Wikimedia Commons].

dado que es una de las sustancias más tóxicas del reino mineral que todo médico debería ser capaz de reconocer. Cada apartado de este capítulo sobre el arsénico incluye detalles del aspecto del producto en cuestión, de cómo afectaba a los animales y cuál era la dosis letal (todo basándose en pruebas que él mismo había realizado) y de cómo llevar a cabo distintos tipos de análisis para confirmar su presencia.

En la década de 1820 Orfila empezó a ser llamado como experto médico en diversos juicios provinciales, siendo uno de sus primeros casos el del señor Boursier, quien se sospechaba que había muerto por ingestión de arsénico suministrado por su mujer. Las pruebas forenses realizadas por Orfila y por otros médicos efectivamente confirmaron estas sospechas. Para finales de 1830 Orfila ya era todo un experto en arsénico y fue adquiriendo cierta fama, testificando como perito en juicios de asesinato y suicidio por toda Francia.

Hasta el momento las técnicas más habituales de detección habían sido los test de obtención de precipitados de diferentes colores. Ya hemos visto que en la década de 1840 el test de Marsh revolucionó el mundo del arsénico y que empezó a ser la herramienta empleada por muchos para detectarlo en las muestras orgánicas. Eso sí, hemos mencionado los problemas que a veces daba este test de falsos positivos; si se analizaba una muestra que se sabía que no contenía arsénico y el resultado era positivo, esto podía crear severos problemas en juicios de envenenamiento.

Medalla de cobre en homenaje a Mathieu Orfila como fundador y miembro de la asociación de médicos de La Seine, creada en 1833.

El motivo de estos positivos estaba precisamente relacionado con el método en sí, la alta sensibilidad que tenía el aparato lo hacía susceptible de dar falsos positivos debido a la presencia de impurezas. Este problema se escondía detrás de los dos elementos principales empleados en el análisis: el zinc y el ácido sulfúrico. El zinc empleado en este test debía ser siempre de una pureza extrema, ya que si estaba contaminado con arsénico, podía dar un falso positivo. Tampoco era muy excepcional que el ácido sulfúrico empleado en la época contuviera pequeñas trazas de arsénico que hicieran que el test diera un falso positivo. Esto se debía a que, en algunos casos, los fabricantes de este producto no eran muy cuidadosos y si, por ejemplo, se empleaban piritas arsenicales para la elaboración del ácido sulfúrico, el arsénico podía acabar en el producto final. Otro falso positivo podía proceder de la tierra que rodeaba al cadáver (y más aún si el ataúd se había roto); esta una de las armas empleadas por los abogados defensores, ya que las características geológicas del terreno determinaban la composición de dicha tierra y solían alegar que las muestras procedían de un ambiente contaminado.

Hasta el momento se pensaba que el arsénico en las víctimas de envenenamiento solamente se podía encontrar en el estómago, algo que Orfila demostró que no era cierto. Tras hacer pruebas con más de doscientos perros constató que el arsénico se podía encontrar en cantidades reseñables no solo en el estómago, sino también en el hígado, en el corazón y en otros tejidos, por lo que en los juicios de la época se empezaron a analizar muchos más órganos.

La experimentación con animales no era algo extraño en aquella época, pero ello no implica que estuviera exenta de polémica. Para ver los efectos de los distintos tóxicos con claridad, los animales rara vez eran sedados y es de suponer que todo el proceso desde la inyección o ingestión del veneno hasta la muerte del animal era bastante doloroso. Muchos críticos tampoco tenían claro que los resultados obtenidos en los animales se pudieran extrapolar al ser humano, y lo mismo sucedía con los antídotos, nada aseguraba que, por mucho que tuvieran efecto en perros, tuvieran el mismo efecto en las personas. Orfila defendió durante mucho tiempo sus estudios, alegando que los efectos en el estómago de ambas especies no tendrían por qué ser diferentes.

Fue precisamente la opinión de Mathieu Orfila y sus descubrimientos de los falsos positivos los que jugaron un papel fundamental en el juicio de Marie Lafarge, acusada de envenenar a su marido con arsénico, cuyos pormenores veremos más adelante. Este juicio tiene además el honor de ser uno de los primeros donde se empleó el test de Marsh para incriminar a alguien; por ahora, hablaremos solamente de las pruebas médicas que se presentaron en el juicio, que tuvo lugar en Francia en 1840, la parte más jugosa la dejaremos para otro capítulo.

En primer lugar, en el juicio, los médicos locales que visitaron al fallecido en sus últimos días fueron los encargados de llevar a cabo las pruebas de determinación de arsénico en las muestras. Dado que, por lo que parece, el test de Marsh todavía no había llegado hasta ellos, las pruebas que realizaron son algunas de las comentadas anteriormente de colores, más rústicas y poco fiables, entre ellas, la de emplear ácido sulfhídrico para ver si se generaba un precipitado amarillo que demostrara la presencia de arsénico. Como hemos visto, esta técnica no era ni muy precisa ni muy buena, ya que había numerosos elementos que podían generar es mismo tipo de precipitados; los médicos tampoco fueron capaces de obtener arsénico metal con ninguna de sus pruebas, pero aun así, acusaron a Marie Lafarge de haber envenenado a su marido con arsénico.

El abogado de Marie declaró que esas pruebas no tenían validez alguna y le escribió una carta a Mathieu Orfila pidiéndole ayuda. Este dijo que la única forma de obtener resultados fiables era mediante el test de Marsh. Dicho test lo realizaron tres farmacéuticos de Limoges, pero los resultados fueron negativos, no se generó la mancha negruzca en el cristal, es decir, no había arsénico en el señor Lafarge.

Visto que los resultados eran contradictorios, finalmente fue el propio Orfila el que fue hasta allí para realizar el test a petición del fiscal que llevaba el caso. En sus análisis sí apareció arsénico. Dado lo complicado que era hacer bien el test, se dedujo que los farmacéuticos locales carecían de la experiencia suficiente y probablemente habían usado una llama demasiado fuerte o habían cometido algún otro error en su realización.

Orfila llevó a cabo análisis complementarios para demostrar que dicho arsénico no proveía de los productos químicos empleados en el propio test, es decir, que ni el zinc ni el ácido sulfúrico estaban contaminados con arsénico; que tampoco venía de la tierra que rodeaba a la víctima mientras había estado enterrada y que tampoco correspondía con la cantidad «normal» de arsénico presente en el cuerpo humano de forma natural; el señor Lafarge había sido envenenado. Este arsénico «normal» se había detectado ya en 1838 en huesos de cadáveres, pero nunca en los órganos internos.

Caricatura extraída del *Album Lafarge* (circa 1840) donde se ve a Mathieu Orfila realizado el test de Marsh (que se puede ver en la parte derecha) para detectar la presencia de arsénico. Bibliothèque numérique du Limousin.

Otro científico, François-Vincent Raspail no estaba muy de acuerdo con las teorías de Orfila y pensaba que el arsénico podía proceder de otras fuentes no criminales, contaminando el cuerpo de forma accidental, por ejemplo, en ataúdes que hubieran sido pintados con arsénico. El abogado de Marie Lafarge también le intentó contactar para poder rebatir su testimonio, pero para cuando acudió, el juicio ya había terminado y Marie había sido declarada culpable.

Quedaba así demostrado que el test de Marsh no era precisamente infalible, hacía falta tener mucha experiencia para poder llevarlo a cabo de forma correcta, muchas veces había errores en el proceso generando resultados no concluyentes y algunos asesinos podían quedar libres. Era un arma de doble filo. Si se empleaba como método de detección de arsénico en el juicio, los abogados del acusado podían decir que el test no se había realizado correctamente, pero si se empleaban otros métodos, les acusarían a su vez de emplear técnicas ya anticuadas. Por ello los científicos pronto se pusieron manos a la obra para mejorarlo, y ahí es cuando aparece Hugo Reinsch.

MEJORAS AL TEST DE MARSH

La ciencia siguió su curso y en 1841 Hugo Reinsch (1809-1884), un químico alemán, introdujo ciertas mejoras en el método de Marsh haciéndolo sustancialmente más sencillo de llevar a cabo, incluso por manos inexpertas. Concretamente, publicó este nuevo método en un artículo en la revista *Journal de Chimie Medicale* en 1843.

Básicamente, este nuevo test consistía en, después de haber cortado en pequeños fragmentos la materia orgánica que se iba a analizar, añadir ácido clorhídrico y agua y dejarlo hervir durante media hora. A continuación, se añadía una lámina de cobre metálico y si había arsénico en la muestra original, encima del cobre se formaba una fina capa de arsénico de color gris negruzco. Para demostrar que esa capa negra era efectivamente arsénico, se introducía esta lámina en un tubo con uno de sus lados cerrados; después de calentarlo, el ácido arsenioso se sublimaba y condensaba en forma de pequeños cristales.

Había una segunda forma de verificar que el material que se había depositado en la lámina de cobre era arsénico, y que seguía la estela del test de Marsh. Tras introducir la lámina de cobre en un tubo de nuevo con uno de sus extremos cerrados, se calentaba y se hacía pasar una corriente de hidrógeno puro. El arsénico reaccionaba con el hidrógeno formando gas arsina que, tras atravesar otro tubo más estrecho, se calentaba de nuevo depositándose el arsénico en la parte más estrecha, formando una mancha negra.

Aunque no era tan sensible como el test de Marsh, era muy rápido de hacer y era capaz de detectar dosis bastante bajas de arsénico. Aun así, había una serie de científicos que todavía preferían emplear el test de Marsh porque decían que el test de Reinsch no siempre daba resultados positivos aunque hubiera arsénico en la muestra.

Por otro lado, el test de Reinsch sí tenía una serie de ventajas y es que no solamente servía para detectar arsénico, también valía para otros metales como antimonio, bismuto, selenio, talio o mercurio. Este nuevo test se podía efectuar sin tener que eliminar previamente la materia orgánica de la muestra, algo que sí era necesario en otros métodos. Hoy en día el test de Reinsch se puede llevar a cabo, al menos la primera parte, dejando la segunda (la de la identificación del compuesto negruzco que aparece sobre la placa de cobre) en manos de métodos más modernos.

A pesar de todo, el test de Marsh estuvo empleándose hasta bien entrada la década de 1970, cuando aparecieron técnicas analíticas mucho más sofisticadas, e incluso ha llegado a aparecer mencionado en varias obras de ficción. Aparte de las mejoras que hemos ido describiendo, hubo alguna más digna de mención en años posteriores.

En 1844, Fresenius y Lambert von Babo idearon una forma alternativa de detectar muchos más compuestos de arsénico y, sobre todo, de medir cuánto arsénico había en una muestra de forma mucho más precisa. De esta forma los jueces podrían saber, por ejemplo, si la cantidad de arsénico presente en la víctima había sido suficiente o no para matarla. Esto era fundamental ya que en aquel momento existían muchas medicaciones y tónicos que contenían arsénico y que se tomaban de forma habitual. Este mejorado método estaba ideado de forma que el producto resultante final, el arsénico metálico encontrado, se depositaba en una cápsula de vidrio que se sellaba y podía guardarse como prueba en los archivos.

En el panorama español destaca un médico que trató de mejorar el método de detección de arsénico de Marsh, Juan Magaz y Jaime (1823-1901), nacido en Calatayud. Tras estudiar Filosofía y Medicina en Madrid y doctorarse en la misma ciudad en 1843, empezó a trabajar como profesor primero en la Universidad de Santiago de Compostela y después en la de Barcelona; fue precisamente en esta última donde se dedicó a pensar en cómo se podía mejorar el famoso test de Marsh.

En un folleto publicado por la Academia de Medicina y Cirugía en 1855, y en diversos escritos en prensas médicas especializadas, Juan Magaz expuso los defectos que tenían tanto el test de Marsh como los demás test que fueron surgiendo con el paso de los años. Como él mismo dejó escrito «la posibilidad de que el inocente sea cubierto de infamia y entregado al verdugo» era todavía peor que la opción de que un culpable quedara libre porque no se había podido demostrar que había empleado arsénico.

Juan Magaz dijo haber descubierto una forma más sencilla de detectar arsénico incluso en las muestras más pequeñas. Veamos en qué consistía el aparato que empleaba.

El aparato ideado por Juan Magaz constaba de tres partes: un receptáculo con dos salidas, un tubo de cristal y un embudo; en la figura se pueden ver las tres partes así como el resultado final del montaje.

El receptáculo de cristal (letra A en la figura) tenía que medir unos diez o doce centímetros de alto y tener dos aberturas, una de ellas abierta (B) y otra inclinada veinticinco grados (C) y que pudiera cerrarse con una llave y una rosca. El tubo de cristal debía tener unos veinte centímetros de largo (D), con una abertura de muy pequeño tamaño en su extremo más fino (E) y una esfera en su tercio inferior que se rellenaba con amianto que hacía de filtro de impurezas; este tubo se enroscaba en la salida inclinada del receptáculo de cristal (C) por el lado F. A esto había que añadir una lámina metálica (J) situada en el tercio final del tubo de cristal. Por último, el embudo (G), tenía que tener una capacidad algo mayor que la del receptáculo. Se introducía en la salida B y hacía de tapón en su parte intermedia (H). En la parte final de este embudo había un pequeño orificio con un reborde (Y) donde se colocaba la lámina de zinc que quedaba a unos tres milímetros del fondo del receptáculo (A) una vez montado el aparato.

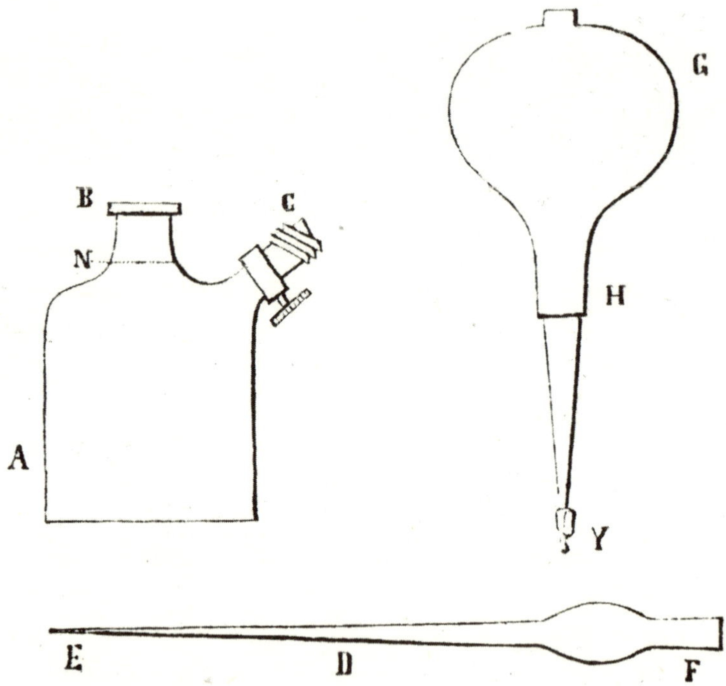

Distintas partes que componen el aparato creado por Juan Magaz, basado en el test de Marsh, para detectar arsénico (1855).

Para hacerlo funcionar primero se cerraba la llave y se levantaba el embudo; se introducía la muestra en el interior del receptáculo junto con ácido clorhídrico hasta llenarlo casi en su totalidad (línea N). Al volver a introducir el embudo, el frasco quedaba herméticamente cerrado, lleno de líquido y sin aire en su interior. Primero, el gas que se formaba al reaccionar todos los compuestos se iba acumulando en la parte superior del receptáculo A, sobre el líquido. Debido a la presión formada por este gas, el líquido iba ascendiendo lentamente por el embudo hasta dejar al descubierto el zinc (cuando tan solo quedaban unos pocos milímetros de líquido en el receptáculo), momento en el que la reacción química se detenía.

Al reaccionar todos los ingredientes se desprendía ese gas que llenaba el receptáculo. Para ver si este gas era arsina, es decir, para saber si la muestra analizada contenía arsénico, primero se abría la llave X. Al bajar el líquido que había en el embudo debido a la disminución de la presión, el gas se veía obligado entonces a escapar por el tubo de cristal cuyo paso estaba recién abierto, atravesando la capa de amianto. Una

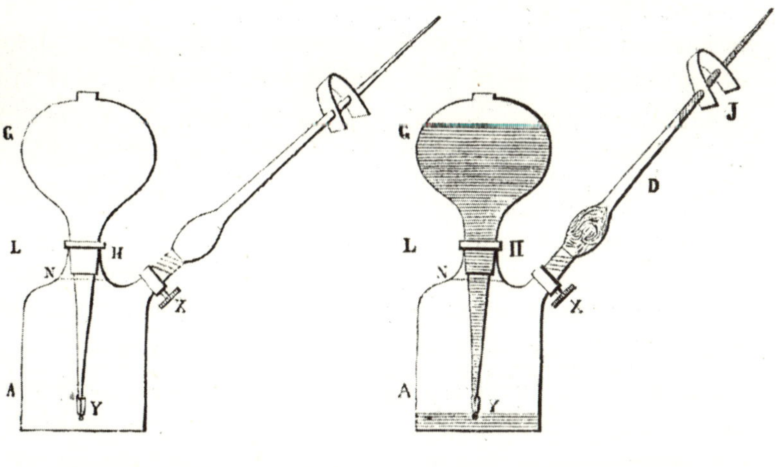

A la izquierda se ve el montaje completo antes de que se haya añadido la muestra. A la derecha se puede ver cómo el gas ya se ha formado tras introducir la muestra y ha desplazado el líquido (en sombreado) hasta llenar el embudo casi por completo.

de las formas de saber si había arsénico en la muestra era calentar la parte superior del tubo, y si efectivamente había arsénico, se formaban unas manchas arsenicales en su interior de un color gris acero que eran comparables a las obtenidas con el test de Marsh. Eso sí, había que tener cuidado y retirar la llama en cuanto se formaran las manchas para evitar fundir el tubo. En algunas ocasiones, si se querían obtener varias manchas arsenicales, se reemplazaba este tubo de cristal por uno de porcelana para evitar que se fundiera. La otra forma era quemar el gas que salía del tubo mediante la ayuda de una llama, poniendo una placa justo en la salida donde pudiera depositarse el arsénico, tal y como sucedía en el test de Marsh. Estas manchas se podían analizar después de diversas formas para demostrar que efectivamente se trataba de arsénico.

Cualquier tipo de muestra líquida (café, vino, leche, caldo, chocolate) podía ser analizada con este aparato sin necesidad de hacer preparaciones previas. En el caso de muestras sólidas, bastaba con hervirlas primero y verter en el receptáculo el líquido generado. Al igual que en otros casos, era fundamental asegurarse de que ni el ácido clorhídrico ni el zinc contenían arsénico para obtener resultados óptimos.

Juan Magaz aseguraba que su test era muy seguro y fácil de aplicar dado que era, en primer lugar, muy fácil saber si los reactivos empleados eran puros, es decir, si el zinc y el ácido clorhídrico estaban libres de arsénico. Al contrario que el test de Marsh, con el de Magaz no se podían producir manchas anormales, se evitaban escapes de productos volátiles, no tenían lugar las temidas explosiones que a veces tenían lugar al quemar el gas generado y no era necesario carbonizar las muestras previamente, evitando así posibles errores al acortar el proceso de análisis.

En general, gracias a todos estos test, unos más sencillos de usar y más útiles que otros, la medicina forense avanzó considerablemente en lo que a detección de arsénico se refiere. Esto hizo a su vez que los asesinatos con veneno fueran más sencillos de juzgar, al tener pruebas fehacientes del crimen; y como ya sabemos todos, hecha la ley, hecha la trampa. En

1846 se produjo un caso en Francia de una mujer que envenenó a su marido; esta decidió extraerle todos los órganos para que no se pudieran llevar a cabo los test y así impedir que la señalaran como culpable del crimen.

Se puso en evidencia que en los juicios se necesitaban expertos que no solo llevasen a cabo los ensayos de forma correcta, sino que pudieran interpretarlos también. Por este motivo en muchos juicios a partir de la década de 1840 se llamó a muchos expertos como testigo, que solían realizar por norma general tanto el test de Marsh como el de Reinsch para obtener resultados más fiables y contrastar los resultados.

Aun así, probablemente algunos culpables de envenenamiento quedaron libres debido a falsos negativos, y lo contrario pudo suceder con algunos inocentes. El caso de Marie Lafarge no fue el único donde las pruebas no estaban demasiado claras o donde hubo problemas a la hora de la realización de los test.

En 1859 Isabella Banks falleció después de haber estado enferma durante semanas; pocos meses antes se había casado con Thomas Smethurst, un médico londinense, pero desde los primeros días empezó a mostrar síntomas preocupantes: vómitos, diarrea, dolor en el estómago y en la garganta. Poco antes de morir, Thomas le hizo firmar un testamento donde le legaba todas sus posesiones; en ese momento ya algunos médicos que la atendieron habían comenzado a sospechar que había arsénico de por medio.

Alfred Swayne Taylor era conocido como uno de los mayores detectives de venenos del momento; nacido en 1806, estudió en las principales escuelas y universidades de medicina de Europa y en 1828 entró a trabajar en el hospital de Guy, en Inglaterra donde se mantuvo activo hasta su jubilación en 1878. Tenía una gran fama como toxicólogo y participó en numerosos juicios de casos donde había sospechas de envenenamientos.

Fue precisamente Taylor el médico encargado de llevar a cabo los análisis de las muestras de Isabella Banks cuando está aún estaba con vida, encontrando efectivamente arsénico en ellas. Thomas fue arrestado y llevado a juicio por el asesinato de su mujer, pero en el análisis post-mortem Taylor no fue capaz de hallar arsénico en ninguno de sus órganos. ¿De dónde había salido entonces?

La respuesta a la pregunta apareció poco antes del juicio, cuando Taylor se dio cuenta de que las láminas de cobre que había empleado para la prueba de detección de arsénico estaban, de hecho, contaminadas con arsénico. Era lógico que el resultado de la prueba fuera positivo, había arsénico, y no tenía nada que ver con lo que hubiera ingerido la señora Banks. Esto llevó a no pocos problemas en el juicio, muchos pensaron que Thomas era culpable pero que no se había podido demostrar (hoy en día se supone que Isabella tenía en realidad la enfermedad de Crohn) y, aunque fue condenado a muerte, finalmente se cambió su condena.

Algo que quedó muy dañado por este juicio fue la reputación de Alfred Swayne Taylor por haberse dado cuenta tarde y mal de que sus análisis no tenían validez. Sin embargo, tal y como hemos visto, no solamente hace falta asegurar que la persona que lleva a cabo los análisis tiene conocimientos suficientes, también era necesario comprobar que los materiales no estaban contaminados, ya fuera el cobre o el ácido sulfúrico empleado en ellos.

Retrato de Alfred Swayne Taylor aparecido en *Papers read before the medico-legal society of New York* (1886).

Incluso hoy en día se cometen errores en juicios por envenenamiento. Uno de los casos más recientes es el de Cynthia Sommer, en 2006 (San Diego, Estados Unidos), acusada de haber asesinado a Todd Summer, su marido. En un primer momento, se analizaron muestras de la víctima en un laboratorio militar, dando positivo en arsénico; los análisis cuantitativos decían que sus tejidos contenían más de mil veces la dosis normal. Cynthia fue acusada de asesinato basándose todo el juicio en dichos análisis y fue condenada por asesinato en primer grado. Sin embargo, su abogado había intentado que se rehicieran los análisis, ya que sospechaba que no eran del todo correctos; la cadena de custodia no se había respetado, la técnica analítica empleada no era de las mejores, no tenían experiencia en buscar arsénico en ese laboratorio y se habían omitido muchos detalles en los análisis.

Después de la condena, Cynthia Sommer contrató a un nuevo abogado que, esta vez sí, consiguió que se repitieran los análisis y esta segunda vez no se encontró resto alguno de arsénico en su difundo esposo. Finalmente, los cargos contra ella se desestimaron y quedó libre. Por tanto, igual en el pasado que en el presente, buenos analistas y materiales son fundamentales para poder condenar a los asesinos.

TÉCNICAS DE DETECCIÓN MODERNAS

Lógicamente, la ciencia ha avanzado mucho desde el siglo XIX y diversas técnicas y aparatos son capaces ya de encontrar arsénico en diminutas muestras sin llegar incluso a dañarlas en forma alguna. No hay que olvidar tampoco que, en función del tipo de compuesto de arsénico que estemos intentando analizar, las técnicas aplicadas pueden ser diferentes. En este apartado vamos a hablar de tres de las técnicas actuales de detección de arsénico más comunes.

En primer lugar, tenemos la técnica que se usa de forma más habitual desde mitades de la década de 1980 para detectar arsénico en una muestra: la espectrometría de masas.

Esta técnica sirve para identificar los distintos elementos químicos que componen una muestra. Primero se calienta la muestra hasta que se vaporiza, cada compuesto se ioniza de una forma que le es única y, tras pasar por un tubo analizador y llegar hasta un detector, se identifica cada uno de los elementos químicos que contiene.

En segundo lugar, está el análisis de activación por neutrones, probablemente uno de los más sensibles y que nos sirve para decir no solo si hay arsénico sino cuánto arsénico hay. Esta técnica consiste en bombardear unos pocos miligramos de la muestra en cuestión con un flujo de neutrones que provienen de un reactor, esto transforma los elementos presentes en la muestra en otros radioactivos, que se desintegran emitiendo rayos gamma que son después detectados. Cada elemento químico emite una radiación (rayos gamma) que le es característica, por lo que si hay arsénico nos daría una señal clara de que está ahí. Como se puede suponer, esta técnica no es destructiva, ya que la muestra queda intacta tras haber sido bombardeada por los neutrones, y por ello se emplea en análisis de cuadros y objetos antiguos, en medicina forense y en otras aplicaciones que requieran que se conserve la muestra tal y como estaba. Sin embargo, el problema es que no es sencillo encontrar un lugar donde se puedan llevar a cabo estos análisis ya que hace falta tener un equipo muy especializado.

Por último, otra técnica no destructiva es la fluorescencia de rayos X; en este caso, se somete la muestra a rayos X de alta energía, los elementos presentes en la misma emitirán como consecuencia unos rayos X secundarios (o fluorescentes) que son, como sucedía antes, característicos y únicos. Esto hace que se pueda determinar con precisión qué elementos hay en la muestra y, al igual que en el caso de la activación por neutrones, al no dañarla, se emplea con cierta frecuencia en arqueología, arte, medicina forense e incluso en geología. Tiene además la ventaja de que esta técnica es mucho más sencilla de llevar a cabo y que existen muchos laboratorios que disponen del equipo necesario.

Dicho de otra forma, en el pasado era fácil ocultar que alguien había envenenado a otra persona con arsénico, pero gracias a los avances de la ciencia y de distintos científicos que pasaron su vida dándole vueltas a la problemática del arsénico en los juicios, la situación ha cambiado drásticamente.

📖 PARA LEER MÁS:

- Bertomeu Sánchez, J. R. (2015). *La verdad sobre el caso Lafarge. La estrella polar.* Ediciones del Serbal.
- Caudill, D. S. (2009). Arsenic and old chemistry: images of mad alchemists, experts attacking experts and the crisis in forensic science. *Working paper series* 136. Villanova University Charles Widger School of Law.
- Cullen, W. R. (2008). *Is arsenic an aphrodisiac? The sociochemistry of an element.* RSC Publishing.
- Emsley, J. (2005). *The elements of murder.* Oxford University Press.
- Jackson, S. (1829). Case of supposed poisoning with arsenic. *The American Journal of Medical Science,* 237-248.
- Jensen, W. B. (2014). The Marsh test for arsenic. *Museum Notes,* may/june, 6 pp.
- Magaz, J. (1855). *Descripción de un nuevo aparato para descubrir arsénico en todas las sustancias que lo contienen, sin ninguno de los inconvenientes que presentan los procedimientos seguidos hasta el día.* Barcelona. Imprenta y Librería Politécnica de Tómas Gorchs.
- Marsh, J. (1836). Account of a method of separating small quantities of arsenic from substances with which it may be mixed. *Edinburgh New Philosophical Journal*. 21, 229-236.
- Marsh, J. (1842). Separation of arsenic. *Transaction of the society of arts,* Vol LI.
- Medico-Legal Society (1886). Papers read before the medico-legal society of New York. Third series, 1875 to 1878. Revised edition. *Committee of the Medico-legal society.*
- Morton, W.J.T. (1841). Morton's apparatus for the detection of arsenic. *The Lancet*; 12 de junio de 1841, 394-395.
- *Orfila, M.* (1839). *Mémoire sur l'empoisonnement par l'acide arsénieux.* J.B. Baillière. París.
- Pascandola, J. (2012). *King of poisons.* Potomac Books.
- Stratmann, L. (2016). *The secret poisoner.* Yale University Press. New Haven and London.
- Whorton, J. C. (2010). *The arsenic century. How Victorian Britain was poisoned at home, work & play.* Oxford University Press.

La invasión del arsénico

Hasta ahora hemos visto cómo el arsénico se usaba como arma letal a lo largo de los siglos XIV, XV y XVI, fundamentalmente en Italia y cómo la ciencia se fue adaptando poco a poco a esta situación para tratar de compensarlo. Sin embargo, no hay que pensar que todo el arsénico que se ha extraído en el mundo ha servido para envenenar a alguien. Incluso había rumores de que existía cierto grupo de personas que tomaban arsénico de forma intencionada para mejorar su aspecto físico, una gran polémica rodeó a estos comedores de arsénico en el siglo XIX e incluso se llegaron a hacer experimentos «en vivo» con personas que tomaban dosis letales de arsénico delante de una sala llena de gente.

En realidad, las aplicaciones de este elemento han sido de lo más variadas y se podía encontrar desde en jabones hasta en aguas, pasando por distintos medicamentos que se usaban casi como tónicos milagrosos. Hoy en día todavía algunos medicamentos contienen arsénico pero, desde luego, no tienen nada que ver con las píldoras y preparados arsenicales que solían causar más mal que bien a los pacientes.

Tanto los envenenamientos intencionados como los accidentales pusieron el foco de atención sobre este elemento, de modo que en muchos países se crearon leyes para poder limitar su venta. La puesta en marcha de estas leyes tampoco fue nada fácil, ni tampoco tuvo resultados óptimos al principio, pero lentamente se fueron controlando las aplicaciones del arsénico en la vida diaria de muchas personas y disminuyendo la cantidad de muertes asociada a su consumo.

LOS COMEDORES DE ARSÉNICO

En los inicios del siglo XIX corría el rumor de que había un grupo de individuos de la región de Estiria que tomaba arsénico de forma voluntaria con la intención de mejorar algunas de sus capacidades. Tal fue el impacto que tuvo en el momento que llegó incluso a mencionarse su existencia en algunas novelas, como *La ley y la dama* de Wilkie Collins, de la que hablaremos en el último capítulo de este libro.

En una zona situada entre Austria y Hungría, en los llamados Alpes estirios, se decía que los campesinos tomaban un compuesto de arsénico, concretamente trióxido de arsénico (el llamado arsénico blanco), en unas dosis tan elevadas que para cualquier otra persona serían letales. Se piensa que esta costumbre empezó a extenderse entre la población con el inicio de la minería en la región durante el siglo XVII, aunque no fue hasta 1851 cuando salió a la luz gracias a un artículo publicado por Jakob von Tschundi en una revista médica de Viena.

Ilustración de comedores de arsénico de Estiria procedente del libro *The boy's book of metals* de J.H. Pepper (1932).

En la zona de Estiria se extraían principalmente minerales ricos en arsénico, como la arsenopirita (FeAsS), y el proceso de refinado se llevaba a cabo en pequeñas cabañas. Al tostar el mineral se liberaba un humo de color blanquecino, muy rico en arsénico, que quedaba depositado en las chimeneas de las cabañas. Se calcula que, por aquel entonces, la producción de Austria de óxido de arsénico fue de unas sesenta toneladas al año durante el siglo XVI y del orden de unas cuarenta toneladas al año durante el XVII.

En alemán, la palabra *hittrich* significa humo blanco y al depósito de arsénico que se quedaba en las chimeneas lo llamaban *hittrichfeitl* o *hittrichhansl.* Los usos que tenía supuestamente este arsénico entre la población eran varios. Además de emplearlo como condimento, también se podía usar como digestivo, como contraceptivo, como profiláctico contra las infecciones, para aumentar la potencia sexual, etc. Entre los hombres su uso estaba especialmente indicado para poder respirar mejor a mayor altitud, para tener más energía, y así poder trabajar con mayor eficacia. Entre las mujeres se usaba por motivos estéticos, para tener un tono rosado en las mejillas, cosa que efectivamente hacía al dañar los vasos sanguíneos de la superficie de la piel, y para mejorar la apariencia general; de hecho, por estos mismos motivos se recuperaría el uso del arsénico como cosmético en décadas y siglos posteriores.

Se cree que estos «comedores de arsénico», tal y como se los suele conocer, empezaban tomando dosis de arsénico muy bajas, del orden de unos treinta miligramos de trióxido de arsénico, entre dos y tres veces por semana. Poco a poco iban aumentando la dosis hasta llegar a los ciento veinte miligramos, aunque se piensa que algunos podían incluso aguantar trescientos miligramos, lo que supondría una dosis letal para cualquier persona.

La idea era básicamente la misma que tenía Mitrídates, al ir aumentando la dosis gradualmente se iban haciendo más resistentes al veneno y sería necesario tomar una mayor cantidad para morir envenenados. De hecho, si en algún momento dejaban de tomar arsénico, se dice que presentaban incluso síndrome de abstinencia, con síntomas que incluían ansiedad, pérdida de apetito, vómitos o dolores, entre otros. Ya hemos visto que el arsénico es muy tóxico y que tiene efectos acumulativos en el organismo, por lo que cualquier dosis, tomada de forma continuada, puede resultar fatal y es muy discutible que consiguieran los efectos deseados y no padecer envenenamiento crónico al mismo tiempo.

Cuando empezó a extenderse por la sociedad la existencia de estos «comedores de arsénico», muchos fueron los que pusieron en duda que realmente pudieran aguantar semejantes dosis de arsénico sin llegar a morir, y todavía hoy en día no está muy claro si realmente todo este asunto fue más bien un mito perpetuado por algunas personas que una realidad. A lo largo de la década de 1850 se publicaron más de treinta artículos sobre el tema en distintas revistas médicas, además de en varios libros y tratados médicos.

Tal era el interés por este tema que, en 1875, en una reunión de la asociación alemana de artes y ciencias, se llevó a dos comedores de arsénico para que «actuaran» frente al público como si de un espectáculo de circo se tratase; uno de ellos tomó trescientos miligramos de oropimente y el otro cuatrocientos de trióxido de arsénico. Recordemos que ambas dosis serían letales para una persona normal. Al día siguiente los dos hombres decían estar perfectamente, se recolectaron y analizaron muestras de orina y efectivamente vieron que el contenido en arsénico era muy elevado. Esto demostraba, según ellos, que la dosis hace el veneno y que, si te has ido acostumbrado a él, esa dosis es todavía mayor. Recordemos que las técnicas analíticas del momento no eran particularmente precisas ni buenas y que cualquier resultado obtenido sería cuanto menos de calidad cuestionable. Es más, algunos estudiosos los pusieron en duda, ya que se había visto en otros casos que la cantidad ingerida de arsénico solía ser muy diferente de la encontrada en la orina.

Curiosamente, esta idea de comer arsénico de forma voluntaria para mejorar la apariencia se empleó en numerosos juicios como defensa de aquellas personas acusadas de haber envenenado a alguien con este elemento. Los abogados alegaban que la víctima podría haber estado tomando arsénico por su cuenta debido a las magníficas propiedades que decían tener y que si había arsénico en su cuerpo no tenía por qué proceder de un intento de asesinato con este veneno. Esta peculiar explicación se empleó en algunos de los casos más famosos de envenenadoras de los que hablaremos después, como el de Madeleine Smith o el de Florence Maybrick. A pesar de emplear esta retorcida estrategia como defensa, en realidad, pocas veces resultó de especial relevancia en el veredicto final en los respectivos los juicios debido a su falta de credibilidad.

USOS MEDICINALES

En Europa, en la antigua Grecia y en Roma, el arsénico se empleaba para curar algunas enfermedades, pero esta situación no era una excepción. Esta tóxica costumbre se siguió manteniendo con el paso de los años e incluso hoy en día todavía se emplea en algunas aplicaciones muy concretas. Después de todo, no es tan raro que un producto que sea tóxico sea capaz de curar y matar al mismo tiempo en función de la dosis administrada.

El uso del arsénico en medicina se extendió por gran parte de Europa en el siglo XIV con la llegada de la peste negra, enfermedad que acabó con la vida de más de veinte millones de personas en esta región. Dados los escasos conocimientos que se tenían en aquel momento sobre la forma en que se transmitían las enfermedades, los tratamientos eran muy diversos, y tan poco efectivos como cabría esperar. Entre ellos destacan las friegas con cebollas, beber vinagre o colgarse del cuello un sapo muerto. En el *Tratado sobre la peste negra* de Thomas Lodge, publicado en 1603, se llega a recomendar poner emplastos de arsénico en los sobacos de los pacientes. También era frecuente entre los más pobres ingerir arsénico, algo que podía llevar a la muerte del paciente antes incluso que la propia enfermedad.

En 1700, Rosinus Lentilus, médico que trató al duque de Wurtemberg, entre otros, observó que el arsénico podía emplearse para tratar la malaria, publicando sus resultados en la obra *Ephémérides des curieux de la nature.* En ese mismo momento también había otros muchos médicos que decían justo lo contrario y alegaban que matar a los pacientes envenenándolos con arsénico (de forma no intencionada) para acabar con sus fiebres probablemente no era la mejor solución.

Tal vez el uso más extendido del arsénico en medicina haya sido el tónico creado por Thomas Fowler, llamado de forma genérica tónico de Fowler, una supuesta medicina inventada en 1786. Se empleaba para curar varias enfermedades y estuvo a la venta hasta bien entrada la década de 1950. La idea inicial del proceso de creación de este tónico era fabricar un compuesto parecido al empleado para tratar las fiebres intermitentes (malaria) que eran endémicas en parte del Reino Unido en aquella época. Fowler analizó su composición y vio que el ingrediente principal era el arsénico, por ello se lanzó a elaborar su propia fórmula.

Concretamente, el tónico de Fowler se elaboraba disolviendo unos diez gramos de trióxido de arsénico (arsénico blanco) y ocho gramos de carbonato de potasio, que hacía que el arsénico pudiera disolverse en el agua, en un litro de agua destilada, esto daba lugar a una disolución de arsenito de potasio. Después se añadía un poco de alcohol y de aceite de lavanda para que pareciera un medicamento «auténtico» y se pudiera vender bien; las apariencias siempre son importantes, hasta en medicina.

La cantidad máxima de este tónico que se podía tomar eran unos 0,55 mililitros, cuyo contenido de arsénico era de cinco miligramos. En la propia etiqueta del tónico aparecía una calavera para indicar que podía ser venenoso; en ella se describía la dosis adecuada (de tan solo unas pocas gotas para un adulto) y qué hacer en caso de sobredosis (lavado de estómago seguido de ingestión de algunos productos para contrarrestar el efecto). El tónico se solía tomar disuelto en agua o en vino, siguiendo las dosis recomendadas por el médico, normalmente unas doce gotas tres veces por semana.

En teoría el tónico se podía emplear para tratar muchas enfermedades, siendo la malaria una de ellas. Precisamente, el doctor Fowler hizo varias pruebas con un grupo de enfermos de malaria a los que administró, además del tratamiento estándar que era a base de corteza de un tipo de árbol quinina (cinchona), su tónico. Él mismo dijo en un documento donde relata los resultados de su estudio que de los 247 pacientes que trató, todos salvo cinco se curaron. Eso sí, en esas cifras de éxito incluía muchos pacientes que habían mostrado recaídas (algo muy frecuente en la malaria), pacientes que se habían curado por el uso de la corteza de árbol o pacientes que habían mostrado síntomas de envenenamiento por arsénico, entre otras muchas cosas. Eso hace pensar que probablemente su tónico no era tan infalible como él mismo decía. Aun así, lo recomendaba para tratar las fiebres, dolores de cabeza y otras enfermedades; se podía combinar con láudano en caso de ser necesario. Por otro lado, era un tónico que no tenía sabor alguno y mucho más barato que otros productos usados anteriormente para tratar estas dolencias, como la quina.

A pesar de todo, este tónico empezó a usarse como tratamiento para la malaria de forma casi habitual a principios del siglo XIX en distintos países; se empleaba también como tratamiento para la psoriasis, para el asma, para la difteria, la leucemia y un sinfín de enfermedades. El tónico se incluyó en distintas farmacopeas, primero en la de Londres en 1809 y después en las de otros lugares como la de Estados Unidos (1822) y se empleaba como tónico «comodín» para todo tipo de dolencias (epilepsia, histeria, sífilis, malaria, úlceras, cáncer...). Sin embargo, se vio a largo plazo que las personas que lo tomaban de forma habitual tenían un mayor riesgo de padecer cáncer. En España, ya en 1806 se menciona la existencia de este tónico de Fowler en varios libros, posteriormente fue introduciéndose en las farmacopeas nacionales. En la séptima edición de la Farmacopea Española (1905) la solución de arseniato potásico se preparaba concretamente siguiendo esta receta. Había que disolver un gramo de anhídrido arsenioso y un gramo de carbonato potásico seco en cien gramos de agua destilada. Tras hervir la mezcla, y cuando estuvieran totalmente disueltos, se añadían tres gramos de alcohol de melisa compuesto y se añadía más agua destilada hasta alcanzar los cien gramos de producto.

Este licor arsenical de Fowler tenía un precio de 1,75 pesetas los 50 gramos en España (1923) para aquellas personas pobres que estaban incluidas en la Beneficencia municipal.

En la década de 1950 el tónico dejó de emplearse en medicina e incluso se prohibió su venta. De todas formas, tampoco pensemos que era este el único tónico disponible en el mercado que contenía arsénico, había muchos más como el tónico de Valagin (tricloruro de arsénico), recomendado para enfermedades como el reumatismo, artritis, asma y malaria.

En España existieron tónicos y otros muchos productos que contenían arsénico. Un ejemplo es el Dinhemon de Ifabi, empleado teóricamente para regenerar la sangre en las personas que presentaran estados de debilidad generales, para aumentar el apetito o el peso corporal, para anemias, para depresión, alergias de la piel, colitis, vómitos del embarazo… es decir, que servía para curar prácticamente todo. Además de poder tomarlo las mujeres embarazadas, los niños podían hacerlo también siguiendo las dosis recomendadas: una cucharadita dos o tres veces al día.

Publicidad de un preparado vitamínico arsenical del Instituto de Farmacobiología Ifabi (Granada).

En las farmacopeas españolas los productos a base de arsénico tardaron más en aparecer que en las de otros países europeos; sin embargo, sí se pueden encontrar algunos ejemplos como son las famosas píldoras arsenicales de Barton, usadas en otros países además de en España. En estas farmacopeas se incluían las recetas con todo detalle para que los médicos pudieran reproducirlas sin temer envenenar a sus pacientes. Concretamente, para hacer un total de treinta y seis píldoras de Barton hacía falta mezclar dos granos de arsénico con ocho granos de opio pulverizado. A esta mezcla se le añadían veinticuatro granos de jabón medicinal dando lugar a una masa homogénea que se dividía entonces en píldoras. Estas píldoras se usaban para tratar las «calenturas intermitentes», es decir, fiebres de todo tipo.

En el caso de tratamientos de cáncer algunos productos a base de arsénico demostraron tener cierta eficacia; ya en el siglo XVI hay constancia de la existencia de tratamientos hechos a base de una pasta con ácido arsenioso, que se encargaba de destruir la parte más externa de los tumores. En la década de 1850 en Inglaterra, William Marsden, fundador del hospital contra el cáncer Brompton (hoy en día llamado Royal Marsden Hospital) creó una pasta a base de arsénico blanco y goma arábiga que colocaba encima de los tumores y que, supuestamente, los iba haciendo desaparecer; sin embargo, aunque en algunos casos parece ser que sí funcionaba, en otros solamente hacía que la persona enferma se envenenara con el arsénico que había en la mezcla.

Un derivado del arsénico demostró ser efectivo en el tratamiento de la enfermedad del sueño (tripanosomiasis), producida por un parásito que transmite la mosca tsé-tsé con su picadura y que causaba estragos en África en el siglo XIX. Hoy en día, a pesar de haberse casi conseguido erradicar a mitades del siglo XX, todavía aparecen casos de esta enfermedad. Los síntomas son diversos, desde dolor de cabeza, dolores musculares o cansancio generalizado, pero según avanza la enfermedad se van presentando otros síntomas más graves como pérdida de peso, taquicardia, somnolencia e insomnio, el enfermo va empeorando sucesivamente hasta entrar en coma y morir.

Se llevaron a cabo distintos ensayos con diversos compuestos de arsénico para tratar la enfermedad del sueño, aunque hubo que esperar bastante hasta tener un tratamiento eficaz. A principios del siglo XX se descubrió que un compuesto sí parecía tener efecto a largo plazo, el atoxilo (ácido aminofenil arsénico). Inicialmente demostró ser demasiado tóxico para poder ser empleado directamente en humanos, pero tras determinar cuál era la estructura química del compuesto y modificarla, se consiguió disminuir su toxicidad sin perder la efectividad como tratamiento para la tripanosomiasis.

El arsénico demostró ser muy eficaz como tratamiento para la sífilis. Paul Ehrlich, conocido por ganar el premio Nobel de Medicina en 1908 por sus trabajos en química inmunológica, ideó junto a Sahachiro Hata el tratamiento para esta enfermedad en 1909.

Maletín de procedencia alemana con la fecha 3 de febrero de 1912 estampada que contiene un kit para el tratamiento de la sífilis con salvarsán, un medicamento con arsénico en su composición [Wellcome Collection].

En el año 1905 se descubrió que la sífilis la causaba un microorganismo, y en ese momento empezó la carrera para encontrar algo que pudiera acabar con él sin matar a su huésped. En 1909, Sahachiro Hata, bacteriólogo japonés, comenzó a llevar a cabo ensayos con compuestos de arsénico en conejos, concretamente con un compuesto llamado 606 que habían sintetizado dos años antes. Ehrlich llevaba ya un tiempo estudiando y sintetizando en el laboratorio distintos compuestos de arsénico buscando uno que fuera menos tóxico cambiando su estructura. Tras resultar un éxito en animales, las pruebas continuaron en ensayos clínicos con personas, que también tuvieron resultados muy buenos, tanto, que en 1910 presentaron sus ensayos en un congreso de categoría mundial.

Ese mismo año su laboratorio empezó a fabricar el compuesto 606, produciendo unas 65.000 dosis para ensayos clínicos. Con este tratamiento, los pacientes mostraban claros signos de mejoría; la sífilis se curaba, sí, pero aparecían otros efectos secundarios como náuseas, vómitos, dolor de cabeza o erupciones en la piel, típicos del arsénico.

La arsfenamina (el compuesto 606), comercializado bajo el nombre de Salvarsán, tenía algunos efectos secundarios debidos al arsénico presente y era necesario que el paciente recibiera inyecciones semanales durante más de un año, por lo que había muchos que lo terminaban abandonado. También era muy difícil de preparar y tenía que ser almacenado en un recipiente libre de oxígeno.

Poco a poco el compuesto se fue mejorando. En 1912 el Neosalvarsán ocupó su lugar; era más seguro, más sencillo de preparar y generaba menos efectos adversos, aunque tenía una efectividad menor y se requería alargar el tratamiento. En la década de 1930 apreció otro compuesto con arsénico, el Mapharsen, que tenía muchos menos efectos secundarios y podía administrarse en menores dosis. Cuando esta enfermedad empezó a tratarse con penicilina se abandonaron prácticamente todos los tratamientos con arsénico.

En España se fabricaron dos medicamentos con la misma composición que el Neosalvarsán: el Neofaes y el Neoespirol

Esteve, se determinó que tenían la misma eficacia y se declaró obligatorio en 1936 emplear estos medicamentos nacionales en vez de los extranjeros en el Ejército siguiendo las normas de la Ley de protección a la producción nacional.

En otras disciplinas el arsénico jugó un papel en la historia. Por ejemplo, en odontología se empezó a emplear arsénico desde el año 1836 gracias a Shearjashub Spooner. Se empleaban pequeñas dosis de un compuesto de arsénico para la destrucción de la pulpa y para que así la extracción del diente fuera más sencilla e indolora, método que se empleó durante más de cien años.

Aparte de todo lo que ya hemos mencionado, había otra forma de entrar en contacto con el arsénico, siempre con fines medicinales, ya fuera por motivos puramente de salud o estéticos: las aguas arsenicales y el jabón con arsénico. En el caso de las aguas arsenicales, la gran mayoría procedían de fuentes termales naturales que se embotellaban después para el consumo por parte de personas de cualquier lugar. Estas aguas, al igual que el tónico de Fowler, tenían supuestamente propiedades curativas, y se empleaban para tratar la anemia, problemas respiratorios y digestivos, tuberculosis o diabetes.

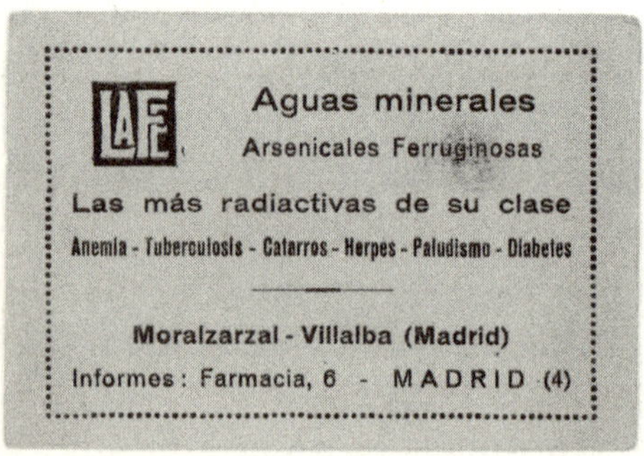

Aguas minerales arsenicales ferruginosas, además de llevar arsénico contenían también elementos radioactivos, todo un cóctel para el que se lo tomaba.

Hoy en día es frecuente acudir a balnearios para tratar ciertas dolencias, algo que ya se hacía en el pasado. Por norma general, en los balnearios las aguas contienen ciertos elementos inofensivos (como el sodio, magnesio o calcio) pero pueden contener otros en función de la composición del terreno que atraviesan y, por supuesto, el arsénico puede ser uno de ellos. La presencia de este elemento, hacía que esta agua arsenical hiciera milagros y curaba todos los males, o al menos eso intentaban vender los dueños de los balnearios, buscando así atraer a pacientes que sufrieran de artritis, reuma, gota, etc.

En Alemania hay un ejemplo muy conocido, el balneario de Baden-Baden, situado en mitad de la Selva Negra y que durante el siglo XIX tenía una clientela muy exclusiva, tanto que llegó a decirse en un periódico francés que era el sitio ideal en Europa donde pasar el verano. Las aguas de la zona contienen, además de calcio y otros minerales, unos 0,0002 gramos por litro de litio y arsénico.

Personajes muy conocidos estuvieron en Baden-Baden, entre ellos Johannes Brahms, compositor alemán, y D.H. Lawrence. En este último caso, el escritor acudió a Baden-Baden para tratar su tuberculosis en la década de 1930. Estas aguas arsenicales también se recomendaban para otras molestias como la gota, dolores de articulaciones, problemas del sistema nervioso, pérdida de fuerza muscular, enfermedades crónicas de la piel, etc.

En Francia, el ejemplo más conocido de balneario con aguas termales arsenicales es La Bourboule, situado en la zona del Puy-de-Dome cuya existencia se conocía ya en el siglo XV, cuando instalaron unas bañeras de madera improvisadas para aprovechar su temperatura. En 1604 se descubrió otra de las fuentes termales de la zona, pero parece que se perdió el interés hasta un par de siglos después.

En 1854 se llevaron a cabo los primeros análisis que revelaron que la cantidad de arsénico que contenían las aguas de la zona era ciertamente considerable, y de gran utilidad en aquel momento, al menos publicitaria, convirtiéndose en «la reina de las aguas arsenicales». A principios del siglo XX el balneario ya estaba funcionando a pleno rendimiento con 189 cabinas para el baño, piscinas, baños de vapor, duchas, zona para masajes, etc.

Estas aguas termales que surgen a la superficie a través de una grieta en una roca granítica a una temperatura de unos sesenta grados, se recogían en dos pozos y de ahí se llevaban al balneario o a la planta embotelladora. Según los análisis realizados por el propio balneario, el contenido de arsénico era de unos 0,00705 gramos por litro; si bebiéramos un litro de esta agua sería el equivalente de tomar 34 gotas del tónico de Fowler del que hemos hablado antes. De hecho, esta agua, tras pasar por la planta de embotellado, incluso se llegó a llevar a distintos hospitales de París donde «confirmaron sus buenos efectos» en los pacientes, que según decían podían tomar incluso hasta aquellos con el estómago más delicado.

Como otros balnearios, publicitaban que tratarse y beber de sus aguas curaba diversas enfermedades como la anemia, la diabetes, reumatismo, cualquier tipo de enfermedad de la

Publicidad de las aguas arsenicales del balneario La Bourboule (Francia).

piel o de las vías respiratorias o incluso el paludismo, todo gracias al arsénico que contenían. Hoy en día se puede seguir acudiendo a la estación termal para disfrutar de sus aguas curativas y de los bellos edificios de la Belle Epoque de la zona.

Un poco más cerca, en Cataluña, tenemos las aguas arsenicales del balneario de Cardó, en Tarragona. En el siglo XVII los monjes carmelitas fundaron un monasterio que fue pasando por varias manos, siendo hospital militar durante la Guerra Civil. Aunque ahora este balneario ya está abandonado, estuvo funcionando como tal y como planta embotelladora de agua hasta la segunda mitad del siglo XX. Actualmente el terreno es propiedad del grupo Leche Pascual, donde hasta hace unos años tenían una planta embotelladora en funcionamiento, y está en proyecto la construcción de un hotel de lujo en las inmediaciones con servicios de hidroterapia.

Había muchos otros productos que contenían arsénico destinados preferentemente a las damas, además de los tónicos y aguas arsenicales. El jabón con minúsculas cantidades

Anuncio de un jabón «totalmente inocuo» que contiene una pequeña cantidad de arsénico para mejorar la piel de las mujeres y blanquear las manos [Wellcome Collection].

de arsénico, por su lado, lo empleaban fundamentalmente las mujeres para (o eso les decía la publicidad) mejorar la apariencia de su piel, eliminar manchas, granos y pecas o cualquier «irregularidad». De hecho, recordemos que supuestamente los habitantes de Estiria que tomaban arsénico lo hacían por motivos estéticos, así que tampoco resulta tan chocante ni tan novedoso.

Otros productos como lociones y tónicos con arsénico también estaban a disposición de las mujeres para mejorar su apariencia y belleza. La ironía está en que, como hemos visto, el uso continuado de arsénico podía causar problemas en la piel, además de hiperpigmentación, justo lo contrario de lo que deseaban las mujeres que empleaban este tipo de productos.

LEGISLACIÓN PARA DETENER LA MASACRE

Vemos pues que había muchísimos productos con arsénico en el mercado y que la población general (no solo los ricos ni los pobres) estaba expuesta a este tóxico elemento y los casos de envenenamiento accidental o crónico se estaban empezando a convertir en un problema global. Ya en el año 1530 se promulgó una ley en el parlamento británico sobre venenos, calificando como alta traición envenenar a alguien para que el castigo aplicado fuera la muerte por inmersión en un líquido en ebullición, aunque esta condena tan macabra se eliminó en 1547 con la nueva Ley de Traición. Aun así, no fue hasta el siglo XIX cuando los políticos y jueces se tomaron en serio la legislación para proteger a la población general del uso de arsénico como arma letal.

En el año 1819 se intentó controlar la venta de ciertos productos tóxicos, con mucha oposición por parte de farmacéuticos y químicos, que alegaban que eso podía llegar a interferir con sus ventas y que algunos de esos productos, en ciertas dosis, eran útiles en la elaboración de medicamentos. Inicialmente se buscaba algo que fuera voluntario, por ejemplo, que no se pudiera vender arsénico, ácido oxálico o cloruro mercúrico sin que tuviera una etiqueta donde se leyera claramente la palabra «veneno», y que solamente las personas con suficiente edad y experiencia pudieran comprarlo. Dadas las protestas, se olvidó rápidamente esta ley y no fue retomada hasta tiempo después. En 1839 se llevó a cabo otro intento que fracasó, ya que no se pudo establecer quién debería tener permiso para comprar materiales tóxicos, cómo controlar el uso que se les daba, y la calificación de unas sustancias u otras como venenosas. Sin embargo, este debate volvió a estar sobre la mesa tras el caso de Sarah Chesham.

Sarah Chesham era una mujer analfabeta que vivió en la ciudad de Clavering, cerca de Cambridge (Reino Unido), y que fue acusada de haber matado a varios de sus hijos y a su marido con arsénico. Fue juzgada en cuatro ocasiones diferentes entre 1847 y 1851, llegando a hacerse famosa incluso en Londres gracias a la difusión que tuvo su caso en la prensa.

Nacida en 1809, Sarah se casó con Richard Chesham en julio de 1828, y tuvo con él un total de seis hijos: Harriet, Philip, John, Joseph, James y George. En enero de 1845 dos de ellos, Joseph y James, cayeron gravemente enfermos, presentando un dolor muy agudo en el estómago y fuertes vómitos. El médico local, cuando fallecieron, dijo que la causa había sido el cólera, cosa que no era demasiado extraña en la época, y nadie sospechó nada más. En septiembre de 1846 de nuevo se repitió la tragedia, otro niño, Solomon Taylor, hijo ilegítimo de una mujer de un pueblo cercano, falleció presentando síntomas similares tras haber sido visitado por Sarah en hasta tres ocasiones y haberle dado comida que ella misma había preparado. En aquel momento, y tras hablar con varios testigos, se decidió juzgar a Sarah y exhumar los cadáveres de sus dos hijos fallecidos.

Los tres primeros juicios contra Sarah tuvieron lugar en marzo de 1847, donde tres jurados diferentes deliberaron sobre las muertes de Joseph, James y Solomon. En el primero y segundo se demostró que el estómago de Joseph y de James contenían una dosis letal de arsénico; sin embargo, fue absuelta en ambos casos al no haber pruebas de que fuera ella la culpable del envenenamiento ya que ni ella ni nadie de la familia habían comprado este elemento y tampoco tenían en casa. El caso de Solomon Taylor fue algo distinto, ya que no había pruebas de que el niño hubiera ingerido veneno, por lo que el resultado fue el mismo, fue absuelta. Estos juicios tuvieron mucha repercusión, y aparecieron distintos artículos en *The Times*, el periódico con la mayor distribución y venta en el país, donde se decía que habían dejado libre a una asesina, e incluso la llegaban a comparar con otros asesinos italianos famosos. En estos primeros casos los abogados que defendían a Sarah insistieron mucho en que, dado que la acusada había demostrado ser una muy buena madre con sus hijos, era imposible que hubiera podido cometer semejante crimen; una defensa que cambiaría sustancialmente en su siguiente juicio del que hablaremos ahora.

En mayo de 1850 murió el marido de Sarah, Richard que además de tener un problema de pulmón también mostró síntomas que encajaban de nuevo con el envenenamiento con arsénico, cosa que la autopsia demostró. Sarah fue arrestada y fue de nuevo juzgada en 1851 acusada de haber administrado veneno a su marido con la intención de matarlo. Esta vez, fue caracterizada como una mujer poco cristiana, mala madre, mala esposa y con un carácter nada agradable.

Ilustración aparecida en un panfleto de 1851 donde se hablaba del juicio y la ejecución de Thomas Drory y Sarah Chesham [Harvard Law School Library, Harvard University].

Sarah había añadido arsénico a los platos de leche con harina y leche con arroz que le dio a su marido durante sus últimos meses, no dejando que nadie más se ocupara de él. Fue declarada culpable, condenada a muerte y llevada de nuevo a la cárcel mientras esperaba a que se ejecutara la sentencia.

La mañana del 24 de marzo de 1851 se preparó todo lo necesario para la ejecución de Sarah, que compartió destino con Thomas Drory, acusado de haber estrangulado a su novia embarazada. Fue ahorcada ante unas seis mil personas declarando hasta sus últimos minutos de vida que era inocente. Dado que fue condenada por haber intentado asesinar a su marido y no por conseguirlo, uno de sus hijos pudo recoger su cuerpo para enterrarlo con el resto de la familia.

Este caso sirvió como justificación para la creación de la ley sobre venenos que finalmente se implantó en 1851, la que sería conocida como «la ley del arsénico». También ayudaron otros casos de envenenamiento por arsénico por parte de otras mujeres que tuvieron lugar entre 1847 y 1850, como el de Rebecca Smith, acusada de envenenar a sus hijos para no verlos morir de hambre, el de Mary May, acusada de haber envenenado a su hermanastro, o el de Hannah Southgate, acusada de envenenar a su marido. Tal era la preocupación de la sociedad por los envenenamientos que la prensa incluso llegó a calificarlo de epidemia.

El camino que tuvo que recorrer esta ley antes de ser aprobada no fue nada fácil. Ya hemos visto que no era la primera vez que se intentaba promulgar algo de estas características, antes para evitar envenenamientos accidentales, ahora para evitar asesinatos.

La intención inicial de la ley del arsénico era limitar la venta de este elemento a personas de «buen carácter y respetables», es decir, hombres, que estuvieran dispuestos a firmar en un libro de registro y a decir para qué lo iban a utilizar. La compra de arsénico pretendía permitirse en un primer lugar solo a hombres mayores de edad, buscando así solucionar la «epidemia» de mujeres que lo empleaban como arma, y protegiendo a los hombres de esta «masacre». Esto quedaba perpetuado por las noticias aparecidas en prensa y por la creencia popular extendida de que las mujeres no eran muy listas y podían llegar a confundir fácilmente el arsénico con otros productos, como harina. Lo que se olvidaban de decir los medios era que también había hombres, aunque eran considerablemente menos, que empleaban este peculiar método, como William Chadwick, ejecutado en 1849 por envenenar a un hombre para quedarse con sus propiedades. Muchos grupos de mujeres, y algunos hombres, expresaron su descontento ante esta solución tan claramente discriminatoria y degradante.

Finalmente, en la ley solo se habló de personas en general, no de hombres ni mujeres. Además de tener que firmar en un libro de registro poniendo la cantidad y el uso que se le iba a dar al arsénico, se establecía que debía ir teñido de azul para poderlo diferenciar bien de otras sustancias, siempre y cuando no fuera a usarse en agricultura o medicina. No se hacía referencia expresa a quién podía vender dicho arsénico, algo que también estaba en discusión entre farmacéuticos y médicos, pero por aquel entonces se pensó que con esa ley sería suficiente. Se equivocaban.

Unos años después de que entrara en vigor, en octubre de 1858 más de doscientas personas se envenenaron accidentalmente tras comer unos caramelos de menta en un puesto de un mercadillo de Bradford (Inglaterra), que incluían arsénico en su composición; un total de veinte personas fallecieron en este terrible incidente.

El domingo 30 de octubre, según informó un periódico local, dos niños de corta edad murieron por causas desconocidas, presentando otras personas de la misma casa síntomas como vómitos y nauseas. Todos los habitantes de la casa ese día habían tomado caramelos de menta y, aunque no se tenían todavía pruebas, la policía dedujo que el consumo de esos caramelos les había provocado tales efectos. Los habían comprado en un puesto de un mercadillo para el que Joseph Neal fabricaba caramelos y al que fueron, lógicamente, a pedirle explicaciones.

La composición de estos caramelos era bien sencilla: azúcar, goma de mascar comestible y esencia de menta; sin embargo, el azúcar por aquel entonces era una sustancia bastante cara y para abaratar los precios el señor Neal sustituía una parte de ese azúcar por yeso en polvo. Por desgracia esta no era una costumbre demasiado admirable pero sí relativamente extendida.

Precisamente la semana en cuestión, Neal había enviado a James Archer, uno de sus inquilinos, a comprar yeso en polvo a una farmacia que estaba a varios kilómetros de allí. Sin embargo, el farmacéutico estaba enfermo, y fue su ayudante el que le atendió, William Goddard. Siguiendo las indicaciones del farmacéutico le vendió el producto que quería, el yeso en polvo que estaba situado en un barril que había en una esquina del almacén. La mala suerte quiso que hubiera en ese mismo lugar un barril lleno de arsénico blanco en polvo, de donde cogió las doce libras (más de cinco kg) que Archer le llevó después a Neal para fabricar sus caramelos. Los barriles de yeso en polvo y arsénico estaban uno junto al otro, sin etiquetas visibles, por lo que cualquier persona que no supiera exactamente cuál era cuál podría haber cometido ese mismo error.

THE GREAT LOZENGE-MAKER.
A Hint to Paterfamilias.

Ilustración de John Leech aparecida en el periódico británico *Punch* el 20 de noviembre de 1858 donde se ve a un esqueleto fabricando caramelos junto a un barril con arsénico y otro con yeso en polvo «de París» [Wellcome Collection].

Ya durante el proceso de fabricación de los caramelos, el encargado de hacerlos presentó algunos síntomas extraños, y siguió enfermo días después, pero no llegó a relacionarlo con el arsénico. Sí que notaron que los caramelos tenían un aspecto ligeramente diferente al habitual y, de hecho, el dueño del puesto del mercadillo aprovechó eso para comprárselos a un precio más bajo del normal a Neal.

En total se llegaron a vender algo más de tres kilos de caramelos ese sábado por lo que no sorprende la gran cantidad de intoxicados y fallecidos que hubo durante los días siguientes.

Goddard fue arrestado y, junto al farmacéutico y a Neal, fueron todos juzgados por homicidio involuntario. Dos médicos confirmaron la presencia de arsénico en los caramelos y estimaron que cada caramelo contenía unos novecientos miligramos de arsénico, aunque análisis más recientes sugieren que esta cifra sería más bien del orden de los seiscientos miligramos. Tampoco importaba mucho ya que dicha cantidad sobrepasaba varias veces la dosis letal para una persona. Al final del proceso se retiraron los cargos y todos fueron absueltos dado que se trató claramente de un caso de pura y dura mala suerte.

Desgraciadamente, este no fue el único envenenamiento masivo con arsénico de la historia. En 1900 unas seis mil personas en Manchester se envenenaron, de las que murieron unas setenta, tras beber una cerveza artesana que contenía unas quince partes por millón de arsénico. Es decir, si una persona tomara cinco pintas de dicha cerveza, estaría ingiriendo unos cuarenta miligramos de arsénico. Hay que pensar que la mayor parte de la gente que tomaba cerveza eran hombres de clase trabajadora, se dice que algunos podían llegar a tomar entre diez y treinta pintas de cerveza al día; también las mujeres bebían cerveza, aunque en sus casas, y enfermaron bastantes. Aunque los informes oficiales dicen que murieron unas setenta personas, realmente fueron muchas más ya que las primeras muertes se atribuyeron a otras enfermedades, como el alcoholismo crónico.

Dada la magnitud del problema, se abrió una comisión de investigación para esclarecer el suceso y se descubrió que el arsénico que había sido la fuente del envenenamiento se encontraba en el azúcar que se había empleado durante el proceso de fabricación de la cerveza. Concretamente, en aquella época se empleaba ácido sulfúrico para convertir el azúcar de caña en azúcar invertido, con la glucosa y fructosa separadas, cuya utilidad era acelerar y abaratar el proceso de fabricación.

El origen del problema se puede trazar hasta España, hasta una mina de pirita con un 1,1% de arsénico; allí se había extraído el mineral y, tras calentarlo, se había generado dióxido de azufre, contaminado con arsénico, que luego se usaría para fabricar ese ácido sulfúrico. Después, el ácido sulfúrico se empleó para transformar el azúcar en azúcar invertido, contaminado, que luego le fue vendido a la cervecería, según los análisis este azúcar invertido contenía unos quinientos gramos por tonelada de arsénico.

Ilustración de J. Leech donde se ve a un niño comprando arsénico a un farmacéutico poco escrupuloso [Wellcome Collection].

Este incidente fue uno de los sucesos que sirvió como base para la Ley de Farmacia de 1868 que se instauró en Inglaterra. Esta ley, al contrario que la de arsénico de la que hemos hablado antes, sí limitaba quién podía vender un total de quince venenos (entre ellos, el arsénico), siendo solamente personas cualificadas como farmacéuticos. Estas personas tenían que aprobar un examen de la Sociedad Farmacéutica Real. De esta forma, ya no se podía comprar arsénico en ningún otro lugar que no fuera una farmacia. Las consecuencias fueron un importante descenso del consumo de algunas de estas drogas, como el opio, y una bajada en la tasa de mortalidad por envenenamiento, aunque en unas décadas volvió a recuperar los niveles anteriores.

No solo en Reino Unido se establecieron límites a la venta de este elemento; en Estados Unidos, donde veremos que se usaba para el mismo fin, algunos estados aprobaron leyes para limitar la venta y para crear un libro de registro donde se tenían que apuntar aquellos que lo compraran.

En España se reguló en abril de 1860 la venta al público de sustancias venenosas, que incluía el arsénico y todos sus compuestos, además de muchas otras sustancias letales como la belladona, la cicuta o la digitalina. Concretamente, establecía que los «drogueros» no podrían vender sustancia alguna venenosa, fuera a emplearse o no con fines medicinales, ni al por mayor ni al por menor, ni a farmacéuticos, sin exigir previamente una nota fechada y firmada por una persona «conocida y responsable» que expresase la cantidad de sustancia pedida y el uso que se le iba a dar. Es decir, no se creaba un registro como tal, como en otros lugares, pero sí se limitaban las opciones de comprar este tipo de productos tan alegremente como hasta el momento.

🕮 PARA LEER MÁS:

- Cullen, W. R. (2008). *Is arsenic an aphrodisiac? The sociochemistry of an element.* RSC Publishing.
- Fernández Aguilar, E. M. (2018). *Eso no estaba en mi libro de historia de la ciencia.* Guadalmazán.
- Gerald, M. C. (2013). *The drug book: from arsenic to xanax, 250 milestones in the history of drugs.*
- Gibaud, S. y Jaouen, G. (2010). Arsenic-based drugs: from Fowler's solution to modern anticancer chemotherapy. *Medicinal Organometallic Chemistry*, 1-20.
- Knelman, J. (1991). The amendment of the sale of arsenic bill. *Victorian Review*, 17, 2, 1-10.
- Kritharis, A.; Bradley, Thomas P. y Budman, Daniel R. (2013). The evolving use of arsenic in pharmacotherapy of malignant disease. *Annals of Hematology*, 92, 719-730.
- Pascandola, J. (2012). *King of poisons.* Potomac Books.
- Wallau, W. M. (2015). The Phenomenon of the Styrian Arsenic Eaters from the Perspective of Literature, Chemistry, Toxicology, and History of Science-«Strong Poison» or «Simple-Minded Reasoning»? Angewandte Essays, *History of Chemistry*, 54, 15622-15631.
- Whorton, J. C. (2010). *The arsenic century. How Victorian Britain was poisoned at home, work & play.* Oxford University Press..

Bote de pigmento verde París.

Verde que te quiero verde

Dejando los usos medicinales y que nos pueden parecer hoy en día tan extraños, en realidad el arsénico ha estado durante largas décadas presente en diferentes enseres y productos al alcance de cualquiera, incluso niños. Se podría decir que en el siglo XIX el arsénico fue el auténtico protagonista de muchos bailes y en los hogares en distintos puntos de Europa y, como veremos, no era precisamente inofensivo.

Carl Wilhelm Scheele, farmacéutico sueco, tiene el honor de haber sido el creador en 1775 de un pigmento verde a base de cobre y arsénico conocido como verde Scheele, en su honor, o verde Schloss. Se le conoce como la persona que aisló por primera vez el cloro, también intervino en el descubrimiento de otros elementos como el bario, el manganeso y el molibdeno.

El verde Scheele, llamado desde el punto de vista químico arsenito de cobre ($CuAsHO_3$), lo obtuvo este farmacéutico calentando una solución de carbonato de sodio a unos 90°C y añadiendo lentamente trióxido de arsénico (arsénico blanco), agitando continuamente hasta la total disolución de este. El producto resultante, añadido a una solución de sulfato de cobre, produce un precipitado de color verde. La intensidad del color del pigmento verde obtenido dependía fundamentalmente de la cantidad de cobre y de arsénico añadidos inicialmente, además de la temperatura a la que se producía la reacción.

En siglos anteriores había otros tipos de pigmentos verdes basados en carbonatos de cobre, como la malaquita, y que ya

Ilustración del *Journal des dames et des demoiselles* donde se puede ver a una mujer a la izquierda con un vestido verde de color muy intenso (1860-1865).

usaron los egipcios en sus pinturas. El problema que tenía el verde Scheele era que tendía a volverse más claro con el paso del tiempo y, por otro lado, a oscurecerse cuando entraba en contacto con algunos elementos como el azufre.

Por este motivo, poco tiempo después apareció en el mercado un sustituto: el verde París (o verde esmeralda), que pretendía mejorar las características del verde Scheele. Este nuevo tipo de verde contenía también arsénico y tenía la peculiaridad de que, en función del tamaño de grano, presentaba un color más claro u oscuro. Concretamente, el verde París lo inventaron dos químicos en 1814, Russ y Sattler, mientras trabajaban para una empresa de tintes (Whilhelm Dye and White Lead Company) situada en Baviera.

Curiosamente, los granjeros de distintas zonas pronto se dieron cuenta de que este pigmento no solo servía para dar color, sino que se podía emplear para eliminar algunas plagas de escarabajos por lo que llegó a convertirse en un producto muy empleado para este fin en la década de 1880; de este tema en concreto hablaremos un poco más adelante.

TEJIDOS Y FLORES ARTIFICIALES

Primero en el siglo XVIII y después en gran parte del XIX, estos dos pigmentos verdes alcanzaron una gran popularidad en Reino Unido y en otras regiones europeas tanto en pintura como en pigmentos usados en vestidos, papeles de pared, alfombras, velas, cartas, juguetes para niños y una gran multitud de enseres. Sin ir más lejos, pintores impresionistas como Monet y Renoir emplearon estos pigmentos verdes a base de arsénico en sus obras, además de otros pintores muy famosos como Gauguin y Van Gogh.

En el siglo XIX los bailes y fiestas entre las clases medias y altas eran muy frecuentes; había que lucir vestidos a la última moda, llamativos y vistosos que permitieran a las damas destacar entre las demás ya fuera para buscar marido, para demostrar que tenían dinero en abundancia o simplemente para adquirir notoriedad y fama. Hemos visto que estos verdes arsenicales se empleaban como pigmentos y, cómo no, el emplearlos para darle cierto color a los vestidos no era una excepción. Los pigmentos a base de arsénico le daban a la tela un color verde esmeralda muy intenso que las mujeres adoraban y que era muy popular tanto en vestidos como en guantes y otros accesorios.

En muchas ocasiones el tinte no estaba correctamente adherido, de forma que podía desprenderse, y les provocaba a las mujeres llagas en las manos y en la piel, entre otros muchos problemas relacionados con el envenenamiento crónico por arsénico; la expresión «víctimas de la moda» nunca estuvo más acertada. De hecho, si tenemos en cuenta la cantidad de tela que se usaba en este tipo de vestidos, con

Ilustración aparecida en el *Punch* donde se ve a una joven que lleva un vestido verde (véanse las calaveras pintadas en la parte baja del vestido) a punto de bailar con un hombre. Esta ilustración se publicó poco después de que el químico A.W. Hoffman escribiera un artículo el 1 de febrero de 1862 donde se mencionaba la toxicidad de los pigmentos empleados en dichos vestidos (verde París y verde Scheele) [Wellcome Collection].

mucho vuelo y muchas capas, un vestido podría llegar a contener hasta 900 granos de arsénico (unos 54 gramos), una cifra altísima si tenemos en cuenta que la dosis mortal para una persona estaría entre los cuatro o cinco granos.

Tal fue el escándalo generado por este descubrimiento que en la prensa se llegó a decir que las mujeres que llevaban vestidos de colores verdes eran una especie de «mujeres fatales» que iban desprendiendo arsénico a su paso con el objetivo de envenenar a sus pretendientes o futuros maridos.

Algo que también era muy habitual en las casas y salones de baile era la presencia de flores y plantas artificiales para animar el ambiente, y además se empleaban para adornar tocados de las damas, a juego muchas veces con sus verdes vestidos. El verde a base de arsénico se usaba concretamente para darle un intenso color a las hojas, en algunas flores y, como podemos suponer, su manipulación las convertía en algo bastante peligroso.

De hecho, hay constancia de que una florista de 19 años, Matilda Scheurer, murió en 1861 tras envenenarse con el arsénico presente en las flores que coloreaba. Su tarea era sencilla, tenía que recubrir con un polvo de color verde intenso las hojas de las plantas artificiales que se empleaban en los tocados de las damas más ricas. Con el paso del tiempo, poco a poco, fue enfermando. Tal y como relata la prensa del momento, empezó a tener vómitos, el blanco de sus ojos se tornó verde, incluso sus uñas cambiaron de color, tuvo convulsiones y finalmente acabó muriendo. La cuestión es que, tras este caso que tanto llamó la atención, algunas asociaciones de mujeres empezaron a preocuparse por este problema y detectaron, tras varias visitas a tiendas de flores, que los síntomas y problemas de piel que había mostrado esta chica no eran precisamente casos aislados. De hecho, se calcula que había unas diez mil mujeres trabajando en la elaboración de flores artificiales en aquella época, de las que gran parte de ellas se habrían visto afectadas por el contacto continuado con arsénico.

Una asociación llegó incluso hasta el extremo de contratar a un químico, el doctor A. W. Hoffman, para analizar las hojas artificiales que había en los tocados de las mujeres. Concluyó que un solo tocado contenía arsénico suficiente como para matar a veinte personas. Esta situación con las flores no se daba solamente en el Reino Unido, también en Alemania y en Francia muchos médicos detectaron que las trabajadoras de los talleres que se dedicaban a fabricar y pintar flores artificiales estaban frecuentemente enfermas, presentando llagas y una coloración verdosa en la piel.

Con el descubrimiento de los colores de anilina, el empleo del verde con arsénico, por suerte, empezó a quedar en un segundo plano a partir de la segunda mitad del siglo XIX. El llamativo vestido verde que llevó Eugenia de Montijo (emperatriz de Francia) en una representación en la ópera de París el día 3 de septiembre de 1863, y que causó sensación, no contenía arsénico sino un nuevo pigmento menos tóxico pero que daba unos resultados muy similares al anterior. Este pigmento era conocido como verde Guignet (verde imperial) y para los químicos, óxido de cromo III (Cr_2O_3). Aun así, todavía se siguió usando el verde París durante un tiempo; por ejemplo, en 1871 una mujer de alta cuna sufrió los efectos tras comprarse unos guantes verdes y empezó a presentar ulceras en la piel y alrededor de las uñas tras ponérselos.

PAPEL DE PARED ARSENICAL

Uno de los destinos más populares del color verde París fue dar color al papel que recubría las paredes de las casas de la burguesía. Estos papeles, con abundantes motivos florales y aves, servían para decorar y alegrar las distintas estancias; a veces, se incluían en las habitaciones cortinas, tapicería y otras telas a juego.

Aunque ya se usaba en el siglo XVI, al principio de la década de 1860 el papel de pared se convirtió en un sustituto barato de las decoraciones textiles y que podían permitirse todas las clases sociales; era una forma de decorar y alegrar las distintas estancias de una casa, aunque también se usaba en edificios públicos. Uno de los principales fabricantes británicos del papel de pared del siglo XIX fue William Morris (1834-1896), quien fundó la empresa *Morris, Marshall, Faulkner & Co.* en 1861. Dicha empresa, que más tarde pasaría a llamarse simplemente *Morris & Co.*, estuvo en funcionamiento durante más de 150 años.

Durante su carrera, William Morris diseñó en su taller más de cincuenta patrones diferentes de papel de pared y aunque cuando empezó los diseños eran muy chocantes y llamativos para lo que se consideraba habitual en el momento, pronto el público comenzó a querer tenerlos en sus casas. Con sus diseños buscaba representar la flora y fauna británica, mediante rebuscados patrones geométricos y llamativos colores. Por supuesto, en estos papeles se empleaban diferentes tonos de azul, rojo, amarillo y, por supuesto, verdes arsenicales.

Uno de los primeros papeles de pared diseñados por William Morris recibió el nombre de *Trellis* (1862); en él se puede ver, sobre un fondo de color neutro, una llamativa enredadera de rosas donde hay algunos pájaros posados y que supuestamente dibujó inspirándose en el jardín de su casa de Kent. En 1880 había alcanzado tanta popularidad que fue llamado para crear papeles especiales para el palacio de Saint James en Londres; hasta la mismísima reina Victoria le encargó un papel de pared personalizado para su castillo de Balmoral con las iniciales VRI (acrónimo de Victoria Regina Imperatrix). Otro de sus diseños más conocidos se llama *Ladrón de fresas*, realizado en 1883, y en él se pueden ver varias especies de pájaros comiendo fresas en un jardín.

En vida, William Morris no solo se ganaba la vida decorando las casas ajenas, su familia asimismo era propietaria de una de las minas de arsénico más grandes del mundo, la Devon Great Consols, de la que ya hemos hablado antes. Después de su muerte, muchos diseñadores siguieron su estela, buscando recrear sus motivos y estampados florales. En 1940 la empresa creada por Morris tuvo que cerrar pero vendieron sus diseños a tres empresas diferentes, siendo la más conocida *Sanderson & Sons Ltd.*, que todavía venden papel de pared con algunos de sus motivos más representativos.

Lógicamente, había otros muchos fabricantes de papeles de pared en la época que empleaban los mismos compuestos que él, como el verde arsenical, lo que hacía que el arsénico estuviera muy repartido por toda Europa. El arsénico presente en el papel de pared tiene tendencia a ir desprendiéndose con el paso del tiempo en forma de polvo y formando un gas del que hablaremos pronto. De este modo se iba repartiendo de forma natural por la habitación y la casa debido a las corrientes de aire. También debido a los movimientos de muebles, durante el proceso de limpieza de la habitación, etc.; de modo que en un lugar donde hubiera papel de pared con arsénico, todo el polvo generado estaba

Trellis. Papel de pared diseñado por William Morris en 1862 y que se empezó a fabricar en 1864. The Metropolitan Museum of Art.

destinado a contener una cierta cantidad de este elemento. Este polvo, que podía tardar días en depositarse en el suelo por lo fino que era, lo podían inhalar las personas que habitaban en la casa, envenenándose poco a poco. El hecho de que se pusieran de moda además los papeles aterciopelados, que aumentaban todavía más la generación de polvo, no ayudó demasiado.

Aparte de este polvo se generaba una no despreciable cantidad de gas con trazas de arsénico debido a la acción de ciertos tipos de moho que son capaces de descomponer y volatilizar este elemento. Para que el papel se mantuviera pegado a las paredes se añadía una pasta en la que algunos mohos crecían muy bien, como el *Scopulariopsis brevicaulis,* y que adoraban el arsénico.

Concretamente el gas producido por estos microorganismos se identificaría años después como trimetilarsina ($(CH_3)_3As$), conocido popularmente como el gas de Gosio en honor a su descubridor, Bartolomeo Gosio. Este científico italiano llevó a cabo en la década de 1830 un experimento con puré de patata mezclado con óxido de arsénico al que había añadido moho que crecía en las habitaciones en la época. Finalizado el experimento pudo concluir que se había formado este gas tan tóxico que las personas podían inhalar fácilmente en sus hogares con fatales desenlaces.

Muchos son los casos conocidos de envenenamiento por arsénico causados por el papel de pared con síntomas afectando a los sistemas digestivo y respiratorio, llegando incluso en algunos casos a producir alteraciones de tipo mental; Kedzcie ya en 1874 mencionaba algunos de ellos. Un ejemplo es del doctor I.H.M. Lansing, que perteneció a la Cámara de los Representantes de su distrito en 1853 y que vivía con sus dos hijos. Él dormía en una habitación con un papel de pared grisáceo que presentaba algunas zonas verdosas además de dibujos de hojas y flores de color verde intenso. La habitación de sus hijos estaba al lado y la puerta que conectaba ambas estancias estaba casi siempre abierta, de forma que el aire podía circular por las dos perfectamente. Todos empezaron a mostrar síntomas crónicos de dolores de huesos y tos; cuando se analizó el papel de pared, tras sospechar que podía ser el origen de la enfermedad, se constató que contenía casi 0,35 gramos de arsénico por metro cuadrado de papel. Al comparar el papel que había en la habitación con una muestra del papel original, se pudo ver que se había ido decolorando progresivamente, liberando a su vez el arsénico en él contenido en forma de polvo y gas a un ritmo de unos 28 gramos cada seis meses. Una vez se retiró todo el papel, el estado de salud de todos los miembros de la familia mejoró y se pudieron recuperar totalmente.

Otro caso, esta vez observado por el Dr. Brown, fue el de una mujer de 56 años cuyo dormitorio estaba empapelado con un papel de tono verdoso claro. Dado que tan solo pasaba allí las noches, ya que el resto del tiempo se encontraba en otras partes de la casa o incluso en el exterior cuando el tiempo así lo permitía, tardó bastante en presentar síntomas. Aproximadamente tras dormir tres o cuatro años en esa habitación, empezó a encontrarse mal; primero se sentía muy cansada, después empezó a tener problemas respiratorios, engordó mucho, después siguió empeorando, mostrando ya síntomas de grave envenenamiento en 1875, cuando ya estaba postrada en cama sin apenas poder moverse y con náuseas, vómitos y diarreas. Lógicamente, la

Diferentes diseños de papel de pared con arsénico aparecidos en la obra *Shadows from the walls of death* (1874) [U.S. National Library of Medicine].

causa de sus síntomas no era otra que el papel de su dormitorio. Asimismo se menciona el caso de un niño de corta edad que murió en Peckham tras haberse metido en la boca un fragmento de un papel de pared que contenía arsénico.

De hecho, uno de los casos más famosos de envenenamiento por arsénico en papel de pared llegó incluso a salpicar a la realeza. En 1879 la reina Victoria eliminó gran parte del papel de pared de color verde de Buckingham Palace que no contenía otro pigmento que el tóxico verde Scheele. Esto sucedió después de que uno de sus invitados, tras pasar la noche en una habitación empapelada con arsénico, se pusiera enfermo y llegara tarde a un evento donde participaba la mismísima reina. Tras disculparse extensamente, le dijo a la reina que sospechaba que la causa de su enfermedad estaba en el papel de pared y en el arsénico que este contenía; horrorizada, la reina lo mandó quitar y, tras correrse la noticia, muchos otros nobles hicieron lo mismo en sus respectivas casas.

Dado que el pigmento verde en ese momento era casi siempre el verde arsenical, la única forma de saber si un papel de pared contenía este tóxico elemento o no era mediante una sencilla prueba, echando amoníaco sobre el papel y esperando a ver si cambiaba de color; si se volvía azul, quería decir que había cobre y, si había cobre, había también arsénico (recordemos que ambos elementos, cobre y arsénico, están presentes en la fórmula química de los pigmentos verdes). Otra opción para evitar estar en contacto con el elemento, si resulta que el papel sí contenía arsénico, era barnizarlo después de colocarlo para intentar así que no se desprendiera, aunque tampoco suena como una alternativa demasiado tranquilizadora.

De nuevo, al igual que sucedía con las flores, los trabajadores involucrados en el proceso de fabricación de este tóxico papel de pared sufrían envenenamientos accidentales debido al polvo y gases que había en el aire, además solían presentar problemas de piel y llagas. En la fábrica de Morris el papel se elaboraba de forma manual empleando bloques de madera de peral. Cada uno de estos bloques contenía una parte del diseño y a cada uno de ellos se le aplicaba un solo color. Progresivamente, estampando bloque tras bloque sobre el papel, el diseño final iba apareciendo. Durante el proceso de elaboración de las tiras de papel podían ser necesarios más de treinta bloques diferentes con hasta una quincena de colores, un trabajo que podía tardar en terminarse hasta cuatro semanas.

OTROS ENSERES ARSENICALES

El verde era un color muy apreciado, no solo en los papeles de pared que hemos y en las flores, también en otros muchos objetos y enseres; sin ir más lejos estos mismos verdes arsenicales estaban presentes en las velas. En 1837 un profesor de química, justo al irse a dormir, se dio cuenta de que al apagar las velas que acababa de comprar estas desprendieron un peculiar olor a ajo. Eso sí, el olor a ajo solo se podía notar cuando se apagaban, no mientras estaban iluminando la estancia. Al día siguiente se llevó las velas al laboratorio y confirmó que, efectivamente, contenían arsénico. Ahí surgía la gran pregunta ¿quién querría poner arsénico en una vela?

Hasta entonces, las velas que había en circulación estaban hechas de cera, de espermaceti (aceite procedente de la cabeza de los cachalotes) o de sebo. En 1810 un químico francés, Michel Eugène Chevreul, inventó las velas esteáricas, hechas a base de un derivado de la grasa animal y que eran muy apreciadas, ya que fundían a una temperatura mayor. La cuestión es que a estas velas se les solía añadir algún compuesto químico durante el proceso de enfriado que les diera una mayor suavidad y brillo, y ahí es donde entra el arsénico blanco. Al descubrirse que se usaba precisamente este compuesto tan tóxico, fue prohibido rápidamente en Francia, aunque en Reino Unido tardó más en llegar la noticia y estuvieron usándose este tipo de velas durante muchas décadas.

Por otro lado, en 1859 un químico londinense detectó que al apagar sus verdes velas se podía notar un olor a ajo en el ambiente. A estas velas no se les había añadido otro colorante que el arsenito de cobre, el verde de Scheele, tan tóxico como vistoso. Aun así, no está claro que este tipo de velas fueran realmente mortales, ya que en los experimentos llevados a cabo los primeros síntomas podían tardar incluso semanas en aparecer. De nuevo, ya fuera en forma de agente químico para mejorar las propiedades de la vela o como colorante, estaban ante un problema de envenenamiento crónico.

Un objeto donde uno sí esperaría encontrar arsénico, al menos en aquel momento, era en los pesticidas, matarratas y papeles para matar moscas. Al menos ahí parece que el objetivo inicial se cumplía, acabar con las plagas. Las dosis de arsénico que estos productos contenían seguían siendo muy elevadas y una manipulación inexperta podía dar problemas de envenenamiento accidental, aunque también podían ser usados en el envenenamiento intencionado, como veremos.

CONSERVACIÓN DE ANIMALES DISECADOS

Si el arsénico se empleaba para generar un pigmento de un color verde intenso, no es de extrañar que se empleara en todas las aplicaciones de las que ya hemos hablado, sin embargo, otro de sus múltiples usos era totalmente independiente de este peculiar color. En siglos pasados, las personas podían entrar en contacto con el arsénico sin percatarse en un sitio más: en los museos, particularmente al visitar colecciones de animales disecados. Este tipo de colecciones siempre fueron muy valoradas; realmente, era la única forma que mucha gente tenía de observar un ornitorrinco, un pájaro del Amazonas o un león, sin tener que alejarse de su casa.

La cuestión de cómo era mejor conservar estos animales para que no empezaran a desprender olores y pudieran sobrevivir al paso del tiempo no era una nadería; ya desde el siglo XVIII habían ido surgiendo distintas recetas a base de especias, aceites, alcanfor, sales o incluso tabaco. Sin embargo, no parecían ser muy efectivas a largo plazo y se empezó a probar otros compuestos más fuertes y más tóxicos, uno de ellos el arsénico. Minerales como el rejalgar y oropimente ya habían sido empleados con anterioridad con este fin, mezclados con agua, formando una pasta que se empleaba para conservar las pieles de mamíferos y aves. El arsénico se empleaba en el momento de montar las piezas, en la parte interior, en el relleno del animal, junto a otros muchos productos. Pero si hay un producto que se hizo famoso en taxidermia es el llamado jabón arsenical, inventado por el farmacéutico francés Jean-Baptiste Bécoeur.

En vida, Jean-Baptiste Bécoeur no quiso revelarle a nadie cuáles eran los ingredientes de su peculiar método para conservar mejor los animales disecados y hubo que esperar hasta algo más de veinte años después de su muerte para poder conocerlos. Un sobrino de Bécoeur, que también trabajaba como taxidermista y que conocía la receta, se la explicó a un conocido, Louis Dufresne, que se lo dijo a una tercera persona, François Marie Daudin, quien lo publicó a su vez en un tratado de ornitología para conocimiento de todos.

El llamado jabón arsenical está compuesto básicamente por óxido de arsénico, alcanfor, jabón, cal en polvo, agua destilada y carbonato de potasio, receta que se ha mantenido intacta con el paso del tiempo. En el siglo XIX esto supuso un gran avance para la conservación de ejemplares disecados, aunque en algunos lugares sí se prohibió, como en Francia en 1846, debido a sus tóxicas propiedades.

La historia del uso del jabón arsenical nos ha dejado nombres que pasarán a la historia por haber muerto tras naturalizar y conservar animales con esta técnica. Uno de ellos es John Kirk Towsend, quien quiso crear una colección de pájaros y que incluso, tras una excursión a las Montañas Rocosas descubrió varias especies de aves que llevan su nombre. Pocos años después, moriría otro naturalista estadounidense, John Cassin, dejando una colección de casi 4300 ejemplares que fue posteriormente comprada por la Universidad de Brown. Pero no solo de pájaros muere el hombre, un coleccionista de conchas de principios del siglo XX, Henry Hemphil, falleció también debido al arsénico que había empleado en el proceso de preparación y conservación de sus ejemplares.

El 21 de abril de 1871 en *El pabellón médico*, revista científica y profesional de medicina, cirugía y farmacia, se menciona el caso de un hombre intoxicado con arsénico tratado por M. Delpech. El paciente, que era aficionado a la caza y que disecaba sus propios animales para guardarlos como trofeos, mostró los típicos síntomas del envenenamiento crónico por arsénico. Estos animales, al estar reunidos en gran número en una misma habitación, habrían liberado en el aire las partículas del jabón arsenical empleado en el proceso de conservación de los ejemplares y que el cazador fue respirando poco a poco.

El jabón arsenical se ha estado empleando hasta hace pocas décadas en museos repartidos por todo el mundo; sin embargo, debido a su toxicidad, ahora ya está prohibido y se ha ido sustituyendo por otro tipo de sales especiales para la conservación de ejemplares.

Hay ciertas características que permiten saber si se ha empleado jabón arsenical en un animal disecado, entre ellas que suelen tener una especie de polvo blanco característico en la base del pelo o de las plumas, en la base de las orejas y en otros muchos lugares. De hecho, en muchos museos se han ido haciendo análisis, empleando diversas técnicas, para ver si sus ejemplares más antiguos, y también algunos de los recientes, contienen este elemento. Lógicamente, ejemplares que contengan arsénico deben ser tratados con cuidado, especialmente por el personal que trabaja en el museo, y los investigadores y el propio el público deben ser protegidos adecuadamente.

Como anécdota final, en 1993 una investigación llevada a cabo en la Universidad de Chicago determinó a partir de la información histórica disponible que la causa de la muerte de Raphaelle Peale, un pintor estadounidense muy famoso especializado en naturalezas muertas que falleció en 1825, habría sido envenenamiento por arsénico y mercurio.

Aunque seguro que en sus cuadros empleó en algún momento los pigmentos verdes que hemos comentado antes que estaban hechos a base de arsénico, la fuente principal de contaminación tuvo lugar cuando empezó a trabajar en

1798 como taxidermista en el museo de historia natural que su propia familia había creado. Tiempo después, empezó a tener síntomas como delirios, caída de dientes, caída del cabello, temblores, todos compatibles con envenenamiento por arsénico y mercurio.

El mismo Raphaelle sabía que su trabajo era peligroso, lo llegó a describir en más de una ocasión, e incluso se colocaron carteles junto a los animales avisando que no debían tocarse al estar, literalmente, cubiertos con veneno. Aun así, existen todavía muchas cuestiones sin resolver en el caso de Raphaelle Peale, ya que algunos estudiosos dicen que podría haber muerto envenenado por plomo o incluso por otros motivos y que el arsénico no habría tenido nada que ver. Algunos de los ejemplares de este museo todavía se conservan en Florida y se dice que tienen aún tanto arsénico que hacen que te hormigueen los dedos incluso doscientos años después si los tocas.

Cuadro *Maíz y melón* de Raphaelle Peale, circa 1813. Crystal Bridges Museum of American Art [Wikimedia Commons].

PROBLEMAS Y SOLUCIONES

Todos los problemas asociados a los productos con arsénico, las enfermedades tan típicas de las mujeres que se encargaban de colorear flores o de aquellas personas encargadas de fabricar o reponer papeles de pared, no tardarían demasiado en llegar a su fin. Poco a poco cada vez la población iba siendo más consciente del tipo de peligros que desentrañaban estos objetos y, por suerte, tanto la presión social como la presión por parte de muchos científicos jugó un papel fundamental en desterrar a este elemento de la sociedad.

Henry Carr publicó en 1879 un escrito titulado *Nuestros venenos cotidianos* donde hacía referencia explícita al problema del omnipresente arsénico y del envenenamiento crónico y accidental en la época. Hacía especial mención al papel de pared y no solo a los síntomas que presentaban las personas que vivían en habitaciones con papeles de tonalidades verdes con arsénico, también a personas encargadas de limpiar las habitaciones o de quitar ese papel cuando se redecoraba. De hecho, en su manifiesto animaba a todos los fabricantes de papel a dejar de emplear este elemento como pigmento y a hacer publicidad de «papeles libres de arsénico».

Debido al creciente interés en el tema, tan solo un año después Henry Carr volvió a dar otra charla sobre el arsénico donde además se mencionaba que el propio gobierno estaba empezando a tomar medidas. Aunque desde luego no parece un gran avance, en 1880 se prohibió que los trabajadores encargados de hacer litografías, cartas, papeles y flores artificiales, entre otros, comieran en las mismas salas donde se llevaba a cabo el trabajo, para evitar (al menos) una de las fuentes de envenenamientos, pero los avances más importantes en cuanto a legislación y seguridad de los trabajadores se refiere aún tardarían unos pocos años en llegar. Se estableció que los empleadores debían darles equipos de protección adecuados a sus empleados, mascarillas, proveerles de material para poder lavarse las manos y la cara, etc.

Por suerte, todos estos pigmentos verdes tan tóxicos fueron sustituidos a finales del siglo XIX por otros como el verde

Xilografía de Ishikawa Toyonobu donde se ven dos actores de teatro kabuki, Nakamura Shichisaburo II y Sanogawa Ichimatsu. En este grabado solamente se habrían usado tres colores, rojo para los colores básicos de los kimonos y el azul y el amarillo para los detalles [Wikimedia Commons].

Guignet, patentado en 1859, o el verde cobalto, esta vez ya sin arsénico en su composición y, en consecuencia, sin la toxicidad asociada. Un giro del destino quiso que, además, estos colores fueran reemplazados por otros, mucho más deseables, de tipo sintético. En 1856, William Perkin preparó de forma accidental un pigmento, la anilina morada, que en el siglo XX adquirió gran popularidad en vestidos y otros tejidos y que sustituyó en parte a los verdes. Poco después fueron apareciendo otros pigmentos sintéticos azules y rojos, lo que acabó desterrando el arsénico de la ropa y de los diferentes complementos.

PIGMENTOS A BASE DE ARSÉNICO EN ASIA

El problema de los pigmentos arsenicales no solamente afectó a Europa, también en Asia se empleaban de forma directa algunos de los minerales de arsénico para dar color a sus grabados. En Japón, las xilografías (*ukiyo-e* en japonés), realizadas mediante planchas de madera, eran ya populares en el siglo VI pero no fue hasta el inicio del periodo Edo (1603-1868) cuando desarrollaron su máximo potencial.

Entre las décadas de 1650 y 1740, en estos grabados solamente se empleaba tinta china de color negro para hacer el dibujo; en algunos casos se coloreaban después a mano ciertas partes del dibujo, lo que solía encarecerlos bastante. Para darles color, se solían emplear pigmentos de tipo inorgánico procedentes de minerales y otros orgánicos procedentes de plantas. Algunos de los representantes más conocidos de estos grabados primitivos, llamados *benizuri-e* en japonés, fueron Nishimura Shigenaga, Ishikawa Toyonobu y Okamura Masanobu. A partir de 1740 se empezaron a hacer grabados que incorporaban dos o tres colores básicos: el azul, el rojo y el amarillo. A veces se superponían para dar lugar al naranja, verde o púrpura.

Con la llegada de nuevos métodos de impresión polícroma en 1765, momento desde el cual ya se podían emplear distintas planchas de madera para hacer un solo grabado siguiendo casi un proceso de fabricación en serie, se extendió su popularidad entre todas las clases sociales; prácticamente cualquiera podía comprar una reproducción de alguno de estos grabados. Para hacer este tipo de xilografías más modernas, conocidas como *nishiki-e*, eran necesarias distintas planchas de madera, cada una con una talla diferente y entintada con un color distinto, que se iban aplicando de forma secuencial una por una sobre el papel hasta llegar a tener el grabado completo. Un proceso similar de fabricación al de papel de pared del que hemos hablado antes.

La temática de todos estos *ukiyo-e* era muy variada, reflejaban escenas de la vida cotidiana, del teatro Kabuki, paisajes tanto urbanos como de campo, luchadores de sumo o simplemente eran retratos de bellas damas.

Xilografía *Paso de Mishima en la provincia de Kai de Katsushika Hokusai* (circa 1830-1832); forma parte de una serie de treinta y seis vistas del Monte Fuji. The Howard Mansfield Collection, Purchase, Rogers Fund, 1936 [Wikimedia Commons].

Mediante fluorescencia de rayos X, una técnica que ya hemos explicado antes, se puede saber de qué están hechos los diferentes pigmentos que hay en estos grabados sin alterarlos de ninguna manera. Hay que pensar que no solamente se empleaba un tipo de material para hacer, por ejemplo, el color rojo; se usaban casi siempre varios que aportaban distintos matices o tonalidades diferentes al grabado. El pigmento rojo y rosa más popular procedía de una planta conocida como cártamo, cuya flor puede tener un color amarillo o rojo muy intenso, aunque se empleaban también otras plantas. En cuanto a los minerales de arsénico, el rejalgar se empleaba de forma ocasional por su color rojizo.

En el caso del amarillo, se utilizaba en un primer momento un tipo de resina amarillenta llamada gutagamba pero fue sustituida paulatinamente por otro amarillo de procedencia inorgánica, concretamente, por oropimente (colorante llamado *sekio* en japonés). El uso del oropimente creció casi de forma exponencial hasta llegar a principios del siglo XIX, tanto que incluso se fabricaba oropimente sintético ya durante el periodo Edo. De hecho, en muchos de estos grabados, el verde de la hierba y de las hojas suele ser arsenical, debido a la mezcla de azul (índigo o azul de Prusia) con el amarillo (oropimente).

En el *Paso de Mishima en la provincia de Kai* de Katsushika Hokusai, los tonos verdes azulados que se pueden ver en el tronco del árbol que está en primer plano y otras zonas del mismo color, son todas una mezcla de azul de Prusia con oropimente.

El proceso de fabricación de oropimente sintético ya se conocía en el siglo XV en Europa y se hacía a través de un proceso de sublimación en seco; el proceso vía húmeda se introduciría siglos después. En Asia se piensa que este proceso de fabricación de oropimente sintético se conocía por lo menos desde la primera mitad del XIX, tal y como demuestran los análisis realizados en el *Paso de Mishima en la provincia de Kai.*

🕮 PARA LEER MÁS:

- David, A.M. (2015). *Fashion victims: the dangers of dress. Past and present.* Blooomsbury Visual Arts.
- Derrick, M.; Wright, J. y Newman, R. (2017). Plant dye identification in Japanese woodblock prints. *Arnoldia,* 74/3, 12-28.
- Brown, F. H. (1876). *Arsenical paper-hangings.* Discurso leído en la Boston Society for Medical Observation el día 6 de marzo de 1876.
- Hawksley, L. (2016). *Bitten by witch fever. Wallpaper & arsenic in the Victorian Home.* Thames & Hudson.
- Kedzcie, R. C. (1874). *Shadows from the walls of death: facts and inferences prefacing a book of speciments of arsenical wall papers.*
- Lloyd, P. y Bendersky, G. (1993). Arsenic, an old case: the chronic heavy metal poisoning of Raphaelle Peale (1774-1825). *Perspectives in Biology and Medicine,* 36, 4, 654-665.
- Vermeulen, M. y Leona, M. (2019). Evidence of early amorphous arsenic sulfide production and use in Edo period Japanese woodblock prints by Hokusai and Kunisada. *Heritage Science,* 7, 73, 11 pp.
- Whorton, J. C. (2010). *The arsenic century. How Victorian Britain was poisoned at home, work & play.* Oxford University Press.

El arsénico en el siglo XX *y* XXI

Durante el siglo XX las aplicaciones del arsénico se han ido modificando según han ido aumentando los conocimientos sobre este elemento. Lógicamente, se dejó de usar como colorante de tejidos, papeles y velas debido a sus tóxicas propiedades. En el caso de los productos cosméticos también se eliminó por completo su uso. La ciencia ya había demostrado sobradamente que su presencia producía más inconvenientes que ventajas y que, realmente, lo único que se conseguía con estos productos era un envenenamiento crónico.

Aun así, no pensemos que el arsénico se ha dejado de utilizar en décadas más recientes; durante la primera mitad del siglo XX jugó un gran papel tanto en la Primera como en la Segunda Guerra Mundial y todavía se emplea hoy en día en ciertas aplicaciones tecnológicas que exploraremos al final de este capítulo.

GASES TÓXICOS

El arsénico ya se había empleado como arma en la Antigüedad, fabricando proyectiles y granadas que liberaban gases tóxicos al quemarse. Por otro lado estaba el famoso fuego griego, que se piensa que contenía este elemento, por lo que no debería sorprendernos mucho que este particular uso se volviera a retomar, eso sí, de forma un poco diferente.

Aunque ya en 1854 el arsénico llamó la atención por su potencial para ser empleado como arma, otras sustancias más fáciles de conseguir y de manipular le quitaron el protagonismo. Hubo que esperar hasta la Primera Guerra Mundial, con el inicio de la guerra química, para que reapareciera de nuevo en nuestros horizontes.

En la Primera Guerra Mundial (1914-1918), debido al uso de armas químicas, se produjeron más de 1,3 millones de víctimas y cerca de cien mil fallecidos. Entre estas armas químicas destacan tristemente el gas mostaza y el gas de cloro. Sin embargo, no fueron los únicos materiales tóxicos utilizados en aquel momento; concretamente, se fabricaron más de once mil toneladas de compuestos de arsénico en Francia y Alemania con fines bélicos durante esa misma época.

Las armas químicas se pueden presentar de diferentes maneras, como las contenidas en el interior de distintos tipos de munición (bombas, proyectiles, granadas) hasta los propios agentes químicos como tal (gases, aerosoles...). El uso de estas armas no era desconocido en décadas anteriores pero fue entre 1913 y 1918 cuando se desarrollaron los diversos tipos de compuestos de arsénico que pasaron a unirse a la triste y larga lista de armas químicas. Una gran cantidad de estas armas arsenicales fueron probadas durante la guerra, sobre todo por el bando alemán, en algunos casos mezcladas con otras sustancias, como el gas mostaza, para crear agentes todavía más mortales.

Alemania contaba con una zona de experimentación en Münster, en la parte oeste del país. Las pruebas que se realizaron allí dejaron más de un millón de proyectiles repartidos por el suelo que lo fueron contaminando progresivamente, según iban pasando los años y se iban corroyendo y destruyendo debido a las inclemencias del tiempo. Entre 2008 y 2009 se analizó el suelo de esa zona y se detectó que contenía entre 496 y 536 miligramos de arsénico por kilogramo de tierra, una cifra casi cien veces superior a la concentración media de los suelos. Pero esta no era una situación excepcional, los aliados también contaban con una zona de pruebas de armas químicas en Porton Down (Inglaterra) donde se probaron, entre otros, el gas mostaza. En la actualidad este lugar todavía continúa siendo un centro de investigación de armas químicas y bacteriológicas del gobierno británico.

Aunque los agentes químicos con arsénico fueron probados a gran escala por los dos bandos, en realidad apenas se usaron durante la guerra. Sí encontramos un ejemplo de uso de este tipo de gases en el año 1917, en una trinchera en el frente occidental, concretamente se llevó a cabo un ataque en el que se empleó difenilcloroarsina. Este compuesto químico de cloro y arsénico, conocido comúnmente como Clark I, muy venenoso, tenía la propiedad de ser capaz de atravesar los filtros de las máscaras de gas, lo cual suponía una gran ventaja para el enemigo. Al Clark I le sucedió pronto el Clark II en 1918, con unas propiedades muy similares.

Un gas llamado adamsita (difenilaminocloroarsina), con cloro y arsénico en su composición, fue sintetizado por primera vez en Alemania en 1915 por Heinrich Otto Wieland, que ganó en 1927 el Premio Nobel de Química por su investigación sobre ácidos biliares. Por su parte, en Estados Unidos, este mismo compuesto químico lo sintetizó Robert Adams en 1918, que además fue quien le dio el nombre. En el primer caso llevaron a cabo pruebas con la adamsita en Münster y en el segundo caso en Porton Down, ya al final de la Primera Guerra Mundial. La adamsita cuando está a temperatura ambiente suele formar cristales de un color verdoso o amarillento pero cuando está en presencia de una fuente de calor, se dispersa en forma de una nube amarilla que cuanto más amarilla es, más concentrada está. Este gas nunca se llegó a usar en la guerra como arma porque se consideraba que no era lo suficientemente letal, pero los efectos que generaba eran muy similares a los del Clark I. Era venenoso si se inhalaba, ingería o si entraba en contacto con la piel. Los síntomas más frecuentes consistían en irritación de ojos, tos, estornudos y vómitos. Además, en algunos casos podía generar pérdida de sensibilidad en las extremidades. Estos síntomas no aparecían de forma inmediata en cuanto uno estaba expuesto al gas, normalmente solían aparecer pasados algunos minutos.

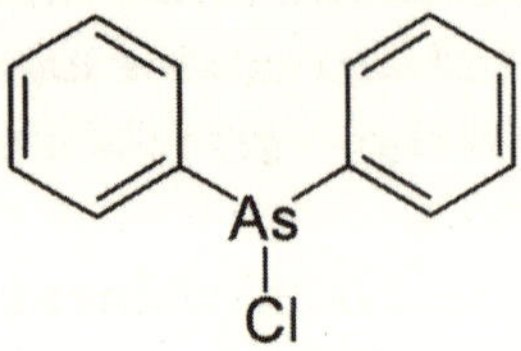

CLARK I

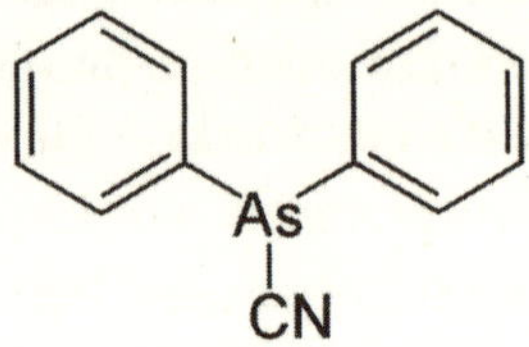

CLARK II

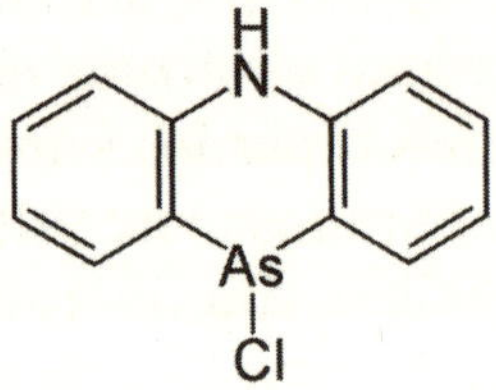

ADAMSITA

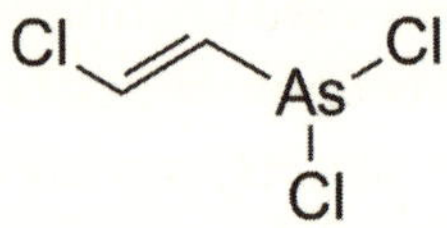

LEWISITA

Estructura química de los gases arsenicales sintetizados durante la primera mitad del siglo XX con la intención de ser empleados con fines bélicos.

Tanto el Clark I como la adamsita se usaban en forma de aerosoles, generalmente en el interior de granadas o de generadores de humo, mezclados con otros compuestos que eran los encargados de producir los efectos letales. De esta forma, debido a estos gases de arsénico (que producían toses, estornudos y vómitos), los soldados se veían obligados a quitarse las máscaras de gas, quedando directamente expuestos a los efectos del otro agente químico.

En la Primera Guerra Mundial, la batalla de Verdún (Francia), que tuvo lugar en 1916 es considerada una de las más largas en la historia, con diez meses de duración. Durante ese tiempo se lanzaron millones de proyectiles y granadas de los cuales un gran número contenían arsénico. Un estudio llevado a cabo en 2007 detectó que los niveles de arsénico en el suelo de esa zona eran entre mil y diez mil veces superiores a los habituales (aparte de encontrarse otros muchos elementos tóxicos como mercurio, plomo, cloro…), lo que demuestra la magnitud de la catástrofe ambiental, además de humana, que allí se produjo. En la actualidad cada año se recuperan toneladas de elementos como granadas y proyectiles que todavía no han explotado.

Aunque se desarrolló otro agente químico años antes de la Primera Guerra Mundial con cloro y arsénico en su composición, el conocido como lewisita, concretamente en 1903, no fue hasta después de esta guerra cuando se empezó a fabricar en Estados Unidos y en Alemania. Más que para matar, la intención con este producto era sembrar el terror y el pánico entre las filas enemigas, al igual que sus predecesores.

Durante la Segunda Guerra Mundial (1939-1945) se retomó la fabricación de lewisita en grandes cantidades en varios países, entre ellos Estados Unidos, Inglaterra,

Póster de identificación de gases de la Segunda Guerra Mundial donde está escrito que la lewisita huele como los geranios, que es un irritante nasal, que causa quemaduras en la piel. National Museum of Health and Medicine [Wikimedia Commons].

Alemania y Japón, aunque no se llegó a usar en combate nunca, al igual que otros compuestos de arsénico de los que hemos hablado antes. Por ejemplo, según algunas cifras, entre 1935 y 1945 se fabricaron unas mil quinientas toneladas de Clark I y unas tres mil novecientas de adamsita. Sin embargo, aunque no llegó a afectar a los soldados de forma directa, sí que afectó a una parte de la población, aquella que se vio expuesta al arsénico durante el proceso de fabricación de las susodichas armas.

Algunos de los gases arsenicales mencionados, como la adamsita, se han empleado como método de control en manifestaciones, con un destino similar al del gas lacrimógeno. Los efectos en este caso solían durar una media hora como mucho, dada la baja exposición, aunque exposiciones más prolongadas sí podían dar lugar a síntomas muy serios. Por este motivo, fue prohibido su uso contra civiles en varios países en la década de 1930.

Tampoco la población durante la guerra de Vietnam se libró de los efectos del arsénico. Estados Unidos, inspirado por el uso de las tropas británicas de herbicidas para acabar con el suministro de alimento de los enemigos, empleó el llamado agente azul (además de otros agentes como el naranja, mucho más conocido) sobre los campos de Vietnam. Este agente azul, junto a otros, destruía las cosechas y también el espeso follaje que servía para que se escondieran las tropas enemigas. Concretamente, el agente azul (un compuesto orgánico que contiene arsénico) se empleó a gran escala para acabar con los cultivos de arroz y para controlar la altura de los campos de caña de azúcar. Hacían falta varias aplicaciones sucesivas para que tuviera efecto y, aunque en ese momento no se consideraba que fuera tóxico para las personas, el ejército de los Estados Unidos sí recomendaba no ingerirlo ni dejarlo en contacto con la piel mucho tiempo. Aun así, los barriles que se empleaban como contenedores los solían usar después los soldados, sin haberlos limpiado demasiado, para recoger agua para bebérsela o para lavarse con ella.

Se calcula que se esparcieron entre ocho y quince millones de litros de agente azul sobre Vietnam durante la guerra, producto que se estuvo empleando hasta 1971. Hoy en día todavía se cultiva arroz con altos contenidos en arsénico en la zona debido al suelo contaminado, tema del que hablaremos más adelante en otro capítulo.

Tanto el personal que se encargaba de rociar los campos mediante sistemas manuales o desde helicópteros o aviones, como las personas que vivían cerca de esos terrenos, estaban expuestas a este arsénico de forma constante, algo que ya hemos visto que no era precisamente bueno. En la década de 1970 salieron a la luz distintos informes donde se mencionaba el aumento de malformaciones en los niños, problemas respiratorios y aumento de cáncer en la población debido a estos herbicidas.

Hasta bien entrada la década de 1970, gran parte del armamento que no se llegó a utilizar durante los conflictos ya mencionados, estamos hablando de cientos de miles de toneladas de proyectiles, granadas, etc., con contenidos de arsénico nada despreciables, terminó en el fondo del mar en una serie de zonas de depósito. Lógicamente, las corrientes marinas hicieron que parte de esta munición se fuera redistribuyendo por el mar. Desde entonces, se han producido numerosos incidentes con esta munición química que, con el paso del tiempo, ha empezado a estropearse tras corroerse sus contenedores; de hecho, en el periodo entre 1995 y 2009, hubo un total de 102 incidentes en el Mar Báltico con armamento atrapado en redes de pesca, ocasionando problemas de salud y heridas diversas en los marineros.

Como herencia del uso de este tipo de armas, existen muchas zonas y suelos que todavía hoy en día presentan niveles de contaminación por arsénico superiores a lo considerado normal, como es el caso de Münster, Verdún o los fondos marinos de distintos lugares. A pesar de todo, en las últimas décadas, se han ido llevando a cabo distintas misiones de destrucción controlada de este tipo de munición para que no causen más daños en el futuro.

A esto hay que sumarle la Convención sobre armas químicas, un tratado internacional que se firmó en 1993 pero que no entró en vigor hasta abril de 1997. Este tratado establece que deben destruirse las armas químicas almacenadas en un plazo de tiempo específico. Obliga básicamente a cada estado firmante a no desarrollar, producir, adquirir o almacenar armas químicas, a no emplearlas y a destruir las que tenga en su poder. El tratado controla, en primer lugar, las sustancias químicas que pueden ser usadas como armas, y en segundo lugar, aquellas sustancias que pueden ser empleadas para la fabricación de armas químicas. Entre las sustancias químicas controladas están, por ejemplo, la lewisita o el tricloruro de arsénico. De los 197 países o partes que podrían adherirse al tratado, en la actualidad hay 193 firmantes, siendo Palestina el que se incorporó más recientemente, el 17 de mayo de 2018.

PLAGUICIDAS

Junto a los herbicidas, como el agente azul del que acabamos de hablar, existen otros muchos productos destinados a acabar con las plagas que tienen arsénico en su composición. Primero hablaremos de los plaguicidas y después de cómo algunos de estos productos todavía continúan empleándose hoy en día en algunos países.

Ya a finales del siglo XVIII en el *Semanario de Zaragoza*, una de las publicaciones periódicas aragonesas más relevantes del momento, aparecieron varios textos haciendo referencia a cómo se podía acabar con las hormigas empleando arsénico en polvo mezclado con trigo. Sin embargo, ya se mencionaba también que podía tener efectos no deseados. En un caso concreto en el que se echó este producto sobre un terreno con plantas, se constató que todas las plantas de la zona se secaron, lógicamente debido a los efectos tóxicos del arsénico.

El progreso agrícola y pecuario fue un periódico fundado en 1895 en Madrid que estaba dedicado a la agricultura y ganadería, entre otros sectores, y que estuvo en activo hasta bien entrado el siglo XX. En varios de sus ejemplares se puede encontrar un peculiar anuncio sobre un producto a base de arseniato de plomo que decía acabar con las plagas y que podía ser empleado tanto en el jardín como en frutales o viñedos.

El uso de pesticidas o plaguicidas con arsénico, cobre o plomo se conoce desde el inicio del siglo XIX, destacando entre ellos el arseniato de cobre, conocido también como verde París, del que ya hemos hablado por su uso como pigmento. Concretamente, este producto se empleó con gran éxito para acabar con una plaga de escarabajos en cultivos de patata en Estados Unidos y en plagas de varios tipos de polillas en las décadas de 1860 y 1870.

No fue hasta 1892 cuando se empezó a emplear por primera vez el arseniato ácido de plomo ($PbHAsO_4$) para acabar con un tipo de polilla que fue introducida a finales de 1860 en Estados Unidos y que rápidamente se convirtió en un problema para los cultivos. Se usó como sustituto del arseniato de cobre ya que, al contrario que este, no producía efectos fitotóxicos si se empleaba en grandes dosis.

Anuncio aparecido en *El progreso agrícola y pecuario* del arseniato de plomo Casellas para acabar con las plagas [Biblioteca Nacional de España].

Se extendió su uso en esa misma época en cultivos de manzanos, donde otra especie de polilla hacía estragos en la cosecha. Este plaguicida era muy fácil de usar, era muy barato y tenía efectos casi inmediatos que además duraban bastante tiempo ya que se quedaba adherido a las hojas de las plantas, de ahí que su uso estuviera tan extendido entre los agricultores.

El arseniato de plomo lo podían adquirir los agricultores en dos formas: como polvo o como pasta. El polvo era fácil de guardar de una temporada a otra aunque era mucho más caro que la pasta. Aproximadamente, se estima que en los campos estadounidenses se empleaban caldos con hasta dos kilos de arseniato de plomo por cada 4200 litros de agua, y que se esparcía sobre los cultivos varias veces a lo largo de la temporada. Durante la Primera Guerra Mundial el precio del plomo aumentó considerablemente, por lo que el arseniato de plomo fue sustituido por otros productos más baratos, como el arseniato de calcio, de propiedades similares.

Foto de 1938 en la que se ve a un agricultor pulverizando arsénico disuelto en agua sobre los cultivos con una mochila (Margate, Reino Unido).

Debido al uso extendido de este tipo de plaguicidas, las plagas se fueron haciendo cada vez más resistentes. Aparecieron otros plaguicidas que eran más efectivos y menos tóxicos para el ser humano en comparación con los arsenicales, por lo que poco a poco los agricultores los fueron sustituyendo. Aun así, sí que se mantuvo el uso del arseniato de sodio incluso después de ser prohibido. Sin embargo, no todos los problemas se acabaron con la prohibición de este producto arsenical. Muchos de los campos de manzanos que fueron abandonados en Estados Unidos, donde todavía quedaba mucho arsénico en el suelo, se convirtieron décadas después en viñedos, que fueron tomando el arsénico del suelo y acumulándolo en los frutos y, en consecuencia, en los vinos fabricados a partir de ellos.

Por otro lado, en España estos plaguicidas arsenicales tampoco eran unos desconocidos, ya que hemos visto que se anunciaban en periódicos de forma habitual. De hecho, el arseniato de plomo se introdujo aproximadamente en la década de 1930 en el país para intentar proteger los cultivos del temido escarabajo de la patata, plaga de origen norteamericano. Este plaguicida se estuvo empleando durante muchas décadas hasta que en 1970 finalmente se prohibió debido a los problemas de contaminación y salud que acarreaba.

EL ARSÉNICO HOY EN DÍA

Hemos visto diversas aplicaciones del arsénico tanto en medicina como en papeles de pared, matamoscas o con fines bélicos. Casi todas estas aplicaciones están prohibidas debido a los riesgos para la salud que conllevan, pero eso no implica que el arsénico haya desaparecido de nuestras vidas. A pesar de su toxicidad, el arsénico continúa siendo un elemento relativamente frecuente en diferentes áreas. Entre las aplicaciones más relevantes destacan la agricultura (aunque ya está claramente en desuso, tal y como se ha comentado anteriormente), la medicina y la electrónica, entre otras.

En épocas pasadas hemos visto que el arsénico se usaba fundamentalmente para acabar con plagas, ya fuera en forma de herbicidas, insecticidas, pesticidas, fungicidas y raticidas, o para acabar con cualquier otra alimaña para proteger las cosechas. Aunque los compuestos inorgánicos de arsénico ya no se pueden emplear en este sector, ciertos compuestos orgánicos sí se emplean todavía en algunos cultivos de algodón. Por ello, tampoco se puede decir que el uso de estos compuestos en agricultura haya desaparecido por completo.

Otro de los usos más extendidos de los compuestos de arsénico es como conservante de la madera, ya que al aplicarse sobre esta acaba con insectos, bacterias y hongos y evita que se deteriore o pudra con el paso del tiempo. Concretamente, se usa como conservante un arseniato de cobre y cromo (llamado CCA por sus siglas en inglés) cuyo uso viene siendo habitual desde mitad de 1930. Gracias al cromo se evita la aparición de hongos y la fijación de otros compuestos químicos en la madera, el cobre es un potente fungicida y el arsénico es el encargado de acabar con los insectos, como las termitas, por ejemplo. Este tratamiento hace que la madera sea mucho más resistente, pudiendo incluso usarse en zonas en contacto con agua marina, ya que no se disuelve en el agua. Este compuesto le da a la madera un tono verdoso que con el tiempo se torna hacia el gris, lo que le da un color característico haciendo muy sencillo identificar qué madera ha sido tratada con él.

Aunque el CCA no es tóxico como tal para el ser humano, sí existen ciertas limitaciones respecto a su uso en comederos, bebederos, incluso en zonas residenciales en parques de juego, mesas de picnic, etc. Por ejemplo, en Estados Unidos desde el año 2003 está prohibido su uso para las aplicaciones anteriormente mencionadas. De igual forma, en Europa hay legislación al respecto, y se permite su uso en puentes, construcciones, muros de protección de aludes, barreras y vallas de carreteras, postes de electricidad o telecomunicaciones, pero se prohíbe su empleo desde 2004 en zonas residenciales o cuando haya riesgo de que las personas entren en contacto repetidas veces con la madera tratada con este compuesto.

Por otro lado, en medicina todavía se sigue empleando el arsénico en algunos tratamientos contra el cáncer, aunque está muy lejos de los antiguos y rudimentarios tratamientos que llevaban a cabo los médicos en siglos pasados. Se emplea específicamente para tratar la leucemia promielocítica aguda, un tipo de leucemia en la que no se desarrollan o funcionan de forma normal las células de la médula ósea encargadas de generar células sanguíneas. En concreto, se emplea el trióxido de arsénico como tratamiento ya que tiene pocos efectos secundarios si se administra la dosis correcta. En algunos casos todavía se emplean algunos compuestos orgánicos e inorgánicos de arsénico para elaborar productos farmacéuticos, aunque, como se puede suponer, en dosis muy bajas y no tóxicas para el ser humano.

En el sector de la electrónica se emplea arseniuro de galio (GaAs) para fabricar células fotovoltaicas, diodos láser o circuitos integrados entre otros componentes, debido a sus propiedades como semiconductor, es decir, este compuesto puede ser conductor o aislante en función de las condiciones reinantes. Lejos de otros semiconductores que están formados por un solo elemento, llamados semiconductores elementales, como el silicio o el selenio, el arseniuro de galio cuenta con dos elementos: el arsénico y el galio. Los electrones que contiene este compuesto, encargados de desplazar la carga eléctrica, se pueden mover mucho más y a mayor velocidad, por tanto, pueden transportar una carga eléctrica muy superior que el silicio, casi el doble, de ahí su uso en células fotovoltaicas. Sin embargo, el uso del arseniuro de galio encarece bastante el producto, dado que el galio es un elemento relativamente escaso y complicado de obtener, por eso su uso no está tan extendido como uno podría pensar.

Algunos satélites, concretamente el MidSTAR-1 perteneciente a Estados Unidos y que fue lanzado el día 9 de marzo de 2007, están recubiertos de paneles solares con arseniuro de galio por su alta eficiencia.

Por otra parte, en los microprocesadores de teléfonos móviles, tabletas y otros dispositivos electrónicos, se puede encontrar arseniuro de galio, además de en láseres y diodos que emiten luz, empleados en equipos de reproducción de discos. Otro compuesto de indio, arsénico y galio (InGaAs), también semiconductor, se emplea en electrónica y fotónica, por ejemplo, en láseres o en detectores de infrarrojos.

El disulfuro de arsénico (As_2S_2) se empleaba hace unas décadas como pigmento para la fabricación de fuegos artificiales, aunque por su toxicidad se ha prohibido ya en muchos países. Cuando se produce la explosión, al entrar el arsénico en contacto con el oxígeno se produce una fuerte luz. De igual modo, en ocasiones se utiliza arsénico en pinturas, cerámica o vidriería como colorante.

En la industria del vidrio se usaba hasta hace poco tiempo trióxido de arsénico durante el proceso de refinado como decolorante. El arsénico era el encargado de eliminar el color verde que aparece debido a la presencia de impurezas de hierro, al oxidarse en su presencia, además de para eliminar las posibles burbujas que pueden aparecer durante el proceso de fundición. En la actualidad se emplean otras sustancias no tóxicas.

El arsénico, que ya hemos visto que se usaba de forma bastante habitual en taxidermia en el siglo XVIII, se ha empleado hasta hace poco en el curtido de pieles, para transformar la piel de los animales en cuero; como durante la operación de remojo, cuyo objetivo es volver a hidratar la piel y comenzar a limpiarla, o durante el pelambre, donde se busca eliminar las raíces de pelo. Sin embargo, debido de nuevo a los problemas de toxicidad que lleva asociados, está en desuso frente a otros compuestos menos nocivos.

Por último, en metalurgia, el arsénico en forma elemental (As) se emplea para fortalecer ciertas aleaciones de plomo, entre otros metales, de cara a fabricar distintos productos, como baterías para automóviles o dispositivos semiconductores. Otra aleación que resulta de gran interés es la de magnesio con pequeñas cantidades de arsénico, que incluso podría llegar a sustituir en el futuro al aluminio y al acero en algunos componentes para automóviles ya que es muy ligero y el riesgo de corrosión se reduce considerablemente. Un último ejemplo sería el del uso del arsénico en munición, ya que ayuda a crear perdigones que son más duros y de formas más redondeadas.

Por mucho que en la actualidad el arsénico sea un producto muy tóxico en pequeñas dosis, no implica que para todas las aplicaciones comentadas en este capítulo no resulte de utilidad, después de todo, la dosis hace el veneno y también la forma en que el arsénico está presente, si se trata de un compuesto orgánico o inorgánico, y de dónde se emplea. Desde luego, que un satélite que está a cientos o miles de kilómetros sobre nuestras cabezas contenga arsénico, por mucho que haya, no parece suponernos un gran peligro excepto si se nos cae encima.

PARA LEER MÁS:

- Bausinger, T. y Preuß, J. (2005) Environmental Remnants of the First World War: Soil Contamination of a Burning Ground for Arsenical Ammunition, *Bulletin of Environmental Contamination and Toxicology*, 74, 1045-1052
- Bertomeu Sánchez, J.R. (2009). Los plaguicidas arsenicales. *Investigación y ciencia*, noviembre 2019.
- OPAQ (2005). *Convención sobre la prohibición del desarrollo, la producción, el almacenamiento y el empleo de armas químicas y sobre su destrucción.* Organización para la Prohibición de las Armas Químicas.
- Pascandola, J. (2012). *King of poisons.* Potomac Books.
- Radke, B.; Jewell, L.; Piketh, S. y Namiesnik, J. (2014) Arsenic-Based Warfare Agents: Production, Use, and Destruction, *Critical Reviews in Environmental Science and Technology*, 44:14, 1525-1576.
- Schooley, T., Weaver, M.J., Mullins, D. y Eick, M. (2008). The history of lead arsenate use in apple production: comparison of its impact in Virginia with other states. *Journal of Pesticide Safety Education,* 10, 22-53.

El arsénico como contaminante

En la actualidad podemos entrar en contacto con el arsénico en muchos lugares y en gran parte del entorno que nos rodea, aunque normalmente en cantidades casi inofensivas. La propia naturaleza nos desafía constantemente y nos hace descubrir arsénico en zonas insospechadas. En septiembre de 2007 el impacto de un meteorito en Puno (Perú) creó un cráter de trece metros de diámetro que pulverizó grandes cantidades de agua subterránea contaminada con arsénico. Parte de este polvo lo inhaló la población local, que rápidamente empezó a mostrar un gran malestar. Esta situación se debió a un incidente fortuito e impredecible, pero hay otras situaciones que, como veremos, sí podrían ser evitables.

¿Dónde puede cruzarse en nuestro camino este tóxico elemento? Una de las varias formas es a través de nuestra alimentación. En función del tipo de dieta que sigamos, y también del lugar del planeta en donde vivamos, algunos alimentos contendrán más o menos arsénico, aunque casi siempre en dosis tan bajas que ni siquiera nos vamos a dar cuenta y que, desde luego, no van a tener efecto alguno en nuestro organismo.

La contaminación con arsénico puede ser en un primer lugar de origen natural. Las propias rocas del subsuelo pueden contener minerales de arsénico y este elemento dispersarse debido a la acción del agua por los alrededores. En segundo lugar, puede ser el propio ser humano el que ayude a extender esta contaminación sin pretenderlo. Pensemos en una mina donde hay minerales de arsénico que han quedado acumulados en las grandes montañas que forman los desechos mineros. De nuevo, debido a la acción del agua y del aire, puede acabar en el suelo y en las aguas subterráneas. Una situación parecida se puede dar en las minas que han sido abandonadas sin ser sometidas a una correcta restauración. Otras posibles fuentes de contaminación son la quema de carbones que contienen arsénico o los vertidos industriales.

Hemos visto que en el siglo XIX y en parte del siglo XX el uso de plaguicidas a base de arsénico estaba muy extendido en ciertas regiones de Estados Unidos y de otros países. En algunas de esas zonas todavía queda demasiado arsénico en los suelos y los cultivos que crecen ahí pueden estar contaminados o, tal y como se explicaba en el ejemplo de los campos de manzanos reconvertidos a viñedos, puede acabar en nuestras copas.

Aunque hay arsénico en prácticamente todo el planeta, la contaminación por arsénico no está distribuida de manera uniforme entre regiones y continentes. Es la zona asiática la que presenta un nivel de riesgo mucho más elevado. En algunos puntos, el contenido de arsénico en las aguas es tan alto que genera serios problemas de salud en los que habitan en la zona; veremos el caso de Bangladés, uno de los más relevantes a nivel planetario, pero que por desgracia tampoco es el único.

Se estima que más de doscientos millones de personas (algunos estudios menos optimistas incluso dicen que podrían llegar a ser quinientos millones) se estarían envenenando poco a poco debido al consumo de agua que contiene cantidades de arsénico muy superiores a las recomendadas.

A esto hay que sumarle que el arsénico puede estar no solo en el agua, sino también en nuestra comida. Ya sea porque hemos regado los cultivos con agua contaminada o porque lo que comemos tiende a acumular este elemento. Aun así, el arsénico presente en la comida es algo menos peligroso que el presente en el agua, ya que en este último caso está disuelto y es más sencillo que sea absorbido al entrar en nuestro sistema digestivo.

Los síntomas más habituales, al ser el contacto con este elemento tóxico relativamente bajo pero continuado en el tiempo, son problemas en la piel (como engrosamientos), especialmente en las plantas de los pies y manos, que se puede combinar con cambios en la coloración, oscureciéndose considerablemente por zonas. Otros problemas que puede generar, aunque pueden ser también debidos a otras causas no arsenicales, son enfermedades pulmonares, cardiovasculares o diabetes. En estadios más avanzados, puede dar lugar a cáncer de piel, además de cáncer de estómago, de pulmón y de otros órganos internos que han estado expuestos a este elemento.

Con este capítulo no se busca el alarmismo, dado que la gran mayoría de nosotros estamos muy alejados de las máximas dosis diarias recomendadas de ingestión de arsénico. Sin embargo, es importante conocer que no en todas partes tienen tanta suerte y que hoy en día es un problema que aún persiste en algunas regiones del planeta.

ARSÉNICO EN LA COMIDA

Por mucho que nos pueda sorprender, nuestra comida puede contener arsénico, eso sí, en unas dosis que, por norma general, pasan totalmente inadvertidas. En un estudio llevado a cabo en Estados Unidos se vio que un kilogramo de pollo (sin cocinar) puede tener una media de 0,08 miligramos de arsénico y un kilogramo de cerdo unos 0,02 miligramos. No solo los filetes pueden tener arsénico; algunos vegetales como las zanahorias, las patatas o la lechuga pueden acumular este elemento. Aunque si hay un alimento potencialmente arsenical por excelencia es el arroz, les gana a todos por goleada. Parte del arsénico que contiene el arroz puede proceder de las aguas de riego contaminadas pero también del propio suelo donde crece.

La cantidad de arsénico que hay en los suelos de forma natural no suele superar los cinco miligramos por kilogramo

Agricultores en un campo de arroz en Banaue, Filipinas [Michel Arnault].

de suelo, pero en el caso de suelos contaminados esta cifra puede llegar hasta los cien miligramos. La fuente de esta contaminación puede ser muy diversa y va a influir directamente en el contenido de arsénico que tendrán luego las plantas.

Las plantas que crecen en ese tipo de suelos contaminados pueden absorber parte del arsénico en sus raíces o en sus tallos. Aun así, cada parte de la planta no absorbe el arsénico de la misma manera. Por ejemplo, analizando una planta de arroz, las raíces suelen contener casi veinte veces más arsénico que los propios granos, y lo mismo sucede con otros tipos de plantas. De todos los cereales que consumimos, el arroz contiene entre diez y veinte veces más arsénico que el resto debido a las peculiaridades de su proceso de cultivo. Para obtener tan solo un kilo de arroz hacen falta unos cinco mil litros de agua para que una parte de las plantas esté siempre sumergida. No es de extrañar que por eso sea uno de los cultivos más populares en los deltas de los ríos y en zonas húmedas, donde hay más fuentes de agua disponibles.

El contenido de arsénico del arroz va a cambiar mucho en función de dónde se haya cultivado, de qué tipo de suelos haya en la zona, de sus concentraciones de arsénico y también de cómo sea el agua empleada para el riego. Tampoco todos los tipos de cultivos de arroz son iguales, algunos necesitan menos agua que otros y eso va a influir bastante en el contenido final de arsénico.

Cojamos por ejemplo un arroz cultivado en Bangladés, que podría tener una concentración media de arsénico de 0,19 miligramos por kilogramo. Este arroz ya tendría casi el doble de arsénico de lo que tendría uno cultivado en Tailandia, que a su vez sería el doble de contenido que uno cultivado en Italia (que rondaría ya los 0,05 miligramos por kilo). Pensemos que el arsénico no es solo tóxico para nosotros, del mismo modo lo es para la plantación de arroz; la producción puede verse afectada al reducirse la velocidad de crecimiento de las plantas, tardar más en salir, producir menos granos, etc.

Un factor a tener muy en cuenta es que tampoco es lo mismo comer el arroz crudo (por si hay algún extremista de la alimentación natural que haga eso) que cocinado, el contenido de arsénico va a ser diferente. Si cocinamos nuestro arroz con agua contaminada, el contenido total de arsénico en el arroz va a aumentar, posiblemente pueda llegar hasta a multiplicarse por dos. Lavar primero el arroz antes de cocinarlo ayuda a disminuir hasta un 10% el contenido de arsénico inorgánico presente en algunos tipos de arroces, nunca está de más ser precavido. Tampoco es lo mismo dejar cocer el arroz con el agua justa que ponerlo en un montón de agua (cinco partes de agua por una de arroz) aunque luego tengamos que tirar la mitad. En este segundo caso el arroz perdería parte del arsénico que contenía inicialmente y en el primer caso, con el agua justa, aumentaría un poco. Por supuesto, estamos hablando del peor de los casos posibles porque, normalmente, el contenido de arsénico en el arroz es muy, muy bajo.

En zonas donde la dieta está basada en el arroz, como puede ser en China o la India, en los que aproximadamente el 65% de la población se alimenta casi exclusivamente a base de este alimento, el que este arroz tenga elevados contenidos de arsénico puede suponer un grave problema a sus habitantes a medio y largo plazo.

En Europa existe un reglamento que se implantó en el año 2015 que limita la cantidad de arsénico inorgánico (el tipo de arsénico más peligroso) que puede contener el arroz comercial y los productos que emplean arroz como base, como algunos productos empleados en alimentación para bebés. Concretamente establece que la cantidad máxima de arsénico que puede tener el arroz blanco es de 0,20 miligramos por kilo, y el arroz destinado a fabricar productos de alimentación infantil 0,10 miligramos por kilo. Combinando esta información con lo que podría suponer una dosis tóxica de arsénico para una persona, tendríamos que comer de una sentada unos 350 kg de arroz para empezar a tener algún síntoma típico del envenenamiento con arsénico. En países que basan su dieta en este alimento, el problema ya no sería tanto intoxicarse con él de golpe, sino su efecto acumulativo, y el tiempo no perdona.

Que haya algo de arsénico en el arroz no impide que ya no podamos preparar una paella por semana, aun así, en el caso de los más jóvenes, hay que tener más cuidado simplemente porque su peso es menor y están más expuestos. Recordemos que parte del arsénico ingerido se va eliminando del cuerpo de forma natural, por lo que envenenarse con arroz en Europa es tan probable como cruzarnos con un unicornio en mitad de la calle y, gracias a la legislación vigente, el arroz y los productos derivados que podemos encontrar en los supermercados son totalmente seguros.

En España se producen más de 750 000 toneladas de arroz cada año, siendo las zonas de las marismas del Guadalquivir, el delta del Ebro y la Comunidad Valenciana las más productivas. Tanto el suelo como el agua de todas estas zonas tienen contenidos casi insignificantes de arsénico, entre 0,054 y 0,087 miligramos. Es el de Extremadura el que tiene mayores concentraciones de arsénico y los de Andalucia, Murcia y Valencia los que menos. Eso sí, como se puede ver, estos valores están siempre dentro de los límites establecidos por la normativa.

Por otro lado, hay que distinguir el arroz que se cultiva en España del que podemos encontrar en un supermercado cualquiera. Estudios llevados a cabo determinaron que el contenido de arsénico medio de un kilo de arroz que se vende en España en la actualidad ronda los 0,18 miligramos, valor que es ligeramente inferior al límite marcado por Europa.

Aun así, si hace falta hablar del arsénico en los alimentos, por mucho que el arroz esté en el pódium, es el marisco el que está en un desdichado primer puesto. Eso sí, no tiremos todavía nuestra recién cocinada mariscada a la basura.

Desde que se descubrió la presencia de arsenobetaína en las langostas a finales de la década de 1970, casi cincuenta compuestos de arsénico de tipo orgánico se han sumado a la lista. Sin embargo, gran parte de ellos aparecen en cantidades tan pequeñas que es prácticamente imposible medirlas y, desde luego, que causen síntoma alguno. Pero ¿de dónde proviene este arsénico? El agua de mar contiene dosis muy bajas de este elemento, del orden de 0,003 miligramos por litro de media, pero estos animales tienden a concentrarlo en su organismo. En primer lugar entra en la cadena alimenticia marina a través de micro algas y cianobacterias, luego se las comen las gambas, que se las comen los peces… que se los comen los humanos.

La arsenobetaína es, de todos, el compuesto orgánico de arsénico más abundante en el marisco, en las algas marinas y en algunos tipos de peces. Este compuesto tiene una toxicidad mínima y se elimina rápidamente a través de la orina, por lo que tampoco presenta riesgo de ningún tipo.

En función del tipo de dieta que lleves, los niveles de arsénico que expulses van a cambiar. En Japón, país donde se come mucho más marisco y pescado que en Europa, el contenido medio de arsénico en la orina de sus habitantes es casi diez veces superior. Esto lógicamente no implica que alguien les esté envenenando o que vayan a morir por comer mucho marisco, simplemente es indicativo del tipo de dieta que siguen.

Un estudio llevado a cabo en personas que habían comido langosta demostró que, tras las primeras doce horas, el arsénico procedente de la ingestión del animal se podía detectar en la orina pero que, transcurridos tres días, los niveles volvían a la normalidad. De hecho, la mayor parte de este arsénico desaparece de nuestro organismo tan solo veinte horas después de la ingesta ya que los riñones se encargan rápidamente de filtrarlo. Curiosamente, el arsénico presente en el marisco no se puede detectar mediante el test de Marsh del que hemos hablado en capítulos anteriores debido a la forma en que aparece, aunque sí hay otros métodos que son de utilidad.

ARSÉNICO EN EL AGUA

De forma natural, y debido a la existencia de zonas con minerales que contienen arsénico, el agua de lluvia o el agua subterránea va arrastrando el arsénico hasta llevarlo a lugares donde, por desgracia, el ser humano puede entrar en contacto con él. El contenido medio natural de arsénico de las aguas de ríos y lagos suele ser muy bajo, de entre 0,0001 y 0,0017 miligramos por litro y en el caso del agua del mar ya hemos dicho que suele tener, de media, unos 0,003 miligramos por litro. Aun así, estas cifras tampoco son exactas dado que en función de las características de cada región, puede variar ligeramente.

Si la cantidad de arsénico en el agua no es elevada no genera grandes problemas, sin embargo, hay zonas en las que se ha convertido en un problema de salud pública importante: China, Chile, México o Estados Unidos.

Ya en 1840 existía cierta preocupación por el agua potable contaminada con arsénico. Cerca de Viena, un grupo de jóvenes de una academia militar cayeron enfermos, alguno incluso llegó a fallecer, debido al agua contaminada que procedía de un pozo donde habían acabado unas ratas que habían muerto tras comer veneno para ratas (a base de arsénico, por supuesto). Al eliminar la fuente de contaminación, es decir, las ratas, parece que el agua ya no volvió a dar más problemas pero quedó claro que había que tener cuidado con lo que se bebía y de dónde.

La primera vez que se midió el arsénico en el agua fue en 1885; Fresenius, el mismo químico alemán del que hemos hablado antes en la evolución de los métodos de detección de arsénico, analizó el contenido de las aguas de varios balnearios ubicados en la ciudad de Wiesbaden, en el suroeste de Alemania. Según los análisis, el agua que surgía allí tenía unos contenidos de arsénico superiores a los 0,1 miligramos por litro. Aunque la cantidad es muy superior a los límites establecidos hoy en día, dado que su consumo no era muy elevado, se puede considerar que no era particularmente tóxica ni problemática para nadie.

Uno de los primeros casos de cáncer de piel debido a la ingestión «accidental» de arsénico se remonta hasta 1898, en Polonia, por beber durante años agua contaminada en un pozo. Tan solo dos décadas después tuvo lugar el primer caso de envenenamiento por arsénico a nivel poblacional, en Córdoba (Argentina) que afectó a miles de personas. Otros casos conocidos de envenenamiento han tenido lugar en Chile, Estados Unidos o Bangladés (de este caso hablaremos con más detalle), aunque en este último lugar no fue hasta 1980 cuando se empezó a tomar en serio el problema.

En las normativas vigentes sobre aguas en cada territorio se establecen una serie de límites de qué cantidades de qué elementos puede contener para que esta sea considerada potable, y el arsénico es uno de los elementos que siempre se mide por su elevada toxicidad. Por ejemplo, en España hasta 1990 el nivel máximo permitido de arsénico en las aguas era de 0,10 miligramos por litro, sin embargo, hoy en día esta cantidad se ha reducido hasta la mitad.

La Organización Mundial de la Salud (OMS) marca un límite todavía más bajo, concretamente, recomienda que no superen los 0,01 miligramos por litro de arsénico aunque también dice que en el caso de que no sea posible alcanzar estos niveles de referencia en algunos países, se debe poner el máximo empeño (empleando alguna de las técnicas de tratamiento existentes) en mantener el nivel lo más bajo posible. Uno de los países que tiene el límite de arsénico en agua más bajo es Australia, con 0,007 miligramos por litro. Por otro lado, la OMS recomienda la ingestión de un máximo de arsénico de 0,13 miligramos al día. Aunque en algunos países como Japón esta cifra es mucho mayor y en otros muchos es considerablemente inferior.

Si bebemos de forma puntual agua con algo más de arsénico de lo que marcan esos límites lo más probable es que no nos pase nada, siempre y cuando no supere el límite en el que empiezan a aparecer los síntomas o el límite que sí sería letal para el ser humano. Por el contrario, si estamos expuestos de forma continuada a aguas contaminadas con algo de arsénico, aunque no sea mucho, si es el único tipo de agua que tenemos disponible cerca y es lo único que bebemos, a largo plazo los riesgos son bastante elevados. Puede acarrear distintos problemas de salud, siendo uno de los más graves el desarrollo de cáncer en órganos como la piel, la vejiga, el estómago o los pulmones.

Con consumir aguas contaminadas con arsénico durante tan solo dos años ya podrían aparecer algunos de los primeros síntomas de envenenamiento como son los característicos problemas de piel, aparición de queratosis y cambios en la pigmentación. Las manchas con forma de gotas de lluvia de color oscuro que aparecen en las palmas de las manos, las plantas de los pies, el pecho, la espalda o el abdomen son una de las señales muy típicas también. Junto a estos síntomas pueden aparecer problemas de tipo respiratorio,

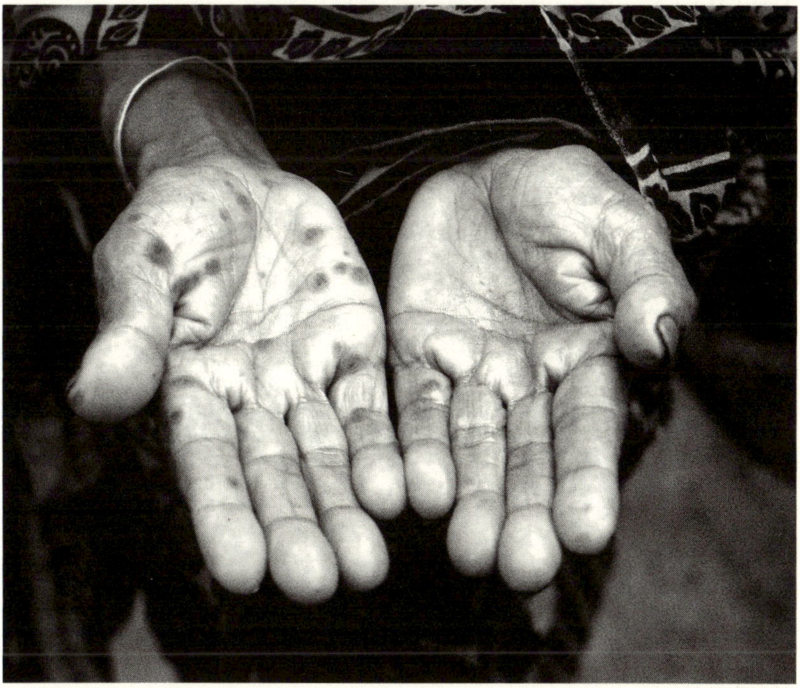

Uno de los primeros síntomas que pueden aparecer en personas que beben agua contaminada con arsénico, manchas de color oscuro en la piel. Anita Ghosh, Reach [Wikimedia Commons].

especialmente en aquellas personas que ya han desarrollado las manchas en la piel. En lo que a los órganos internos se refiere, pueden aparecer problemas en el hígado, riñón y en el sistema nervioso debido a esta exposición crónica. La enfermedad más grave es sin duda la aparición de tumores. En el caso de las mujeres, aumenta el riesgo de abortos, ya que tanto la madre como el feto están expuestos al arsénico; puede conllevar problemas en el desarrollo del feto, de tipo neurológico y cognitivo, además de un aumento en la tasa de mortalidad infantil.

Aun así, no todas las personas reaccionan de la misma forma ante los mismos niveles de exposición, aunque el riesgo aumenta al aumentar la concentración de arsénico en el agua. Por otro lado, aunque un paciente de una zona donde haya aguas contaminadas con arsénico presente cáncer, no tiene por qué estar relacionado estrictamente con este elemento, aunque sí es algo que incrementa considerablemente el riesgo de padecer esta enfermedad.

En la India, donde el problema es muy grave, se empezaron a hacer estudios de la calidad de las aguas y de su contenido en arsénico en 1976. En algunas zonas se llegaron a detectar niveles hasta cincuenta veces superiores a lo recomendado por la OMS. Sobra decir que las personas que tenían acceso a aguas de semejantes calidades con toda probabilidad tuvieron problemas muy graves de salud. Según estudios más recientes, aproximadamente el 19% de la población de la India estaría consumiendo agua con unos niveles de arsénico mucho más elevados de lo recomendable.

En Taiwán, el consumo de aguas contaminadas con arsénico ha generado en parte de la población una enfermedad específica de este país: la enfermedad del pie negro. En sus primeras etapas, los pacientes que sufren esta enfermedad sienten entumecimiento y frío en las extremidades, normalmente los pies. Según va progresando, los síntomas más característicos aparecen, como las úlceras, el ennegrecimiento de los pies y ocasionalmente de las piernas, y también fuertes dolores. Esta grave enfermedad puede dar lugar a gangrena (muerte de los tejidos debido a la falta de riego sanguíneo) y amputación espontánea de las partes más afectadas. Incluso tras amputar la zona afectada quirúrgicamente, el paciente puede seguir padeciendo la enfermedad, ennegreciéndose incluso hasta la parte alta de las piernas.

Ya se conocía la existencia de esta peculiar enfermedad hace unas décadas pero no fue hasta mitades del siglo XX cuando distintos casos que aparecieron en los periódicos hicieron que se tomara más en serio. El origen de la enfermedad del pie negro está en los pozos de abastecimiento de agua (principalmente los pozos artesianos) que usa la población local.

En este tipo de pozos se aprovecha el agua subterránea, que sube debido a la propia presión del agua a través de unos tubos de bambú instalados en el fondo del pozo. De tal forma, el pozo se va llenando de agua de forma continuada, agua que luego pueden recoger los habitantes. En unos análisis llevados a cabo en esos pozos, se encontró que el contenido en arsénico era casi siempre superior a los 0,3 miligramos por litro, treinta veces más que el nivel máximo recomendado por la OMS, y estamos hablando de valores mínimos ya que algunos pozos presentaban casi cien veces más. Por suerte, se instaló un servicio de abastecimiento público de agua en algunas zonas que hicieron que disminuyera la exposición de la población al arsénico. Desde el año 1990, no se han diagnosticado nuevos casos de esta enfermedad, aunque eso no significa que no siga habiendo peligro por beber aguas contaminadas con arsénico, porque siguen estando ahí.

En Japón existe otra enfermedad asociada a la contaminación con arsénico de aguas y suelos, se la conoce como enfermedad de Toroku. Lleva el nombre de la refinería de la mina de Toroku, situada en el distrito de Nishiusuki, en Miyakazi. Ya a finales del siglo XVII esta zona se sabía que estaba contaminada con arsénico pero en el inicio del siglo XX fue cuando este problema se agravó.

Entre 1920 y 1941, y posteriormente entre 1955 y 1962, se estuvo produciendo arsénico en la refinería a partir de arsenopirita, refinería que hoy en día es propiedad de Sumitomo Metal Mining Co, Ltd. Durante el proceso de refinado, se emitieron grandes cantidades de contaminantes a la atmósfera, entre ellos gases y cenizas arsenicales; esto, unido a la peculiar geografía de la zona, hizo que estos contaminantes se fueran acumulando y fueran envenenando a la población local. Tanto los trabajadores de la refinería como los habitantes desarrollaron síntomas compatibles con el envenenamiento crónico con arsénico. Estos contaminantes no solo afectaron a la población de forma directa, sino también de forma indirecta, al estar contaminada el agua con la que regaban los cultivos de arroz. La vegetación de la zona pronto se empezó a ver afectada, los árboles morían, los troncos de bambú se volvieron rojos y muchas cabezas de ganado murieron misteriosamente.

Los síntomas más habituales que mostraban los afectados eran cambios en la pigmentación de la piel, queratosis, neuritis, además de un aumento en los casos de cáncer de pulmón y del tracto urinario. Concretamente, de los siete miembros que conformaban la familia Kiemon Sato, residente en la zona, todos mostraron síntomas de envenenamiento y cinco murieron entre 1930 y 1931. Uno más murió en 1937 y otro en 1951, todos a edades muy tempranas.

A pesar de que hubo muchas quejas y denuncias sobre la situación, se llegó a construir un horno nuevo en 1955 para aumentar la producción. Un profesor que estaba casado con una mujer de la zona que todavía sufría esta enfermedad, junto a un periodista, consiguieron que el caso volviera a estar en boca de todos. En 1973 lograron que este mal de Toroku fuera considerado una enfermedad debida a la contaminación, pero hubo que esperar hasta 1975 para que tuviera lugar el juicio contra la compañía minera. A los habitantes se les dio entonces una primera compensación económica, basada fundamentalmente en los síntomas externos.

Con un gran descontento por esta solución, se creó una asociación de víctimas de Toroku y volvieron a denunciar a la empresa; ganaron, y en 1990 aquellos afectados recibieron de nuevo una compensación que, para muchos, llegó ya tarde.

Si nos vamos ahora hasta Madrid, el suministro de agua de la ciudad corre en su gran mayoría a cargo de la empresa Canal Isabel II que emplea aguas de tipo superficial para abastecer la red, tan solo un 2% de la población recibe agua procedente de pozos y de aguas subterráneas. Tal y como establece la ley, deben realizarse análisis periódicos para determinar la calidad de las aguas, que se ven complementados por otros estudios y controles de vigilancia que se llevan a cabo a nivel nacional. En uno de estos análisis rutinarios se detectó que había cantidades de arsénico superiores a las recomendadas en la red de pozos subterráneos por lo que se llevó a cabo un estudio que duró varios meses para intentar detectar la causa. Casi tres cuartas partes de los puntos de abastecimiento estudiados tenían un contenido extremadamente bajo de arsénico, inferior a los 0,01 miligramos por litro, un tercio tenían niveles de entre 0,01 y 0,05 miligramos por litro y tan solo un 4% presentaban niveles que superaban los límites establecidos. Obviamente, tras llevar a cabo este estudio, las zonas que tenían estos niveles anormales fueron descartadas como fuente de suministro de agua potable para la ciudad. Lo que podemos deducir de esto es que, da igual en qué zona estés, el arsénico siempre encuentra la forma de llegar hasta ti, por eso son tan importantes los análisis periódicos.

EL CASO DE BANGLADÉS

Bangladés está desde hace muchas décadas, por desgracia, asociado al consumo por parte de sus habitantes de aguas contaminadas con arsénico. Ya en los años noventa se vio que este elemento estaba casi omnipresente en todos los pozos de abastecimiento, y en cantidades nada despreciables. Tan grave era y es la situación que la OMS lo considera como el mayor caso de envenenamiento de la población de la historia ya que, al menos, un 40% de la población bebe agua con unas concentraciones de arsénico superiores a 0,05 miligramos por litro, cinco veces más de lo recomendable.

Hasta la década de 1930 el agua destinada al consumo humano procedía de pozos no demasiado profundos o de aguas superficiales, lo que daba lugar a problemas de proliferación de bacterias, y a enfermedades como el cólera y la disentería. Tras ponerse en marcha varios proyectos de distintas asociaciones y organizaciones sin ánimo de lucro destinados a captar aguas más profundas la situación comenzó a mejorar. Disminuyó considerablemente la mortalidad infantil pero, a cambio, algunas de estas aguas resultaron tener contenidos en arsénico mucho más elevados por lo que proliferaron los envenenamientos crónicos masivos en la población.

El sistema que emplearon para la construcción de los pozos fue introducir tuberías de hierro a través del suelo, ayudados por la capa de sedimentos blandos que hay en la parte superior, que estaban conectados en superficie a una serie de bombas de agua manuales que se empleaban para sacarla. En la década de 1970 se construyeron cerca de un millón de pozos con tuberías siguiendo este sistema y para inicios del siglo XXI probablemente ya había más de once millones.

Mujer extrayendo agua mediante una bomba manual en el distrito de Khuln (Bangladés). Sonia Hoque, Reach [Wikimedia Commons].

En 1983 un dermatólogo, el doctor Saha, fue el primero en diagnosticar la arsenicosis debido a la ingesta de agua contaminada con arsénico; varios pacientes de una ciudad cercana a Calcuta mostraban hiperpigmentación (manchas negras con forma de gotas de agua en la piel del pecho, brazos y piernas) y también tenían durezas en la manos y plantas de los pies. Tras analizar muestras de agua de varios pozos, detectaron la presencia de niveles muy elevados de arsénico. Los casos se fueron repitiendo y este mismo médico había ya diagnosticado más de mil doscientos casos para finales de la década de 1980. A pesar de todo, este problema no tuvo demasiada repercusión y tardó varios años en salir a la luz a nivel global.

La grave situación de Bangladés con el arsénico quedó en evidencia en la década de 1990 y, tras realizar distintos estudios, se vio que un problema que se pensaba que era solamente algo puntual, en realidad afectaba a casi la mitad del país. Tras analizar la geología de todas las regiones y elaborar una serie de mapas, se dieron cuenta de que la fuente del arsénico no era antropogénica, es decir, que no era el ser humano el responsable de esta contaminación, y que la explicación estaba en las rocas del subsuelo.

Los sedimentos del delta fluvial del Ganges y de varios ríos más que desembocan en el golfo de Bengala proceden del Himalaya. El material, con el paso del tiempo, ha ido erosionándose y atravesando toda la zona gracias a la acción del agua principalmente.

Estos materiales contienen minerales de hierro, que al entrar en contacto con el agua y el aire se van oxidando. Los óxidos de hierro tienen afinidad por el arsénico, es decir, según los materiales avanzan hacia el golfo de Bengala, van recolectando el arsénico que se encuentran a su paso. Al entrar a formar parte de los suelos, donde hay material biológico en descomposición y bacterias, en condiciones con poco oxígeno, el arsénico termina libre otra vez, contaminando las aguas. Por este motivo, en función del tipo de suelo que haya, y de las bacterias que estén degradando la materia orgánica presente en él, las concentraciones de arsénico serán muy distintas. Esto explica que las concentraciones de arsénico cerca del golfo de Bengala sean más elevadas que las que se pueden encontrar tierra adentro. Aun así, esta situación solo afecta a las zonas más rurales, y también más pobres, del país ya que en la capital y en las grandes ciudades, el agua se trata previamente o procede de acuíferos situados a mayores profundidades.

No pensemos que esto afecta solamente a Bangladés, en el colindante estado de Bengala occidental de la India se enfrentan exactamente el mismo problema la geología del suelo que sustenta a la población.

Entre las primeras medidas que se tomaron fueron la de pintar los pozos de extracción de agua en función de si el agua se podía beber (verde) o de si no se podía (rojo) tras haber analizado su calidad. Estos análisis los llevaban a cabo las mujeres mediante sencillas pruebas de campo en más de 50 000 pozos, aun así, resultó no ser un sistema demasiado eficaz. Años después se revisaron todos los pozos y se encontraron con que muchos de los que estaban pintados de verde en realidad tendrían que haber sido pintados de rojo (agua no apta para el consumo humano).

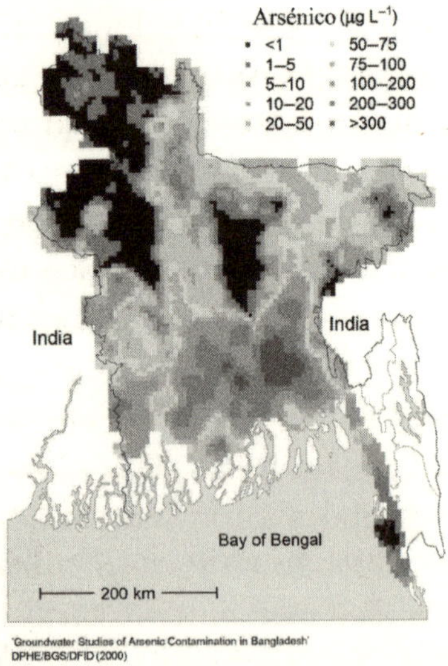

Mapa de concentraciones medias de arsénico en Bangladés. Las zonas con tonos grises más oscuros, hacia la bahía de Bengala, en la parte sur de país, son las que presentan mayores concentraciones. Fuente: BGS y DPHE. (2001).

Más recientemente, en la década de 2010, se han añadido placas de metal a los tubos que emplean un código de colores (azul, verde y rojo) para indicar el contenido en arsénico. Las placas rojas se colocan en fuentes donde el agua no es apta para el consumo porque contiene más de 0,05 miligramos por litro de arsénico. Este es precisamente el límite que establece Bangladés para que un agua no sea potable, muy lejos de los valores recomendados por la OMS. Aun así, estas placas tampoco son infalibles porque poco tiempo después, cuando se revisó el contenido de arsénico de las aguas de las bombas marcadas con placas verdes (ciento setenta en el estudio) el resultado fue que casi el 15% ya no eran aptas para el consumo por superar los límites establecidos.

Existen unos kits de ensayo que se pueden hacer en apenas diez minutos para los que solo hace falta coger cincuenta mililitros de agua que se piensa que puede estar contaminada. A la muestra de agua se le van añadiendo una serie de reactivos químicos en la botella destinada a ello con el fin de que dé lugar a la formación del gas arsina, dicho gas queda atrapado en una tira que puede teñirse desde un color amarillo claro hasta un naranja muy oscuro. El color se compara después con una escala de colores del fabricante que indica la concentración total de arsénico del agua.

Todo esto está muy bien si queremos saber rápidamente si podemos beber de un pozo o no, pero mucha gente lleva décadas sacando agua de zonas que ahora se sabe que están contaminadas. Pensemos que pueden pasar entre dos y diez años hasta que los primeros síntomas de envenenamiento se hagan visibles. Los médicos no tardaron mucho en empezar a detectar los primeros casos de personas con algunos síntomas preocupantes, como las manchas en la piel o endurecimientos y engrosamientos en las palmas de las manos y plantas de los pies. Con la continuada exposición otras enfermedades más graves aparecieron, como el cáncer; se calcula que en Bangladés se detectan al año unos 6500 casos de cáncer con desenlace fatal y otros 2000 no fatales al año debido al arsénico del agua. Aproximadamente unas 43 000 personas mueren al año debido al consumo de esta agua contaminada. Es decir, si tenemos en cuenta la tasa de mortalidad anual del país, una de cada diez muertes que se producen en Bangladés es debida al arsénico.

El problema en Bangladés no reside solamente en que las personas beban agua contaminada con arsénico, es que emplean estas mismas aguas para regar sus cultivos, especialmente los de arroz, que ya hemos visto que requiere grandes cantidades para su crecimiento. Imaginemos que estamos regando nuestro cultivo con un agua contaminada que contiene 0,1 miligramos de arsénico por litro, diez veces más de lo que recomienda la OMS. Al cabo de cinco años, habremos añadido casi seis miligramos de arsénico por kilo de suelo, y al cabo de cincuenta, casi 28 miligramos, es decir, el efecto es acumulativo y, desde luego, nada bueno para nuestro arroz ni para los que se lo van a comer.

No solamente las personas se arriesgan al beber agua, también el ganado del que viven. Pensemos un momento en los animales a los que se les da de beber procedente de pozos contaminados con arsénico. A estos animales se les pueden echar los restos de los cultivos de arroz en el pienso, arroz que hemos visto que acumula arsénico en las diversas partes de la planta, haciendo que sus efectos sean potencialmente más letales.

En estas comunidades lo más importante, dado que el arsénico está en el suelo, es tratar las aguas que se emplean tanto para consumo humano como animal y para riego buscando prévenir esta exposición tan elevada a un elemento tan tóxico. De hecho, en 2001 se intentaron mitigar los efectos del arsénico en la población, para ello, se plantearon una serie de recomendaciones.

La primera recomendación, y tal vez una de las más importantes, fue concienciar a la población de que había arsénico en el agua y que era mejor tener que andar varios kilómetros para obtener agua no contaminada que beber de la fuente más cercana (para eso estaban las placas metálicas indicadoras, para que supieran dónde podían coger agua y dónde no). Por otro lado, se planteó el análisis de todos los pozos y sistemas de tuberías de distribución de agua así como analizar a la población en busca de posibles enfermos de arsenicosis.

Una opción alternativa consistió en buscar fuentes de agua situadas a mayores profundidades, haciendo pozos que llegaran hasta los sesenta metros de profundidad en lugar de los treinta habituales. Estos nuevos pozos deberían tener menores concentraciones de arsénico. Sin embargo, esta opción es solamente una solución temporal ya que con el tiempo se van contaminando las aguas de nuevo hasta alcanzar niveles tóxicos para el ser humano. Por otro lado, se puede recoger y tratar microbiológicamente el agua de lluvia para evitar la presencia de patógenos o emplear agua superficial de ríos o canales, tratada previamente.

En el caso de que no se pueda evitar el uso de aguas contaminadas con arsénico, la opción más viable es emplear esta agua para otros fines que no sean el consumo, como puede ser el lavado de la ropa, de forma que no entre en el organismo de las personas. A corto y medio plazo las alternativas relacionadas con la eliminación del arsénico presente en las aguas son las más eficaces, algunas tecnologías como la oxidación, el filtrado con arena, la coagulación-precipitación, la absorción o el intercambio de iones están disponibles en la actualidad. Aun así, requieren mucho mantenimiento y suelen ser más costosas que buscar una nueva fuente de abastecimiento.

A pesar de los esfuerzos que están llevando a cabo las organizaciones sin ánimo de lucro, el problema del arsénico en las aguas en Bangladés continúa siendo de especial gravedad y sigue sin formar parte de las prioridades del gobierno actual.

🕮 PARA LEER MÁS:

- BGS y DPHE (2001). Arsenic contamination of groundwater in Bangladesh. Kinniburgh, D G and Smedley, P L (Editors). British Geological Survey Technical Report WC/00/19. *British Geological Survey: Keyworth.*
- Bhardwaj, A.; Rajput, R. y Misra, K. (2019). Status of Arsenic Remediation in India. En: *Advances in Water Purification Techniques*, 219-258.
- Burló, F.; Ramírez-Gandolfo, A.; Signes-Pastor, A.J.; Haris, P.I. y Carbonell-Barrachina, A.A. (2012). Arsenic contents in Spanish Infant Rice, Pureed Infant Foods, and Rice. *Journal of Food Science*, 71, 1, 15-19.
- Carbonell-Barrachina, A. A.; Wu, X.; Ramírez-Gandolfo, A.; Norton, G. J.; Burló, F.; Deacon, C. y Meharg, A. A. (2012) Inorganic arsenic contents in rice-based infant foods from Spain, UK, China and USA. *Environmental Pollution*, 163, 77-83.
- Cullen, W. R. (2008). *Is arsenic an aphrodisiac? The sociochemistry of an element.* RSC Publishing.
- Jean, J. S.; Bundschuh, J.; Chen, C. J.; Guo, H. R.; Liu, C. W.; Lin, T. F. y Chen, Y. H. (2010). *The Taiwan crisis: A showcase of the global arsenic problem.* CRC Press.
- Mead, M. N. (2005). Arsenic: in search of an antidote to a global poison. *Environmental health perspectives* 113, 6.
- Meharg, A. A. (2005). *Venomous Earth. How arsenic caused the world's worst mass poisoning.* Macmillan.
- Ravenscroft, P.; Brammer, H. y Richards, K. (2009). *Arsenic pollution, a global synthesis.* Wiley-Blackwell.
- Signes-Pastor, A.J.; Carey, M.; Carbonell-Barrachina, A.A.; Moreno-Jiménez, E.; Green, A.J. y Meharg, A.A. (2016). Geographical variation in inorganic arsenic in paddy field samples and comercial rice from the Iberian Peninsula. *Food Chemistry*, 202, 356-363.
- van Geen, A.; Ahmed, E. B.; Pitcher, L.; Mey, J. L.; Ahsan, H.; Graziano, J. H. y Ahmed, K. M. (2014). Comparison of two blanket surveys of arsenic in tubewells conducted 12 years apart in a 25km2 area of Bangladesh, *Science of The Total Environment*, 488–489, 484-492.
- Whorton, J. C. (2010). *The arsenic century. How Victorian Britain was poisoned at home, work & play.* Oxford University Press.

Asesinas célebres (y no tanto)

Muy larga es la lista de personas que tuvieron la desgracia de conocer de primera mano los efectos del arsénico sobre sus cuerpos. Hemos visto los casos más famosos de envenenamientos como los relacionados con la familia Borgia, La Toffana o La Spara en Italia, pero muchos son los casos repartidos por todo el mundo donde este elemento ha sido el verdadero protagonista.

Uno de los primeros casos de homicidio donde se pudo comprobar de forma fehaciente que el arsénico había sido el causante de la muerte tuvo lugar en 1740, cuando una chica envenenó a su padre y a sus tres hermanas al darles de comer un plato que había preparado con agua contaminada. Dentro del recipiente donde había puesto el agua a hervir había añadido también un fragmento de roca procedente de una mina cercana, y sí, obviamente esa roca contenía arsénico y terminó en la comida de todas sus víctimas. De hecho, en España ocurrió un incidente muy similar a mitades del siglo XIX, aunque esta vez no fue intencionado, cuando un niño de seis años recogió una piedra en el campo y la añadió a una tinaja de agua, envenenando sin querer a su familia.

Lógicamente, no fue este caso de 1740 el primero de envenenamiento con arsénico ni es tampoco una excepción; la lista de víctimas de este elemento es larga y extensa. En esta sección y en la siguiente iremos explorando distintos casos de asesinos famosos, y algunos no tan famosos; en primer lugar, hablemos de las mujeres.

Portada del libro *The Marchioness of Brinvilliers, the poisoner of the seventeenth century. A romance of old Paris* de Albert Smith, publicado en 1887, donde se ve a la marquesa de Brinvilliers en el momento de su confesión pública, con la antorcha en la mano [British Library].

MARQUESA DE BRINVILLIERS (1630-1676)

Vamos a inaugurar la lista de asesinas más famosas de la historia con la marquesa de Brinvilliers, cuyo nombre completo era Marie Madeleine Marguerite d'Aubray. Fue considerada la única responsable de tres asesinatos y condenada a muerte habiendo confesado ella misma sus crímenes tras haber sido sometida a una larga y dolorosa tortura.

Procedente de una familia de alta cuna, los d'Aubray tenían mucho dinero y vivían bien. En muchos sitios se menciona que Marie Madeleine tuvo una infancia muy agradable, sin embargo, en su confesión dejó escrito que había sufrido agresiones sexuales cuando tenía tan solo siete años por parte de un criado y que mantuvo relaciones incestuosas con sus hermanos a los diez.

Marie Madeleine se casó a los veitiún años con Antoine-Gobelin, en 1651, el marqués de Brinvilliers y aunque los dos tenían una considerable suma de dinero, su marido pronto empezó a perderlo en las apuestas. Tan incontrolado fue su ritmo de gasto que incluso tuvo que marcharse de Francia para escapar de sus acreedores. En lo personal, se sabe que ambos tuvieron distintos amantes, pero el más conocido de Marie fue Jean Baptiste Godin de Sainte-Croix; fue su propio marido el que les presentó.

El padre de Marie, al no estar muy satisfecho con el escándalo que rodeaba constantemente a su hija, le solicitó al rey que apresara a su amante a través de una *lettre de cachet*, una carta sellada en la que se solía pedir la privación de libertad de una persona ya fuera mediante encarcelamiento, expulsión o destierro. Como es de suponer, al hacerse pública esta orden de detención, Jean Baptiste fue encarcelado y pasó en 1633 seis semanas encerrado en la prisión de la Bastilla.

El compañero de celda de Jean Baptiste resultó ser Eggidi (o Exili), un italiano que era el alquimista oficial de la reina Cristina de Suecia y que el rey Luis XIV mandó encarcelar con la intención de que le diera información sobre la piedra filosofal. Este hombre era también un experto en venenos, conocimientos que no dudó en transmitirle a Jean Baptiste aprovechando el tiempo libre del que disponían. Cuando Eggidi salió de la cárcel, estuvo viviendo casi seis meses con Jean Baptiste. Durante ese tiempo estuvieron elaborando drogas, venenos y también intentaron dar con la receta definitiva de la piedra filosofal, en un laboratorio instalado cerca de la plaza Maubert.

Jean Baptiste y Marie Madeleine planearon juntos el asesinato del padre de esta y el mejor método que tenían a mano era un veneno arsenical, eso sí, el plan original se modificó ligeramente y terminó asesinando a casi toda su familia.

Durante un tiempo Marie Madeleine estuvo creando en su laboratorio distintos venenos y pociones en los que empleaba como ingredientes principales arsénico y mercurio. Como necesitaba probar sus efectos, no se le ocurrió nada mejor que usar como conejillos de indias a su sirvienta y a los enfermos que estaban en un hospital cercano. No se sabe exactamente cuánta gente murió debido a sus experimentos, pero probablemente la cifra ronde las cuarenta o cincuenta personas y ya se puede suponer que no fueron muertes nada agradables.

Tras pasar ocho meses viviendo con su padre, en los que le fue administrando pequeñas dosis de arsénico en secreto en las comidas, finalmente este murió. Fue en septiembre de 1666 y todos pensaron en aquel momento que había fallecido por causas naturales. Sin embargo, en el escrito que recoge lo acontecido en el juicio de Marie Madeleine se habla de que su padre sí sospechó que ella le estaba envenenando; incluso se llega a mencionar que su ayudante de cámara le escuchó decir que había detectado un sabor extraño en su bebida, amargo, aunque ya sabemos que el arsénico no produce sabor alguno. Un poco de dramatismo en los juicios nunca viene mal y más siendo que eran fuente de entretenimiento para el gran público, motivo por el cual se pueden encontrar cientos y cientos de escritos sobre juicios de la época.

Una vez muerto su padre, Marie Madeleine ya podría heredar, pero entonces comprendió cuál iba a ser su segundo problema: tenía que compartir su herencia con sus dos hermanos, Antoine y François, cosa que pareció no hacerle demasiada gracia. Contrató a un hombre que entró a formar parte del servicio en casa de su hermano menor para aplicar la misma técnica que ella había usado antes con su padre, y administrándoles arsénico poco a poco, pronto ambos hermanos le siguieron a la tumba; Antoine el día 17 de junio de 1670 y François el 12 de noviembre de ese mismo año.

Sin embargo, en esta ocasión sí se llevó a cabo la autopsia de los dos hermanos y en ellos se detectaron grandes cantidades de arsénico. Entre Marie Madeleine y su fortuna solo quedaba ya una hermana que, tratando de evitar su mismo destino, contrató a un catador.

Por desgracia, el amante de Marie Madeleine, Jean Baptiste, murió inesperadamente en 1672, dejando como «herencia» una caja que contenía un diario donde había escrito con todo detalle las intenciones de Marie Madeleine junto con sus cartas de amor y algunos viales del veneno que había empleado ella para acabar tanto con su padre como con sus hermanos. Por otro lado, el criado que había contratado para que se infiltrara en casa de su hermano confesó todo tras ser torturado. La cosa pintaba mal para Marie Madeleine.

Tras un intento de huir de la justicia que no tuvo gran éxito, fue detenida en los Países Bajos, en un convento cerca de Lieja donde estaba refugiada. Fue llevada a París, donde la torturaron con una técnica muy peculiar, la llamada cura de agua, en la que le obligaron a beber más de siete litros de agua empleando un embudo. Al final terminó confesando y fue juzgada en abril de 1676. Dada la falta de pruebas, nunca fue acusada por las muertes del hospital de enfermos, pero sí de la muerte de su padre y de sus dos hermanos; ya se había encargado su amante de dejar documentos más que suficientes que así lo demostraban.

Meses después del juicio fue condenada a muerte; confesó de forma pública, tal y como era costumbre, delante de Notre Dame, llevando una antorcha en la mano y vestida de forma muy sencilla. Después, fue conducida hasta la plaza de Grève, donde iba a tener lugar la ejecución. La marquesa de Brinvilliers fue decapitada a las ocho en punto, el día 18 de julio de 1676; sus restos fueron quemados y sus cenizas dispersadas al viento.

Este caso tuvo un gran impacto en la esfera parisina y es considerado el inicio del llamado asunto de los venenos, del que hablaremos algo más en detalle con nuestra siguiente protagonista. La notoria fama que alcanzó la marquesa de Brinvilliers fue perpetuada por la literatura. Alenjandro Dumas, dentro de su colección de Crímenes Célebres, donde retrata la vida de distintos criminales que atrayeron la fama, le dedicó un libro que sería publicado en 1840. No es esta la única obra donde aparecería retratada su vida y su obra, también saldría mencionado su juicio en *El embudo de cuero* de Arthur Conan Doyle, que hace referencia al método empleado para torturarla, así como en muchos otros libros y poemas.

La marquesa de Brinvilliers siendo sometida a un método de tortura que consistía en obligar a alguien a beber más de siete litros de agua con un embudo [Wikimedia Commons].

CATHERINE DESHAYES MONVOISIN (1640-1680)

Seguimos en Francia, en pleno siglo XVII, donde tenemos una sesión con una mujer conocida sencillamente como La Voisin, una vidente de París que en realidad es también una famosa asesina en serie que cuenta con cientos de muertes a sus espaldas.

En esta época en Europa la brujería era severamente perseguida y decenas de miles de personas fueron ejecutadas por ser supuestos brujos y brujas entre los siglos XV y XVIII, siendo uno de los periodos más intensos en el que nos encontramos; se puede deducir que no era precisamente un buen momento para ejercer el oficio.

En la corte de Luis XIV, La Voisin se volvió muy popular entre las altas esferas tras realizar una misa negra para una amante del rey, Madame de Montespan, pero antes de hablar de esa peculiar historia, retrocedamos un poco.

Catherine Deshayes era una joven francesa que terminó casada con Antoine Monvoisin, joyero de profesión, al que la fortuna no le sonrió demasiado y cuyo trabajo terminó llevándolos a la ruina. Tuvo que ser la propia Catherine la que tomara el control de la situación buscando una forma alternativa de sobrevivir.

Además de adivina y vidente, talentos que ya empleaba desde los nueve años, era comadrona y ayudaba a las mujeres a abortar en secreto, con lo que se le presupone que contaba con ciertos conocimientos médicos adquiridos probablemente durante su juventud. No solo leía las manos y los rasgos faciales, también proporcionaba a sus clientes ungüentos, amuletos y pociones a base de hierbas que parecían siempre conseguir el efecto deseado. Lógicamente, creaba venenos que le solicitaba la gente para acabar con sus parejas o competidores y se piensa que el arsénico era el compuesto principal de varios de ellos. Estos venenos llegaron a conocerse con el nombre de «polvos para heredar», dado su peculiar objetivo, y sí, es precisamente este producto el que empleó la protagonista de nuestra historia anterior, la marquesa de Brinvilliers.

Como ya se sabe, el conocimiento es poder, pero también lo es la apariencia, así que, para darle una mayor credibilidad a sus actuaciones, y para que los clientes fueran más propensos a creer lo que les decía en sus sesiones, Catherine Deshayes llegó a comprarse una túnica de terciopelo rojo con águilas bordadas en oro que costó unas mil quinientas libras francesas de la época; nada era suficiente para engañar a los más ricos.

Hemos dicho que Catherine Deshayes era famosa por sus misas negras, donde sus clientes rezaban al diablo para que convirtieran sus deseos en realidad y en las que participa-

Ilustración aparecida en 1680 en el *Mercure Galant*, revista literaria francesa, donde se puede ver a Catherine Deshayes Monvoisin junto a un demonio alado.

ban y colaboraban distintos miembros del clero y algún asistente suyo. Muchos eran los clientes que provenían de alta cuna, condesas, princesas, marqueses... y de los que obtenía un gran beneficio. Concretamente, una de sus clientas más importantes fue Madame de Montespan, quien le solicitó una misa negra en 1667 para pedirle al diablo el amor del rey; misa que sería celebrada en una casa situada en la calle de la Tannerie.

Justamente ese mismo año, ya fuera por la intervención del diablo o no, Madame de Montespan pasaría a ser la amante oficial del rey Luis XIV; debido a su éxito, no dudó en contratar a La Voisin siempre que tenía algún problema con el rey. Incluso quiso asesinarle cuando él empezó a salir con otra mujer en 1679. Ambas trazaron un plan y La Voisin preparó un veneno para matar al rey y a su nueva amante pero, por suerte, el plan no se pudo llevar a cabo.

Fue precisamente un poco después ese mismo año, en 1679, cuando La Voisin fue arrestada a las afueras de Notre-Dame de Bonne-Nouvelle; ese arresto desencadenó otra serie de arrestos más, entre los que figura el de su propia hija, cómplice de sus crímenes. En febrero de 1680 fue condenada a morir en la hoguera por brujería, tras haberse demostrado que había sido la causante de decenas de muertes por envenenamiento, además de por celebrar misas negras entre otras muchas cosas.

Esta condena no es tampoco fruto de la casualidad; entre los años 1677 y 1682, a raíz del juicio de la Marquesa de Brinvilliers de la que hemos hablado antes, Luis XIV ordenó una investigación que pasaría a la historia como *L'affaire des poisons* (asunto de venenos) sobre las misteriosas muertes por envenenamiento que se estaban produciendo en París. De hecho, se llegó a crear incluso una corte extraordinaria, llamada *Chambre Ardente* (Cámara ardiente) para hacer justicia. La Voisin fue una de las treinta y seis personas que en total fueron condenadas a muerte debido a dicha investigación.

MARY BLANDY (1720-1752)

El siglo XVIII fue una gran época para las envenenadoras. El arsénico estaba disponible en farmacias y se podía adquirir sin que te hicieran demasiadas preguntas. Blandy, aunque no lo hiciera a propósito, mató a su padre a petición de su amante empleando unos polvos que este le había dado y por ello va a ser la protagonista de nuestra siguiente historia.

Mary Blandy nació en 1720, en el seno de una familia anglicana de clase media que contaba con cierto renombre. Su padre, Francis, era un abogado muy conocido en la zona y ganaba lo suficiente para poder mantener un estilo de vida acomodado. Precisamente por ese motivo quería que su hija se casara con alguien que estuviera a su altura y tal vez ese fue el motivo que le llevó a anunciar que su dote iba a ser de diez mil libras esterlinas, buscando atraer así a pretendientes de alta cuna.

Todos los hombres que se presentaron voluntarios fueron rechazados por no ser lo suficientemente buenos para su hija salvo uno, el Capitán William Henry Cranstoun, hijo de un noble escocés, que se cruzó en su camino en 1746. A pesar de no ser demasiado agraciado, a Mary le gustó desde el primer momento; sin embargo, todo cambió cuando Francis descubrió que el pretendiente de su hija ya estaba casado con otra mujer.

De hecho, William Henry Cranstoun se había casado en Escocia en el año 1745 con una mujer llamada Anne Murray, mucho antes de conocer a Mary. Aunque su relación parece que fue descubierta también por la propia Mary y por la madre de esta, les quitó la idea de la cabeza diciendo que había sido solamente un enredo amoroso que no había tenido más consecuencias. Eso sí, según algunas fuentes, Anne Murray o estaba embarazada o acababa de tener un hijo cuando Cranstoun se marchó, así que alguna «consecuencia» sí que había tenido.

Francis tuvo claro a partir de ese momento que Cranstoun solo quería el dinero de su familia y que el futuro matrimonio no iba a tener un final feliz por lo que trató de separar a la pareja en sucesivas ocasiones sin demasiado éxito. Para suavizar un poco las tensiones, Cranstoun le recomendó a Mary que le diera a su padre unos polvos, concretamente una especie de «filtro de amor», que le ayudaría a mejorar su opinión sobre él.

Estos polvos efectivamente contenían una elevada dosis de arsénico, algo que el futuro marido probablemente sabía, pero que seguramente no le importó demasiado teniendo en cuenta la cuantiosa suma de la dote que tenía ya casi a su alcance. Mary Blandy le fue dando a su padre estos polvos a base de arsénico que iban a solucionar teóricamente todos sus problemas a partir de noviembre de 1750, mezclados con el té y con parte de su comida. Rápidamente, el estado de salud de Francis fue empeorando, llegando incluso algunos sirvientes a enfermar al haber tomado la misma comida que él. Francis fue mostrando algunos de los síntomas típicos del envenenamiento por arsénico como son los agudos dolores de estómago, temblores, sudores, náuseas, vómitos; además, perdió casi todos los dientes.

Cuando llamaron al médico ya era demasiado tarde, el padre de Mary estaba gravemente enfermo y la causa quedó al descubierto, señalando claramente con el dedo a la propia Mary. A pesar de que trató de deshacerse del veneno que inconscientemente le había administrado a su padre, una de las sirvientas lo impidió y la muestra fue llevada ante un químico que demostró que efectivamente se trataba de arsénico.

Tras la muerte de Francis en 1751, Mary fue arrestada por haber ascsinado a su padre con arsénico. Cranstoun obviamente se marchó en cuanto pudo, buscando alejarse lo máximo posible de la situación que él mismo había creado, aunque no sobrevivió demasiado tiempo ya que se cree que murió tan solo un año después.

En 1752 Mary fue juzgada, siendo además este el primer caso de envenenamiento por arsénico donde se pudo demostrar la culpabilidad del acusado mediante pruebas químicas y médicas. De hecho, fueron dos médicos, el doctor Lewis y el doctor Addington, los que confirmaron que Francis había mostrado síntomas de envenenamiento en vida y que, tras la autopsia, el análisis había sido concluyente.

En el informe del juicio, el doctor Addington llega a mencionar algunas de las pruebas que le hizo al polvo encontrado, deduciendo que solo podía tratarse de arsénico blanco dado que no se disolvía en agua fría (pero sí en caliente, como puede ser en un té), que no emitía llama alguna al ponerlo sobre una plancha caliente pero sí una especie de humo blanco, entre otras cosas. Como podemos ver, estas pruebas no eran precisamente fiables, pero era lo único que tenían disponible en aquel momento.

Por mucho que Mary intentó decir que la habían utilizado como herramienta y que desconocía qué era el polvo que le estaba administrando a su padre, fue condenada a morir en la horca, sentencia que se ejecutó pocos meses después. Como nota curiosa, Mary quiso conservar su dignidad hasta el último momento, haciéndose famosa también por haber hecho una última petición de que no fuera colgada demasiado en alto para que el público no pudiera verle la ropa interior desde abajo.

Ilustración de la ejecución de Mary Blandy en Oxford, condenada por haber envenenado a su padre [Wellcome Collection].

LUCRETIA CHAPMAN (1788-1841)

Un caso que tuvo mucha repercusión en la prensa en 1832 fue el de Lucretia Chapman, acusada de envenenar a su marido para poder fugarse con su amante.

Lucretia se casó en 1818, cuando tenía treinta años, con un médico bastante famoso de Pensilvania (Estados Unidos), el doctor John Phillips Chapman, que le sacaba unos diez años. Inicialmente, su matrimonio fue bien; ella se dedicaba a dar clases de francés y terminó convirtiéndose en la dueña de un seminario para educar a jóvenes niñas. No se sabe exactamente en qué momento las cosas empezaron a fallar entre la pareja, si fue antes o después de mudarse a su finca situada en Andalucía (barrio histórico que hoy en día pertenece al municipio de Bensalem, en Pensilvania), pero sí se sabe que Lucretia empezó a estar descontenta, aburrida y que quería algo más exótico y apasionado en su vida. Todo eso lo encontró en forma de un joven cubano: Carolino Espos y Mina, que ya contaba con antecedentes tras haber cometido asesinato y robo en la Habana poco tiempo atrás.

En 1829, Lino usaba un sobrenombre y se presentaba como un noble español, heredero de un gobernador mexicano que contaba con minas de plata y oro. Las malas costumbres no se suelen ir con facilidad y poco tiempo después terminó otra vez preso tras haber robado un reloj de oro. En 1831, cuando le liberaron, fue hasta Andalucía, y allí conoció a la familia Chapman. Según contó una testigo en el juicio, en mayo un hombre llamado Lino Amalia Espos y Mina se presentó en la casa, alegando que su padre era el gobernador de California, preguntando si podía pasar allí la noche. Debido a su gran poder de persuasión, terminó pasando allí una temporada; tan solo un mes después de su llegada, Lucretia y él ya eran amantes y el doctor Chapman había sido asesinado.

El arsénico esta vez era el ingrediente secreto de una sopa de pollo que le fueron administrando en días sucesivos a John Phillips Chapman, muriendo en junio de 1831 tras caer gravemente enfermo. Ese arsénico lo había comprado el 16 de junio el propio Lino a un farmacéutico, Elias Durand, con la excusa de necesitarlo para la preparación de ejemplares de una colección de pájaros disecados; concretamente dijo que su intención era comprar jabón arsenical pero que, dado que no tenían, también le valía el arsénico en polvo, finalmente se llevó un cuarto de libra (equivalente a unos 120 gramos).

El día 19 de junio un médico ya tuvo que ir a la casa para analizar el estado del doctor Chapman, pero consideró que, debido a los leves síntomas de enfermedad que presentaba, no era necesario repetir su visita. El día 20 se encontraba algo mejor, y de nuevo su esposa le preparó sopa de pollo por la mañana y por la tarde, donde había añadido el veneno en la cocina con la excusa de añadirle un poco de sal. En ambas ocasiones, su marido tomó una parte y el resto la tiraron en el jardín. El día 21, unos patos que había en el jardín aparecieron muertos, probablemente por haber entrado en contacto con los restos de la sopa envenenada. De nuevo, el doctor Chapman empeoró, aquejándose de fuertes dolores de estómago que él mismo definió como si tuviera fuego dentro. Finalmente, tras varios días con agonizantes dolores, vómitos y otros síntomas propios del envenenamiento por arsénico, el 23 de junio murió.

Apenas diez días después del funeral de su marido, Lucretia se volvió a casar en secreto en Nueva York, obviamente con Lino, y se vio envuelta en una espiral de destrucción donde Lino fue gastando sin control alguno la fortuna de los Chapman y vendiendo tanto libros como cubertería y cualquier otra que tuviera algo de valor; se piensa que durante el breve periodo que duró su matrimonio incluso llegó a engañarla con otras mujeres cuando ella estuvo fuera visitando a su hermana Mercy.

Tres meses después de la muerte de John Phillips, al encontrarse documentos que ponían en el punto de mira a la pareja, su cuerpo fue exhumado y analizado y, efectivamente, se encontraron restos de arsénico en su estómago; tanto Lucretia como Lino fueron arrestados y acusados del asesinato de John Phillips, aunque tuvieron juicios separados.

El juicio de Lucretia Chapman, conocida ya en ese momento como Lucretia Espos y Mina, tuvo lugar en 1832. A pesar de todas las pruebas y testimonios que la inculpaban de haber envenenado a su marido con arsénico para heredar su fortuna, fue declarada inocente probablemente porque sus abogados, uno de ellos muy reconocido en Filadelfia por su excelente labia, le vendieron la imagen de que era la típica esposa inocente víctima de las circunstancias al jurado. En el caso del juicio de Lino, al no contar con un abogado tan persuasivo, fue declarado culpable de asesinato en primer grado y fue ahorcado el 21 de junio de 1832. Lucretia, tras el juicio, pasó sus días viajando y tratando de ganarse la vida como actriz, hasta que falleció en 1841.

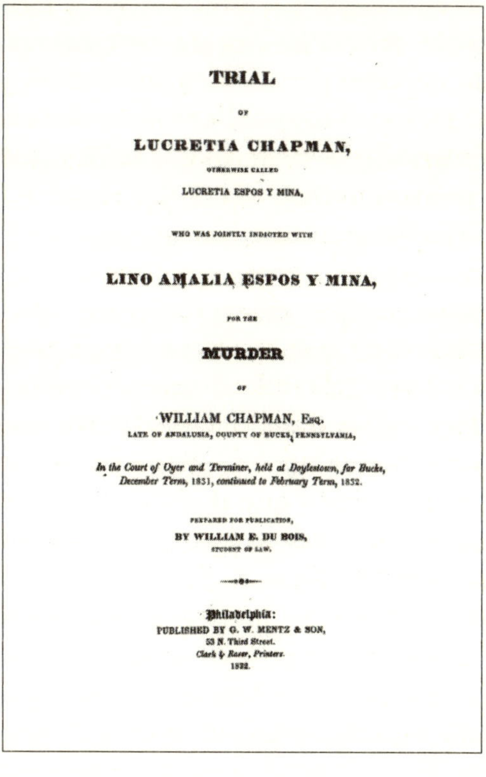

TRIAL

OF

LUCRETIA CHAPMAN,

OTHERWISE CALLED

LUCRETIA ESPOS Y MINA,

WHO WAS JOINTLY INDICTED WITH

LINO AMALIA ESPOS Y MINA,

FOR THE

MURDER

OF

WILLIAM CHAPMAN, Esq.

LATE OF ANDALUSIA, COUNTY OF BUCKS, PENNSYLVANIA,

In the Court of Oyer and Terminer, held at Doylestown, for Bucks, December Term, 1831, *continued to February Term,* 1832.

PREPARED FOR PUBLICATION,

BY WILLIAM E. DU BOIS,

STUDENT OF LAW.

Philadelphia:

PUBLISHED BY G. W. MENTZ & SON,

53 N. Third Street.

Clark & Raser, Printers.

1832.

Portada del libro de la transcripción del juicio de Lucretia Chapman y Lino Amalia Espos y Mina por haber asesinado a William Champan con arsénico (Du Bois, 1882).

ELIZABETH FENNING (1792–1815)

No hay que pensar que siempre que hay arsénico de por medio estamos ante una mujer que quiere heredar las posesiones de su marido antes de tiempo; se producen envenenamientos en todos los escalafones sociales, y el caso de Elizabeth Fenning es uno de ellos.

Elizabeth, también conocida como Eliza, nació en una familia muy humilde y empezó a trabajar desde muy joven como empleada del hogar. En enero 1815 entró a trabajar en la cocina de la familia Turner. Robert Turner, abogado, vivía en la casa junto a su mujer Charlotte, una criada llamada Sarah Peer y dos aprendices, Roger Gadsden y Thomas King.

El 21 de marzo, Eliza preparó bistec con patatas y empanadillas (una especie de bolas de masa rellenas con algún ingrediente como carne o verduras) para toda la familia; también preparó, con la misma harina usada para hacer las empanadillas, un pastel de carne para el servicio. Poco después de cenar todos empezaron a encontrarse mal, incluso la propia Eliza. Finalmente llamaron al médico, John Marshall, y por suerte todos consiguieron recuperarse.

Robert Turner sospechaba que alguien había tratado de asesinarles ya que poco tiempo antes había desaparecido un paquete de arsénico que guardaba en un cajón en la mesa de su despacho y que solía usar contra las plagas. Le pidió al médico que examinara los restos que había en la sartén que Eliza había empleado para hacer las empanadillas, y ahí encontraron efectivamente el arsénico desaparecido.

El día 23 de marzo arrestaron a Eliza, que fue juzgada en abril, y se le imputaron cuatro intentos de asesinato con arsénico. En el juicio, Charlotte Turner dijo que Eliza Fenning probablemente había intentado vengarse de ellos después de haberla descubierto ligera de ropa en la habitación de los aprendices una noche y haberla amenazado con despedirla. Charlotte también comentó que las empanadillas que había preparado Eliza le parecieron más oscuras y densas que otras veces, algo que, ya sabemos no justifica de ninguna manera la presencia del arsénico. Afirmó haberse empezado a encontrar mal, con un dolor ardiente en su estómago, nada más darles el primer bocado. Por otro lado, Sarah Peer dijo en el juicio que Eliza había mencionado en varias ocasiones que no le gustaban ni el señor ni la señora Turner.

Eliza trató de defenderse diciendo que cuando preparó las empanadillas notó que había una especie de sedimento rojo en la levadura que había usado, y que el arsénico podría haber provenido de la leche que compró Sarah Peer, la otra sirvienta, que se había usado para preparar las empanadillas.

Todos los testimonios médicos que se pudieron escuchar durante el juicio fueron bastante dudosos ya que muchas de las afirmaciones sobre las propiedades del arsénico eran claramente falsas. Por ejemplo, John Marshall llegó a decir que los cuchillos usados para cortar las empanadillas habían ennegrecido, efecto que dijo que causaba el arsénico. Estos comentarios los refutaron tras el juicio varias personas que se habían interesado en el caso. En lo que respecta al cuchillo ennegrecido, tras preparar una solución saturada en arsé-

Viñeta que representa a Eliza Fenning limpiando aparecida en la cubierta de un libro que recoge parte del juicio y sus cartas [Francis A. Countway Library of Medicine].

nico e introducir un cuchillo dentro, se vio que no se volvía negro, y lo mismo sucedía si se empleaba dicho cuchillo para cortar la masa de las empanadillas. Otra persona estudió el efecto que tenía el arsénico en la masa de las empanadillas, si hacía que la levadura subiera o no, y se vio que no tenía efecto alguno, por lo que el comentario de Charlotte de que eran más densas de lo habitual se convertía en algo totalmente irrelevante.

Aunque las pruebas contra Eliza eran como mucho circunstanciales, y por muchas veces que repitió que era inocente, fue declarada culpable el día 11 de abril y sentenciada a morir en la horca. Durante el tiempo que Eliza pasó en Newgate esperando a que se ejecutara la sentencia de muerte, en algunos periódicos se pudieron leer noticias que cuestionaban su culpabilidad, incluso se llegaron a hacer algunas campañas y peticiones de clemencia para salvarla de su destino, pero no sirvió de nada.

El 26 de julio de 1815 Eliza Fenning fue ahorcada junto a otros dos presos en Newgate ante unas cuarenta mil personas, y en sus últimas palabras repitió que era inocente; a su funeral acudieron cientos de personas que pensaban que había sido injustamente condenada. Hoy en día, se sigue sin saber si realmente Eliza Fenning fue culpable o inocente de los cargos que se le imputaron.

MARIE LAFARGE (1816-1852)

De todos los juicios por asesinato que hemos visto, este es tal vez uno de los más relevantes desde el punto de vista científico, ya que fue de los primeros donde se emplearon evidencias toxicológicas para acusar a la detenida: Marie Lafarge.

Marie Capelle nació en Paris en 1816 y se piensa que, a través de su abuela, estaba emparentada con el mismísimo Luis XIII, que fue rey de Francia entre los años 1610 y 1643. El padre de Marie falleció cuando ella tenía tan solo doce años y su madre se volvió a casar, pero desgraciadamente también falleció siete años después. Marie fue entonces adoptada por su tía materna pero no se llevaban demasiado bien. Siempre le recordaban que era más pobre que ellos, pero a pesar de todo, la llevaron a las mejores escuelas de aquel momento donde conoció a mucha gente rica de la aristocracia.

A los veintitrés años Marie todavía no se había casado y uno de sus tíos decidió buscarle marido a través de un agente matrimonial que encontró el candidato perfecto: Charles Pouch-Lafarge. Sin embargo, Charles había contratado previamente a ese mismo agente con la intención de que le buscara una mujer con cuya dote pudiera pagar sus enormes deudas. Para que Marie no supiera cómo habían encontrado a su candidato, Charles se hizo pasar por un amigo de su tío

Retrato de Marie Lafarge aparecido en una publicación en 1841 [Wikimedia Commons].

y les hicieron coincidir en una sesión de ópera. Aunque a Marie no le agradó mucho, aceptó casarse con él y la boda tuvo lugar en agosto de 1839. Poco después se mudaron a la casa de Charles, Le Glandier, que estaba prácticamente en ruinas. Al ver su penosa situación, se encerró en una de las habitaciones y le pidió a su marido en varias ocasiones que la liberara de su matrimonio, incluso amenazando con suicidarse con arsénico. Tras llegar a un acuerdo marital, Marie le empezó a escribir cartas a sus amigas diciéndoles lo feliz que era, también intentaba ayudar a Charles a ganar más dinero.

Justo antes de un viaje de negocios de Charles a París, Marie cambió su testamento poniendo que en caso de muerte Charles heredaría todos sus bienes y le pidió a su marido que hiciera lo mismo. Ya en París, Marie le envió cartas de amor apasionadas, además de un pastel navideño. Tras comer el pastel Charles enfermó gravemente, lo tiró pensando que se había estropeado durante el viaje y no trató el tema con ningún médico.

Caricatura extraída del *Album Lafarge* (circa 1840) donde se ve a Marie Lafarge preparando pasteles supuestamente envenenados con arsénico [Bibliothèque numérique du Limousin].

Al regresar a Le Glandier junto a su esposa volvió a enfermar; pasó mucho tiempo en cama mientras Marie le iba dando de comer. Esta vez sí acudió a un médico que le dijo que tenía síntomas compatibles con el cólera. Marie le pidió a ese mismo médico ciertas cantidades de arsénico para acabar con las ratas que molestaban a su marido por las tardes, cosa que no levantó sospechas.

Al día siguiente Charles empeoró considerablemente y llamaron a un médico diferente al no observar mejoría alguna de sus síntomas, pero el diagnóstico y el tratamiento fueron los mismos. Ya entonces empezaron las sospechas, Anna Brun, que estaba cuidando a Charles, notó que Marie añadía unos polvos a la comida del enfermo. Estas sospechas llegaron hasta los oídos de la madre de Charles, junto con los comentarios de que tanto Marie como una criada habían comprado arsénico. Un tercer médico fue a la casa en enero, pero ya era tarde, a pesar de confirmar que Charles estaba siendo envenenado con arsénico, murió unas pocas horas después el día 14 de enero de 1840.

Al haber sospechas de que Charles había sido envenenado, las investigaciones siguieron su curso, se tomaron muestras de la comida que había tomado el enfermo y se llevaron a analizar junto con muestras del veneno que se les había dado a las ratas y que estaba repartido por toda la casa. El juez de paz que llevaba el caso pidió que se analizaran los restos de Charles y efectivamente en ellos, empleando técnicas poco fiables pero todavía aceptadas, encontraron arsénico. Del mismo modo, se analizó la comida, los polvos que tenía Marie en una caja y el veneno para ratas. Los dos primeros efectivamente contenían arsénico, pero el veneno que había por toda la casa no era más que una mezcla de harina y agua, lo que dejaba muchas dudas sobre a dónde habría ido a parar todo el veneno para ratas comprado. De hecho, dado que en la época era obligatorio registrar las compras de este elemento, se sabe que Marie compró arsénico en tres ocasiones, casi cien gramos entre el 12 de diciembre de 1839 y el 8 de enero de 1840.

Marie fue arrestada y trasladada a prisión; el impacto mediático del caso hizo salir a la luz un robo del pasado. Se descubrió que Marie tenía todavía en su poder unos diamantes que habían pertenecido a una de sus amigas de la infancia, Marie de Nicolaï y que llevaban tiempo desaparecidos, la condenaron a dos años de prisión.

A estas alturas del caso toda Europa estaba enterada ya de quién era Marie Lafarge y de qué se la acusaba; durante semanas estuvieron apareciendo noticias sobre ella y su juicio en periódicos españoles de la época.

En septiembre de 1840 comenzó el juicio por la muerte de Charles y, por pura casualidad, el abogado encargado de defenderla conocía al toxicólogo Mathieu Orfila, quien escribió que los test que se le habían realizado al cadáver de Charles estaban anticuados y que sus resultados no demostraban nada. Debido a las protestas de ambos, un apotecario de la zona llevó a cabo el test de Marsh en los restos de Charles. En este segundo análisis no se encontró arsénico, aunque sí se encontró en la comida que había tomado la víctima.

A lo largo del juicio se realizaron distintas pruebas toxicológicas tanto a los alimentos ingeridos como a los restos de Charles y en varias ocasiones estos resultados fueron invalidados debido a una mala realización de los análisis y a desafortunados accidentes (como la rotura de un tubo de ensayo en las primeras pruebas).

Las numerosas contradicciones existentes hicieron que Orfila fuera llamado a declarar y a realizar él mismo el test de Marsh tras haber escrito una larga carta al juez explicando otros casos donde se habían hecho análisis erróneos. Tras este análisis ya por fin se obtuvieron resultados concluyentes, el 14 de septiembre de 1840 Orfila confirmó, en un testimonio que duró más de una hora, que los restos de Charles contenían arsénico, un arsénico que dijo que no provenía de la contaminación de los análisis, ni de la tierra que rodeaba al ataúd ni era arsénico que podía encontrarse de forma natural en el hombre.

Finalmente, tras tantas incógnitas, errores y pruebas analizadas una y otra vez, el jurado declaró el 15 de septiembre de 1840 a Marie Lafarge culpable de haber asesinado a su marido con arsénico, eso sí, dijeron que había circunstancias atenuantes para evitar la pena capital. La condenaron a cadena perpetua con trabajos forzados que el propio rey Louis-Phillipe mandó eliminar, quedando Marie solamente condenada a cadena perpetua.

En la cárcel Marie escribió sus memorias narrando su infancia y su vida, así mismo, dedicó casi un tercio de su libro a hablar sobre la muerte de Charles y a contar su versión de los hechos, obra que se publicó en 1841. Cuando enfermó de tuberculosis en junio de 1852, Napoleón III mandó que la sacaran de la cárcel; murió en noviembre de ese mismo año.

MADELEINE SMITH (1835-1928)

No siempre en todos los casos de envenenamiento se podía demostrar que la persona acusada fuera realmente culpable del crimen cometido, un ejemplo muy conocido de una situación de este tipo fue el caso de Madeleine Smith.

Pierre Emile L'Angelier procedía de una familia francesa que se había mudado a Jersey; aunque era empleado en la empresa Huggins and Company, tenía aspiraciones mayores y la única forma de ascender era a través de un matrimonio provechoso. Fue entonces cuando Madeleine Smith se cruzó en su camino. Se conocieron en 1885, ella provenía de una rica familia escocesa y además era muy hermosa. Pudo acercarse a ella a través de un conocido y por lo visto ella se sintió atraída por él casi de inmediato e iniciaron una relación en secreto. La familia de ella estaba lógicamente en contra de esta unión, sus padres querían que Madeleine se casara con alguien de alta cuna, alguien muy superior a Pierre. Estuvieron mucho tiempo intercambiando cartas, él se las llevaba a su ventana y ella las enviaba por correo postal, poco a poco fueron intimando y en las últimas cartas encontradas Pierre incluso llega a hablar de sus intenciones de casarse con ella.

Pronto entró en escena un pretendiente adecuado para Madeleine, William Minoch, al que su familia invitaba con cierta frecuencia a casa. Le pidió su mano, concretamente el 28 de enero de 1857, y ella aceptó. Madeleine lógicamente le escribió a Pierre para terminar con su relación, pero él se negó y amenazó con contarle todo a su familia. Su única opción para evitar caer en desgracia era recuperar las cartas que durante tanto tiempo le había escrito a su amante.

Aunque en febrero ya se había encontrado mal algunos días, Pierre cayó gravemente enfermo el día 23 de marzo, con vómitos y muchos dolores. Aunque se avisó a un médico rápidamente, que le aplicó una cataplasma y le dijo que pasaría a verle más tarde, en su segunda visita Pierre ya había fallecido. Cuando se hicieron cargo del cadáver y de todos los objetos personales de Pierre, se vio que había numerosas cartas de Madeleine, lo que confirmó que llevaban al menos dos años siendo amantes. En la autopsia se encontraron restos de arsénico y señales inequívocas de envenenamiento. Por lo dicho en el juicio, probablemente Pierre habría ingerido arsénico disuelto en chocolate caliente ya que fue al tomarlo cuando empezó a encontrarse mal.

VIEW OF THE HOUSE AND MADELEINE SMITH HANDING A CUP OF CHOCOLATE FROM HER BED-ROOM WINDOW TO L'ANGELIER

Ilustración aparecida en los informes del juicio en la que se ve cómo Madeleine le está dando supuestamente desde la ventana de su habitación una taza de chocolate envenenado a su amante Pierre (Anónimo, 1857).

Debido fundamentalmente a la presencia de las susodichas cartas, el día 31 de marzo de 1857 Madeleine Smith fue arrestada por el asesinato de Pierre. El juicio empezó en junio y se hizo rápidamente muy popular en la prensa. Se acusó a Madeleine de haber llevado a cabo dos intentos de asesinato en febrero y de otro cargo de de asesinato en marzo. Los motivos que tenía Madeleine para deshacerse de Pierre eran muchos, no le convenía que su prometido supiera de su existencia. Se pudo demostrar que ella misma había comprado arsénico en dos ocasiones para, en teoría, librarse de una plaga de ratas. Sin embargo, Madeleine se defendió diciendo que ese arsénico era en realidad lo quería para aplicárselo en la cara, ya que conocía los muchos beneficios que tenía para la piel.

Por otro lado, no había pruebas de que Madeleine le hubiera administrado el tóxico elemento a Pierre. Además, el arsénico que ella había comprado, tal y como establecía la ley en aquel momento, venía mezclado con un colorante y no se encontraron restos de dicho colorante en las vísceras del fallecido. Se mencionó también de que Pierre había hablado de suicidarse en alguna ocasión y varios testigos dijeron que efectivamente Madeleine había comentado con ellos sobre los usos cosméticos del arsénico.

El jurado finalmente declaró a la acusada inocente del cargo de asesinato, estableciendo que no se podía probar que hubiera intentado asesinar a Pierre. Hoy en día se piensa que efectivamente Madeleine Smith sí cometió el crimen, pero que al no haber testigos que la situaran cerca de la casa de Pierre poco tiempo antes de su muerte, no se pudo demostrar nada y quedó libre.

Unos años después, tras haberse cambiado de nombre para intentar pasar desapercibida, Madeleine se casó con un artista llamado George Wardle, con el que tuvo un hijo y una hija. Este matrimonio tampoco estaba destinado a durar, en 1889 se separaron y ella se mudó a Nueva York, donde se volvió a casar; falleció en 1928 con 93 años.

FLORENCE MAYBRICK (1862-1941)

De los casos vistos en este capítulo, tal vez el de Florence Maybrick sea uno de los más interesantes tanto por el impacto que tuvo en la sociedad británica de finales del siglo XIX como por la conexión que parecía haber entre su marido, James Maybrick, y el asesino conocido como Jack el destripador.

Florence Elizabeth Chandler nació el 3 de septiembre de 1862 en Alabama (Estados Unidos). Cuando su padre falleció, su madre se volvió a casar y, mientras viajaban hacia Reino Unido, Florence conoció a James Maybrick en el barco, hombre con el que se casaría poco después a pesar de la enorme diferencia de edad que había entre ambos.

Tras la boda, en 1884 se instalaron en una casa situada en los suburbios de Liverpool. Tuvieron gran éxito en las altas esferas de la ciudad, todos pensaban que eran el vivo retrato de un matrimonio feliz y bien avenido, sin embargo, la rea-

Retratos de Florence y James Maybrick aparecidos en *The Graphic*, periódico británico ilustrado, en 1889 en una noticia sobre el caso [Wikimedia Commons].

lidad era bien diferente. James tenía varias amantes e hijos ilegítimos; por otro lado, Florence también empezó a tener distintos amantes intentando encontrar de nuevo su felicidad. A esto había que sumar que James tenía una peculiar costumbre, consumía arsénico de forma habitual. Algunas fuentes dicen que lo usaba como afrodisiaco y otras que lo usaba para curar una antigua enfermedad, tal vez malaria o una enfermedad venérea. Recordemos que lo de tomar arsénico voluntariamente no era un caso aislado.

Muchas fueron las personas que le suministraron arsénico a James a lo largo de su vida, incluidos varios médicos y un fabricante de paños que hacía experimentos poniendo el veneno sobre un tejido sustitutivo del algodón. Este último le llegó incluso a dar unos ciento cincuenta granos de arsénico, cantidad suficiente para matar a cincuenta personas, a cambio de ayudarle con su negocio. A estas alturas, Florence ya estaba preocupada por la adicción de James, incluso llegó a mencionar este turbio asunto en unas cartas dirigidas a su hermano Michael.

Florence terminó fugándose a Londres en 1889 con Alfred Brierley, amigo de la pareja. Tiempo después, regresó con su marido pero tras una gran disputa en la que James le dejó un ojo morado, Florence compró el 13 de abril una docena de hojas de papel para matar moscas en una farmacia. Según se dijo en el juicio, habría puesto ese papel dentro de un recipiente lleno de agua para poder extraer el arsénico que contenía con el objetivo de usarlo con fines cosméticos, para suavizar y limpiar la piel de la cara, no para acabar con James.

James Maybrick empezó a mostrar claros síntomas de envenenamiento el 26 de abril; tenía náuseas, vomitaba con frecuencia, además de presentar debilidad en los miembros inferiores y dolores de estómago, aunque el día 30 parecía estar ya algo mejor. De nuevo, Florence volvió a comprar más hojas de papel para matar moscas a finales de ese mes en otra farmacia. A los pocos días James empeoró de nuevo, el día 8 de mayo mandaron llamar a una enfermera para que se ocupara de él y la niñera compartió sus sospechas con una amiga de la familia, Matilda Briggs, de que Florence le estaba envenenando.

Todo cambió poco después, cuando el hermano de James, Michael, interceptó una carta escrita por Florence dirigida a Brierley donde decía varias cosas que la hacían parecer claramente culpable. La enfermera que había estado cuidando de James encontró una botella con un líquido que Florence le había estado administrando a su marido que resultó contener, tras los análisis, grandes cantidades de arsénico. Florence declaró que había sido su propio marido el que le había pedido que pusiera ahí el arsénico para poder tomárselo.

James Maybrick murió el 11 de mayo de 1889, la autopsia reveló que ciertos órganos contenían elevados niveles de arsénico; Florence fue detenida el día 14, acusada de haberle envenenado. El juicio tuvo lugar en julio y su abogado repitió en numerosas ocasiones que no había pruebas que vincularan su muerte con Florence.

Aun así, fue declarada culpable por un jurado el día 7 de agosto de 1889 de haber asesinado a su marido James y, aunque fue inicialmente condenada a morir en la horca, fue indultada dos semanas después y se le cambió la sentencia por cadena perpetua. Pensemos que era algo bien conocido que su marido era consumidor habitual de arsénico, por lo tanto, no queda claro si la causante de su muerte fue Florence o fue él mismo el que, con su peculiar costumbre, murió por sobredosis o que, incluso, podría haber muerto al reducir drásticamente su ingesta de este elemento. Este caso tuvo un gran impacto en la prensa, y hubo muchas personas que simpatizaron con Florence y que apoyaron la campaña de indulto.

Finalmente, Florence pasó un total de catorce años en la cárcel y fue liberada en 1904; decidió regresar a Estados Unidos, lugar donde escribió sus memorias y trató de retomar su vida, hasta que falleció en 1941.

Como curiosidad, al principio hemos hablado de la conexión de este caso con Jack el Destripador; en 1991 se descubrió un diario escrito por James Maybrick donde se describían los cinco asesinatos atribuidos a Jack, aunque no está muy claro que dicho diario sea auténtico. Lo que sí se sabe es que James estuvo en Whitechapel cuando tuvieron lugar los crímenes y que al morir este, cesaron, algo que no ha servido más que para perpetuar el mito.

BEATRICE PACE (1889-1973)

Beatrice se casó con Harry en 1909, tuvieron un total de diez hijos de los cuales solamente cinco sobrevivieron a la infancia, algo habitual dado lo elevada que era la tasa de mortalidad infantil entonces. Harry trabajaba en las canteras extrayendo roca y también tenían ovejas que vendían para complementar su salario; Beatrice además ayudaba criando pollos y vendiendo huevos. No fue lo que se dice un matrimonio feliz, ya que Harry Pace era conocido por tener ataques de ira y se piensa que incluso maltrataba a su mujer; de hecho, se sabe que una vez la dejó atada a la cama durante todo un día, que en otras ocasiones la había golpeado con una cuerda de alambre, que la había perseguido pistola en mano, etc. En 1924 se le llegó a acusar de malos tratos, por lo que él fue condenado a pagar una multa de diez libras.

En 1926 Harry fue diagnosticado con gastritis, inflamación del estómago, padecía grandes dolores y en ocasiones llegaba incluso a vomitar sangre. Sucesivamente tuvo varios ataques que le hicieron mandar llamar al médico al año siguiente, aunque el diagnóstico volvió a ser el mismo.

En verano de 1927 estuvieron desinfectando a las ovejas, técnica que consistía en bañarlas en fungicidas e insecticidas para protegerlas de las plagas, para ello se empleaba un producto en forma de polvo que había que mezclar con agua y que contenía una cantidad de arsénico más de mil veces superior a la letal para una persona. La tarea de bañar a las pobres ovejas en esta sustancia durante unos treinta segundos la hacía la propia Beatrice junto a Harry en una bañera que, después de ser lavada, era empleada para recoger el agua de lluvia que se usaba después para lavar la colada.

De nuevo Harry empezó a sentirse extremadamente mal tras el lavado de ovejas, el día siguiente lo pasó casi todo en cama. La familia de Harry solicitó una segunda opinión médica, pero volvió a ser la misma. Con parálisis en parte del cuerpo y agudos dolores, Harry fue hospitalizado en la enfermería real de Gloucester el 19 de agosto. En aquellos momentos parece ser que ya se tenían sospechas de que el origen de su enfermedad lo había causado el arsénico, probablemente absorbido a través de la piel al lavar a las ovejas, aunque los familiares de Harry no creía que ese fuera el origen de su envenenamiento. En el hospital llegó a decir que no quería ser una carga para su familia ni ser un lisiado y que antes de llegar a eso se suicidaría, aunque su familia no veía muy probable que fuera capaz de hacerlo realmente.

DAILY SKETCH

INCORPORATING THE DAILY GRAPHIC

INSURES YOU FREE

No. 5,998. TUESDAY, JULY 3, 1928. ONE PENNY.

THE CROWD AT THE OPENING OF MRS. PACE'S TRIAL

Fragmento de la portada del *Daily Sketch* del día 3 de julio de 1928 donde se ve la gente que está esperando a que dé comienzo el juicio de Beatrice Pace.

En octubre de 1927 Harry regresó a casa, todavía muy débil, aunque poco a poco fue recuperando las fuerzas y un par de días antes de Navidad ya era capaz de usar ambos brazos. Sin embargo, poco duraría esta leve mejoría, ya que el día antes de Navidad Harry empezó de nuevo con dolores y vómitos, ese mismo día además intentó atacar a Beatrice con unas tenazas que había cogido en la hoguera de la cocina. Llamaron a un médico cuando la cosa volvió a empeorar, apareció la fiebre, temblores y mucho más dolor; más o menos se mantuvo igual hasta el día 10 de enero de 1928, cuando finalmente falleció.

Beatrice se alegró de que su marido al fin pudiera descansar en paz y preparó el funeral, sin embargo, la familia de Harry no estaba muy convencida y fue a decirle al médico que había algo turbio en su muerte. Tanto insistió la familia que la policía apareció finalmente haciendo preguntas por la casa y pidiendo que se retrasara el funeral; concretamente buscaban el polvo que se empleaba para lavar a las ovejas. Inicialmente había dos sobres, que Beatrice había comprado en julio del año anterior (recordemos que ya estaba en vigor la ley que obligaba a todos a inscribir todas las compras de veneno en un registro), pero ya solamente quedaba uno sin abrir. Poco tiempo después y tras la investigación policial, Beatrice Pace fue acusada de haber envenenado a su marido administrándole arsénico durante un periodo prolongado de tiempo.

Entre el arresto y el juicio pasaron algunos meses y aunque mucha gente creía que la propia Beatrice era una víctima, había otros muchos que la señalaban con el dedo por la muerte de su marido. Para aquel entonces ya habían aparecido multitud de noticias sobre el caso, prácticamente desde los inicios de la investigación que dio comienzo meses antes; toda la población estaba pendiente del juicio y del veredicto.

El abogado encargado de defender a Beatrice siempre intentó dejar claro que todas las pruebas que había contra ella eran meramente circunstanciales y que, en realidad, no se sabía cómo había ingerido Harry el arsénico que había acabado finalmente con su vida. De hecho, acusó en varias ocasiones de forma directa a la familia de Harry de haber culpado desde el principio a Beatrice, debido sencillamente a la poca simpatía que le tenían. Todo estaba basado en rumores y en pura especulación y, con cada día que pasaba, más claro estaba que no había sido ella la responsable. Fue declarada no culpable por el jurado el día 6 de julio de 1928.

Tan mediático fue el caso que entre tres y diez mil personas estuvieron allí el día que se hizo público el veredicto. Gente corriendo por las calles hacia donde estaba ella, mujeres abrazándose, un trompetista tocando el himno nacional...todo fue una gran celebración. Tal interés tenía el públicio en ella que Beatrice terminó vendiendo su historia a la prensa, que fueron publicando en sucesivas entregas. En estas noticias aparecieron datos sobre su infancia, su matrimonio y todo lo que sucedió en el juicio. Aunque después trató de rehacer su vida, su camino estuvo sembrado de problemas y murió finalmente en el hospital de Gloucester en marzo de 1973.

ENVENENADORAS ESPAÑOLAS

Por el momento todas las personas de las que hemos hablado hasta ahora eran de distintas partes del mundo, envenenadoras británicas, francesas y estadounidenses, que se hicieron muy populares gracias, en parte, a la difusión de noticias sobre sus juicios en la prensa. No cometamos el error de pensar que el envenenamiento con arsénico es algo que se daba solamente fuera de nuestras fronteras ya que en España también contamos con varios casos, alguno de ellos bastante mediático, donde se empleó este elemento como veneno. Casi todos ellos son cosa del pasado ya, sin embargo, veremos uno que pertenece a nuestra historia más reciente.

Comenzaremos por el 28 de diciembre 1838, cuando tuvo lugar el juicio de Anastasia Coronado que trabajaba como criada en la casa de los Sampelayo. Anastasia fue acusada de haber tratado de envenenar con arsénico a Juan Francisco Sampelayo, a su mujer y a tres cuñadas.

El día 21 de diciembre Anastasia les sirvió a todos un vaso de agua con cebada y leche y, al poco tiempo, empezaron a tener fuertes dolores de estómago, náuseas y vómitos. En este caso se pudieron analizar tanto los restos del contenido de una jarra, una jofaina donde habían vomitado algunas de las víctimas y unos terrones blancos que se habían encontrado debajo de la cama de Mariano Martínez, persona relacionada con Anastasia.

Los terrones blancos resultaron ser arsénico blanco y en la jarra se encontró un residuo de «metal arsénico blanco» en cantidad suficiente para acabar con la vida de varias personas. Sin embargo, no se encontró arsénico ni en el vómito de las víctimas del envenenamiento ni en los vasos donde se tomaron el agua con cebada.

El no poder demostrar la existencia de veneno alguno en el agua de cebada que tomaron y no poder vincular tampoco el líquido que había contenido la jarra con el de sus vasos hacía prácticamente imposible determinar si habían tratado de envenenarles tan solo con el relato de los síntomas que habían sufrido. En el juicio se declaró que los síntomas que había padecido la familia Sampelayo tampoco eran exactamente los mismos que algunos médicos, entre ellos Orfila, decían ser característicos del envenenamiento por arsénico.

Por otro lado, había ciertas situaciones sospechosas que rodeaban la denuncia inicial de envenenamiento. El día 21 de diciembre Juan Francisco Sampelayo había despedido a Mariano Martínez y, al no pagarle el salario que le debía, este le denunció ante un juez el día 28. Fue precisamente ese mismo día cuando los Sampelayo pusieron la denuncia de envenenamiento.

Dado que las víctimas se recuperaron a los pocos días del supuesto envenenamiento, se dictaminó en el juicio que sus síntomas habían sido causados por una indigestión producida por la leche, posiblemente adulterada por los vendedores o por su precario estado de conservación. No quedó probado ni que hubiera habido intento de envenenamiento y, dados los antecedentes, no estaba muy claro que no hubiera sido todo una invención de la familia. El 5 de agosto se mandó sobreseer el caso y Sampelayo tuvo que pagar las costas del juicio y compensar a Mariano y a Anastasia por calumnias.

En los periódicos apareció una breve reseña del juicio de María Llort en mayo de 1903, acusada de haber envenenado con arsénico a su suegra, cuñada, sobrino y a otra persona más en la localidad de Vilagrasa (Lérida). Por desgracia, no se sabe mucho más del tema ya que no volvió a salir mencionado en la prensa.

Sigamos con el año 1903, concretamente viajaremos hasta un pequeño pueblo de Galicia, Comesaña, que se hizo tristemente famoso cuando se acusó a Teresa Álvarez Hermida de haber envenenado a su marido.

Teresa estaba casada con Agustín Alonso, un vecino del pueblo, desde el año 1880. Agustín tuvo que emigrar a Buenos Aires (Argentina), como otros muchos antes que él, en busca de fortuna, pero les escribió cartas de forma casi continuada durante los catorce años que en teoría estuvo allí. Ella vivía en el pueblo con su hija Dolores, por lo que no es de extrañar que, cuando apareció Belarmino Pérez, un joven moreno y simpático, cayeran las dos en sus redes. Primero fue amante de la madre, después de la hija, y mientras tanto, se fue haciendo con sus propiedades a un precio casi ridículo.

No queda muy claro el motivo, pero Agustín por esas fechas consiguió que su mujer y su hija se fueran con él a Buenos Aires, donde pasarían un año y medio. Tras vender todo lo que había acumulado allí, regresaron todos juntos a Comesaña en noviembre de 1903. A su vuelta les estaba esperando Belarmino y, entre él, Dolores y Teresa decidieron acabar con la vida de Agustín empleando arsénico, un veneno fácil de obtener y difícil de identificar.

Le empezaron a administrar el arsénico a Agustín en la leche y al poco tiempo comenzó a encontrarse mal, mostrando los típicos síntomas de envenenamiento por arsénico (vómitos, molestias de estómago...) mientras trataban de convencerle de que esos síntomas los causaba una enfermedad que había contraído en Argentina.

Aunque un médico acudió a verle, el diagnóstico fue úlcera de estómago y, unido a sus problemas previos de laringe, incluso le recomendó que tomara más leche para aliviar sus síntomas; poco sabía el pobre que precisamente esa leche iba a ser la culpable de su trágico final. Finalmente, Agustín murió el día 18 de noviembre de 1903, dos semanas después de haber regresado a su país con su familia.

Los rumores en el pueblo consiguieron que se le hiciera una autopsia a Agustín. Los análisis confirmaron que había arsénico en su interior y que había muerto por ingerir dicha sustancia. Todos fueron acusados de asesinato; durante el juicio se escucharon diferentes testimonios, entre otros a Teresa diciendo que su marido llevaba mucho tiempo enfermo, afirmando además que sospechaba de distintas personas que podrían haberle envenenado en Buenos Aires.

Las declaraciones clave fueron las del cura, que djio que Agustín ya sospechaba de que su propia familia le estaba envenenando, y de varios médicos que participaron en la autopsia. Sin embargo, después de escuchar a todos los testigos, los cargos contra Belarmino y Dolores fueron retirados, y Teresa terminó siendo declarada inocente por un jurado popular. Es otro caso más donde la falta de evidencias físicas hizo que no se pudiera culpar de forma directa a nadie de la muerte de Agustín.

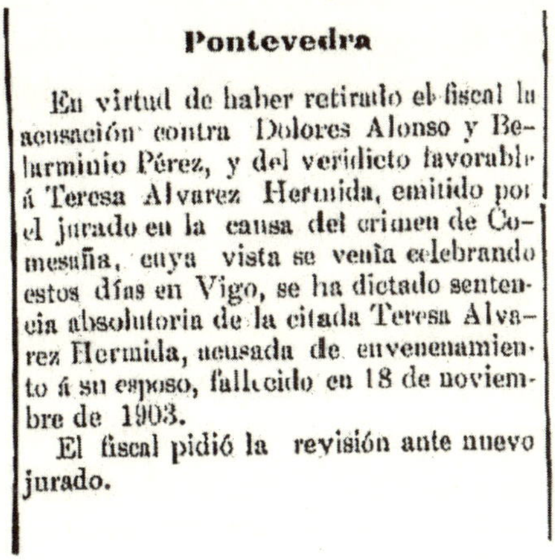

Pontevedra

En virtud de haber retirado el fiscal la acusación contra Dolores Alonso y Belarmino Pérez, y del veridicto favorable á Teresa Alvarez Hermida, emitido por el jurado en la causa del crimen de Comesaña, cuya vista se venía celebrando estos días en Vigo, se ha dictado sentencia absolutoria de la citada Teresa Alvarez Hermida, acusada de envenenamiento á su esposo, fallecido en 18 de noviembre de 1903.

El fiscal pidió la revisión ante nuevo jurado.

Breve comentario aparecido en *El correo gallego* el día 15 de diciembre de 1905 sobre la absolución de Teresa Álvarez Hermida.

En el periódico *La época*, en una noticia aparecida el martes 21 de junio de 1904, se describe brevemente el caso de Placeres Carameo, residente en La Lama (Pontevedra). Esta mujer de veinticinco años, y de «aspecto agradable» según la noticia, asesinó a su hermano, que tenía una enfermedad mental, echándole arsénico en un caldo. La autopsia fue la que determinó que la causa de la muerte había sido envenenamiento y en el juicio se descubrió que lo había hecho para heredar una pequeña cantidad de dinero. El fiscal solicitó la pena de muerte para Placeres, pero no se sabe si se llegó a ejecutar la condena. El 20 de octubre de ese mismo año salió en la prensa otro caso parecido de una mujer de Pontevedra llamada María Caramós, que mató a su hermano Joaquín el año anterior, también con algún tipo de retraso mental, echándole arsénico en un caldo. El arsénico lo había comprado en una botica de una aldea cercana con la intención de matar ratones.

Avanzamos unos años, concretamente hasta finales de la década de 1930, donde nos encontramos con Magdalena Castells Pons que se presentaba a sí misma como curandera y adivina. Entre otras cosas, les vendía a sus clientas un producto a base de harina en polvo, arsénico y bario que, como podemos deducir por su composición, era un potente veneno. El bario se podía comprar por aquel entonces como plaguicida en muchas tiendas y el arsénico blanco procedía de un plaguicida llamado Ratil, que se podía adquirir fácilmente en droguerías para acabar con las plagas sin levantar muchas sospechas.

Gracias a la ayuda de Antonia Font, dueña de una sastrería en Palma, Magdalena les vendió este producto a cuatro mujeres: Juana María Veny, Margarita Martorell, Antonia Suau Garán y María Nicolau. Todas ellas emplearon este veneno para acabar con la vida de alguien. Juana María empleó dicha sustancia para matar a su marido, Andrés Pedrosa, con el objetivo de poder estar con su amante, Tomás, aunque en el juicio alegó que su intención original había sido curar una lesión que este tenía en el pie. Por otro lado, Margarita Martorell mató también a su marido, Miguel Massot, para poder dedicarse a la prostitución sin que él pudiera cuestionarla. Antonia Suau Garán mató a su marido (que además era su tío), Pedro Garán, al darse cuenta de que era mucho más pobre de lo que inicialmente parecía al casarse con él cuando este regresó de América. Por último, María Nicolau mató a su suegra, María Mesquida, porque iba a casarse a sus 76 años con un jovenzuelo y a dejar sin herencia a su hijo. Todos murieron entre 1939 y 1940 presentando diversos síntomas característicos del envenenamiento por arsénico.

Aunque inicialmente todas las muertes parecieron causadas por una enfermedad cardiaca o hemorragias internas, a finales de 1940 empezaron a sospechar que la causa había sido otra. Al ir atando cabos, un agente de la Guardia Civil de Palma, Eugenio Blanco, se hizo pasar por un cliente que quería acabar con la vida de su mujer y así consiguió que Antonia delatara a Magdalena. Tras el juicio, que tuvo lugar en 1943, Magdalena fue condenada a muerte, aunque se sustituyó la pena por treinta años de prisión por cada víctima tras un recurso impuesto al Tribunal Supremo. Por su parte, Antonia fue condenada por ser su cómplice y las cuatro autoras de los crímenes mencionados fueron también condenadas a pasar varias décadas entre rejas. Curiosamente, este caso no tuvo una gran repercusión mediática en su época, probablemente debido a la censura reinante durante el franquismo.

Pasemos a la conocida como envenenadora de Castellón, María Gascó García, casada con José Ballester Galindo con el que, tras veinte años de matrimonio y siete hijos, empezaron a surgir los problemas. María estuvo desde finales de 1954 hasta 1955 viajando por distintas ciudades después de haber tenido una gran pelea con su marido hasta que se enteró de que José había interpuesto una denuncia por abandono del hogar. En ese momento, ella regresó rápidamente a su casa para que la retirara y evitarse así la condena correspondiente.

Tras pasar unos meses con José, la situación no mejoró; María compró raticida y se lo echó en el desayuno a su marido, provocándole poco después terribles dolores en la zona abdominal, vómitos y nauseas. Aunque fue trasladado al hospital, terminó falleciendo el día 23 de agosto pero los médicos tuvieron tiempo de ver que la causa de su muerte había sido el veneno. María fue condenada a muerte, aunque otra vez, tras un recurso interpuesto ante el Tribunal Supremo, su condena fue sustituida por treinta años de cárcel.

De una envenenadora pasamos a otra, la conocida como envenenadora de Valencia, Pilar Prades Expósito que, de hecho, tiene la dudosa fama de haber sido la última mujer ejecutada en España con garrote vil.

Pilar Prades abandonó de joven su pueblo natal, Begis, en Castellón, para ir a vivir a Valencia. Como no sabía ni leer ni escribir se dedicó a trabajar en el servicio doméstico, llegando a encadenar más de tres trabajos diferentes en un mismo año. En 1954 empezó a trabajar en la casa de Enric Vilanova y Adela Pascual, ayudándoles también con su negocio. Pronto la salud de Adela empezó a empeorar, presentaba dolores de estómago, vómitos, pérdida de peso y debilidad generalizada, todo su sufrimiento acabó poco despúes, ya que murió en mayo de 1955. El marido, no muy satisfecho con la reacción que tuvo Pilar tras la muerte de su mujer, la echó a la calle.

Gracias a los contactos que tenía Pilar, empezó a trabajar de nuevo al servicio de la familia Alpere-Greus, ganándose la confianza de todos. De nuevo, tras escaso tiempo trabajando allí, a la señora de la casa le empezaron a salir manchas en la piel, otro de los síntomas de envenenamiento por arsénico, pero finalmente Pilar decidió marcharse sin que fuera a más.

Por la recomendación de una amiga, Aurelia Sanz, empezó a trabajar como cocinera en la misma casa donde estaba ella, la de Manuel Berenguer Terraza y Carmen Cid. Según dijeron las noticias en su momento, Pilar tuvo un conflicto con la propia Aurelia por un hombre y le administró el veneno para librarse de la competencia. Aurelia empezó a tener alguno de los síntomas ya descritos (vómitos, diarreas, debilidad) y, aunque fue ingresada en el hospital, sus pies y manos quedaron atrofiados. Al poco tiempo Carmen Cid empezó también a mostrar síntomas de envenenamiento por arsénico. Su marido, que era médico militar, tras hablar con un compañero, decidió hacerle unas pruebas a Carmen descubriendo que, efectivamente, el arsénico era lo que explicaba todos sus síntomas.

Tras este caso fueron atando cabos: en todas las casas en donde había trabajado Pilar las mujeres habían mostrado esos síntomas, llegando incluso una a morir. Manuel Berenguer presentó una denuncia y se exhumó el cadáver de Adela, encontrando arsénico en él. La policía registró la casa de Pilar y encontró un mata hormigas que estaba hecho a base de una mezcla de arsénico y melaza; fue detenida el 20 de febrero de 1957. Tras varias sesiones de interrogatorio, Pilar finalmente se declaró culpable. Su intención siempre había sido la de ocupar el puesto de las mujeres que había asesinado o intentado asesinar. Fue condenada a muerte en diciembre de 1957 por el asesinato de Adela Pascual y a cuarenta años de cárcel por los intentos de asesinato de Aurelia Sanz y Carmen Cid.

Como hemos dicho, Pilar Prades, después de ser declarada culpable de estos crímenes, fue ejecutada el día 19 de mayo de 1959 en el patio de la prisión de mujeres de Valencia con el garrote vil, mientras gritaba que era demasiado joven para morir. En ese momento contaba con treinta y un años y fue la última mujer ejecutada en España.

Tanta repercusión tuvo este caso en la historia de España que llegó a aparecer incluso en una serie de televisión, *La huella del crimen*, en el capítulo titulado *El caso de las envenenadoras de Valencia* emitido el 10 de mayo 1985 con Terele Pávez en el papel de Pilar Prades. También sirvió de inspiración para la escena final de *El verdugo*, película de Luis García Berlanga.

Durante la década de 1960 España se vio de nuevo golpeada por varios supuestos envenenamientos con arsénico, estando en el origen de todo Catalina Domingo, que pasaría a conocerse como la envenenadora de Pollença (población situada en Mallorca).

Juana Domingo, tía de Catalina, tenía una tienda junto a su marido, Luis Palmen, en la que vendían objetos de mimbre. Al quedar Catalina huérfana se hicieron cargo de ella y mantendrían el contacto durante el resto de su vida.

LE MONDE ILLUSTRÉ

JOURNAL HEBDOMADAIRE

ABONNEMENTS POUR PARIS ET LES DÉPARTEMENTS
Un an, 24 fr.; — Six mois, 13 fr.; — Trois mois, 7 fr.; — Un numéro, 50 c.
Le volume semestriel, 12 fr. broché. — 17 fr., relié et doré sur tranche.
LA COLLECTION DES 22 ANNÉES FORME 44 VOLUMES.
Directeur, M. PAUL DALLOZ.

BUREAUX
13, QUAI VOLTAIRE
23e Année. Nº 1138 — 18 Janv. 1879

DIRECTION ET ADMINISTRATION, 13, QUAI VOLTAIRE
Toute demande d'abonnement non accompagnée d'un bon sur Paris ou sur la poste, toute demande de numéro à laquelle ne sera pas joint le montant en timbres-poste, seront considérées comme non avenues. — On ne répond pas des manuscrits envoyés.
Secrétaire, M. E. HUBERT.

UNE EXÉCUTION EN ESPAGNE. — Le supplice du garrot. — Exécution d'Oliva Moncasi, au Campo de Guardia, le 4 janvier. — (Dessin de M. Vierge, d'après le croquis de notre correspondant.)

Portada de *Le monde ilustré* del 18 de enero de 1879 donde se ver la ejecución con garrote vil en Barcelona de Juan Oliva Moncasi, tras haber atentado contra Alfonso XII. Esta técnica de ejecución estuvo vigente en España desde 1820 hasta la abolición de la pena de muerte en 1978 al aprobarse la Constitución. La última mujer en ser ejecutada así fue Pilar Prades en 1959; los últimos hombres, Salvador Puig y Heinz Chez, en 1974.

Catalina se casó joven con Pedro Coll, que trabajaba en una empresa de pompas fúnebres. Pronto tuvieron un hijo, Rafael Ángel, que a los cuatro años empezó a mostrar preocupantes síntomas de enfermedad: fuertes vómitos, diarreas, dolores, fiebre alta.... Sí, parecía estar siendo envenenado con arsénico. A pesar de que fue llevado al hospital, nada se pudo hacer por él y falleció. Por desgracia tuvieron una segunda hija a los pocos meses, María Luisa, que empezó a mostrar los mismos síntomas que Rafael en 1964 y que murió sin haber llegado a cumplir los dos años.

A finales de 1967 su marido, Pedro, empezó a presentar los mismos síntomas que sus dos hijos y murió en enero de 1968, supuestamente, por infarto de miocardio. Catalina heredó y se fue a vivir con sus tíos. Pocos meses después, el día 5 de mayo de 1968, falleció su tío Luis. El 18 de septiembre de ese mismo año falleció también su tía Juana debido a una gastroenteritis aguda, quedando entonces Catalina como única heredera. Siguió con su vida como si nada hubiera pasado ante el asombro de sus vecinos.

Se casó con un taxista, Juan Vidalet, en octubre de 1968, tan solo nueve meses después de que hubiera muerto su primer marido. Por esas mismas fechas, y debido a las acusaciones de una carta anónima donde se decía que Catalina había sido la culpable de las muertes, se solicitó la exhumación de los cadáveres de los tíos de Catalina y de Pedro, en los que se encontraron altas dosis de arsénico. Fue detenida y acusada de la muerte de su esposo y de sus tíos. Por desgracia, solo se pudo demostrar, a pesar de que confesó haber cometido un total de cinco crímenes, que había asesinado a su tía Juana. Fue condenada a treinta años de cárcel. Solo estuvo ocho años. Murió en 1986 en extrañas circunstancias, probablemente debido a un envenenamiento, aunque no se pudo confirmar.

Por desgracia, además de los casos mencionados hay otros muchos donde el arsénico jugó un papel crucial, como el de Josefa Mas Cañadas que, junto a su esposo, mató a Miguel Lerma en 1955 para quedarse con sus posesiones, o el de Amparo Calleja López, que en abril del 2000 mató a su marido para quedarse con su dinero.

PARA LEER MÁS:

- Anónimo (1676). *Mémoire du proces extraordinaire contre Madame de Brinvilliers & de la chaussée Valet de Monfr. Sainte Croix. pour raison des empoisonnemens des diverses personnes.* Boom, Hendrik & Boom, Dirk, Weduwe.
- Anónimo (1752). *The Tryal of Mary Blandy, Spinster: For the Murder of her Father,* Francis Blandy, Gent.
- Anónimo (1857). Full report, extracted from the «Times», of the extraordinary and interesting trial of Miss Madeleine Smith, of Glasgow, on the charge of poisoning by arsenic of her late lover, Emile L'Angelier, including the correspondence.
- Barrell, H. (2017). Fatal Evidence: Professor Alfred Swaine Taylor & the Dawn of Forensic Science. *Pen & Sword History.*
- Bertomeu Sánchez, J. R. (2015). *La verdad sobre el caso Lafarge. La estrella polar.* Ediciones del Serbal.
- Donis, M. (2002). *Envenenadoras. La crónica negra de los 40 casos más célebres cometidos por mujeres en España.* La Esfera de Libros.
- Du Bois, W. E. (1882). *Trial of Lucretia Chapman: otherwise called Lucretia Espos y Mina, who was jointly indicted with Lino Amalia Espos y Mina, for the murder of William Chapman.* Philadelphia: G.W. Mentz & Son.
- Emsley, J. (2005). *The elements of murder.* Oxford University Press.
- Fenning, E. (s.f.). *Circumstantial evidence. The extraordinary case of Eliza Fenning, who was executed in 1815, for attempting to poison the family of Orlibar Turner, by mixing arsenic in yeast dumplings. With a statement of facts, since developed tending to prove her innocence of the crime.*
- Fullana Martorell, J. F. (2006). *Crímenes y criminales en la Isla de la Calma: Mallorca 1884-1951.* Lleonard Muntaner Editor.
- Nagy, V. (2014). Nineteenth-century female poisoners: three English women who used arsenic to kill. Palgrave Macmillan.
- Página web Criminalia: https://criminalia.es
- Ramsland, K. (2005). *The Human Predator.* The Berkley Publishing Group, New York City.
- Stokes, H. (1912). *Madame de Brinvilliers and her times.* John Lane Company.
- Taylor, A. S. (s.f.) *Trial for murder by poisoning with arsenic.*
- Whorton, J. C. (2010). *The arsenic century. How Victorian Britain was poisoned at home, work & play.* Oxford University Press.
- Wolf, L. (2004). *The Murder of Dr. Chapman: The Legendary Trials of Lucretia Chapman and Her Lover.* Harper Collins.
- Wood, J. C. (2012). T*he most remarkable woman in England. Poison, celebrity and the trials of Beatrice Pace.* Manchester University Press.

El arsénico también es cosa de hombres

El veneno es un arma silenciosa, muchas veces letal, que no requiere mancharse mucho las manos ni tener demasiada fuerza física y, por norma general, se suele atribuir su uso a las mujeres, por eso cuando se empezó a hablar de la ley del arsénico en el siglo XIX en el Reino Unido, se intentó prohibir de manera específica que las mujeres compraran este elemento.

En un estudio donde se analizaban los artículos aparecidos en el periódico *The Times* relativas a muertes por envenenamiento, se vio que entre 1839 y 1846 se habían publicado un total de 132 noticias. De ellas, 73 tenían como protagonista a una mujer pero, por otro lado, 59 eran sobre hombres que habían empleado algún tipo de veneno para acabar con alguien. Entre 1800 y 1851 por lo menos siete hombres fueron condenados a muerte por haber asesinado a sus esposas o amantes con arsénico.

Por el momento, los casos que hemos visto de arsénico empleado como arma letal para conseguir una herencia o fugarse con un amante han sido casi todos cosa de mujeres. Sin embargo, se puede ver que hubo una cantidad nada despreciable de hombres que hicieron exactamente lo mismo y en esta sección veremos algunos de los más conocidos.

A lo largo de la historia se han producido también una serie de muertes que, erróneamente, han sido atribuidas al arsénico en algún momento y de las que hablaremos en la última parte de este capítulo.

HENRI-AUGUSTIN TRUMEAU (1748-1803)

Empecemos por un caso que tuvo lugar cerca de nuestras fronteras, en Francia, en el año 1803. Henri-Augustin Trumeau, nacido en París en el seno de una buena familia, recibió una educación basada en las ciencias, poco más se sabe de él hasta que comenzó a vender especias en un local en la plaza de Saint-Michel. Tuvo dos hijas con su primera esposa, Rosalie, la mayor, y Marie, la pequeña.

Según fueron pasando los años, y movido por su rabia y desesperación, Henri-Augustin fue gastando parte del dinero de la dote de su esposa en alcohol y mujeres; tampoco debió ser ni demasiado buen marido ni demasiado buen padre por lo que cuentan los escritos. Su esposa murió unos años después del nacimiento de Marie, en circunstancias que no quedan muy claras, y él se quedó con su herencia.

El día 11 de enero de 1803 en la casa de los Trumeau tuvieron que avisar al médico, el señor Caron, para que asistiera a Rosalie, que llevaba enferma desde las ocho de la mañana. La niña no paraba de vomitar y estaba prácticamente inconsciente cuando la visitó el médico. Le recetó un medicamento contra los espasmos musculares que Marie fue a pedirle al boticario local. Nada más tomarlo, Rosalie notó como le ardía la garganta y pidió agua con vino para calmar su sed. Además de esto, se bebió varias tazas de té que le preparó su padre y tras y tomar una segunda cucharada de la medicina de Caron, sintió como perdía la fuerza, cerró lentamente los ojos y ya no volvió a despertarse. Apenas dos horas después de que se marchara el médico, a eso de las nueve de la noche, Marie, fue a verle y le comunicó que Rosalie había muerto.

Caron, extrañado por este repentino suceso, regresó a la casa para confirmar la muerte de Rosalie. A pesar de que este le pidió en repetidas ocasiones a Henri-Augustin que le acompañara para avisar a un magistrado de que tenía sospechas de que la muerte de su hija no había sido natural, este no quiso saber nada del tema. Al día siguiente Caron lo intentó convencer pero, ante sus negativas, finalmente se presentó ante el magistrado él solo y le guió hasta la casa de los Trumeau.

Henri-Augustin repitió lo que ya sabían, que ese mismo día por la mañana su hija había sentido ganas de vomitar, que le había preparado un té y que visto que no se le pasaba, habían llamado al médico. Así mismo, añadió que su hija había muerto tan solo tres cuartos de hora después tomar dos cucharadas de la medicina que le había recetado Caron.

Dos cirujanos a los que llamó el magistrado inspeccionaron los restos de Rosalie y determinaron que su muerte no había sido natural basándose, entre otras cosas que pudieron observar tan solo a simple vista, en la rigidez de sus brazos, en lo forzado de su postura, en el color de sus labios y por la temperatura de la zona del estómago, más alta de lo habitual. Parecía haber tenido convulsiones y que alguien había recolocado su cuerpo después de su muerte. Al inspeccionar la habitación lo único que encontraron fue un vaso que contenía restos de la medicina que le había dado el señor Caron; todo lo demás, los vasos con los restos de té, agua y vino, e incluso el orinal donde había vomitado la enferma, habían desaparecido.

El 13 de enero dos médicos le hicieron la autopsia a Rosalie y observaron que varios de sus órganos estaban inflamados. Al analizar los restos del estómago dijeron que parecía haber muerto por la ingestión de una sustancia nociva sin determinar.

Trumeau tenía arsénico en la tienda que regentaba, guardado en un cajón de difícil acceso por lo que solamente personas que conocieran de su existencia podrían haberlo cogido. Los médicos tomaron muestras del paquete de arsénico y las compararon con los restos encontrados en el estómago de Rosalie, una sustancia granulosa, diciendo que eran muy parecidos. Al día siguiente varios químicos analizaron todas las muestras y determinaron que esa sustancia del estómago era en efecto arsénico blanco y que Rosalie había muerto envenenada.

En sucesivas ocasiones el magistrado habló con Trumeau, dada la falta de pena y dolor que parecía mostrar por la muerte de su hija y este dio distintas versiones. Primero, que tal vez su hija Rosalie estaba preocupada por el futuro de los negocios familiares, también se mencionó un matrimonio que estaba a punto de tener lugar y para terminar le habló de Françoise Chantal, mujer que había conocido Trumeau tras la muerte de su primera esposa y que llevaba viviendo con ellos casi un año. Incluso en una de sus versiones llegó a decir que Rosalie se había suicidado con el objetivo de ponerle en evidencia.

Al final, tanto Henri-Augustin Trumeau como su amante, Françoise Chantal, fueron arrestados y juzgados por la muerte de Rosalie. Durante el juicio se descubrió que pocos días antes de la muerte de Rosalie, esta y su padre habían tenido una gran discusión acerca de los bienes de su difunta madre y esposa. La siguiente vez que habló con ella fue justo la noche anterior a su muerte, después de cenar algo que Trumeau había preparado. El 11 de enero, al despertar, Rosalie se quejó de que no había podido dormir bien y de que tenía náuseas. Rosalie preparó el café, como de costumbre, pero fue la única que lo tomó ya que su padre derramó el vaso que se había preparado. Cuando su otra hija, Marie, se fue a servir, Trumeau le impidió tomarlo. Pronto Rosalie

Grabado de Louis-Jean Allais realizado a principios del siglo XIX de un retrato de Henri-Augustin Trumeau, condenado a muerte por haber envenenado a su hija con arsénico.

tuvo que meterse en la cama porque se encontraba muy indispuesta, ni siquiera había sido capaz de atender a un cliente en la tienda, había tenido que pedir que su padre fuera a reemplazarla. Y a partir de ahí, el resto de los acontecimientos ya los conocemos.

Henri-Augustin Trumeau se contradijo numerosas veces durante el juicio diciendo que no había atendido a su hija cuando estaba enferma y después afirmando que le había llevado tazas de té en numerosas ocasiones. Esto fue clave ya que Marie dijo que ella había tomado también esa agua con vino y el té que le había servido a Rosalie, movida por la curiosidad al ver los efectos que tuvo en su hermana, y que poco después había sentido dolores de estómago y nauseas que solo la leche y un vomitivo habían podido calmar.

Aunque tardó bastante en querer declarar, Françoise Chantal echó más leña al fuego al decir que unos pocos días después de la muerte de Rosalie, Henri-Augustin había admitido en la alcoba haber sido él el causante de su muerte añadiendo veneno en el té. A una reclusa que la acompañaba en su celda le confesó que su amante le había dicho una noche que él quería sus favores «hemos perdido a una (hija), habrá que tener otra» y que el terminar dijo que él la había envenenado. Añadió que tenían que decir, si alguien preguntaba, que había sido un suicidio. Tras este giro de los acontecimientos, fue después Henri-Augustin el que acusó a Françoise Chantal de haber envenenado a su hija, alegando que había notado un comportamiento sospechoso en ella al día siguiente de la muerte de Rosalie.

Por otro lado, durante las investigaciones se descubrió que esta no era la primera muerte sospechosa en el entorno de Trumeau. Una de sus sobrinas, Marie-Jeanne Cervenon, de la cual fue nombrado tutor tras la muerte de sus padres, murió en casa de Henri-Augustin el día 23 de agosto de 1794 en circunstancias sospechosas cuando tenía apenas dieciséis años. En aquel momento no se le realizó la autopsia pero también presentó síntomas muy peculiares y los médicos que vieron el cadáver en casa se extrañaron de lo forzada de su postura, como si hubiera tenido convulsiones poco antes de morir.

Tanto Henri-Augustin Trumeau como Françoise Chantal fueron juzgados por un jurado y, tras cinco sesiones donde se escucharon a numerosos testigos, él fue declarado culpable por unanimidad por haber asesinado a su hija con veneno. Ella, en cambio, fue declarada inocente al no quedar clara su implicación en el crimen. Henri-Augustin fue condenado a pena de muerte, condena que se ejecutaría el día 7 de abril de 1803. Esta condena además tuvo la peculiaridad de que indicaba que Henri-Augustin debía llevar una camisa roja para que todo el mundo supiera el terrible crimen que había cometido. Al finalizar el proceso, se ordenó la destrucción del paquete de arsénico que había en la tienda de Trumeau y se dio por finalizado el caso. Aun así, años después, parece ser que Chantal confesó ante un cura, un día que estaba muy enferma, que ella había asesinado a la joven, aunque nada más se volvió a saber de esto.

JOHN EARLS (1802-1836)

En noviembre de 1835 dio comienzo el juicio de John Earls, acusado de asesinato en primer grado de su mujer, tal y como establecía la ley para casos de asesinato donde se sabía que se había empleado algún tipo de veneno.

John Earls, nacido en 1802 cerca de Williamsport, un pequeño pueblo de Pensilvania (Estados Unidos), se casó en 1820 con Ann Jackson; aunque ese primer matrimonio no duraría mucho, dos meses después ya estaban separados. Al poco tiempo conoció a Catherine Thomas pero tuvieron que esperar a que se anulara su primer matrimonio para poder casarse por segunda vez en 1821. Durante casi 13 años, estuvieron viviendo en Milton hasta que en 1834 se mudaron por motivos de trabajo. Sin embargo, no todo era tan bonito como decían las apariencias. John y Catherine llevaban mucho tiempo atrapados en un matrimonio desdichado; llegando incluso este a maltratar a su mujer y a buscar refugio en una amante, María Mortiz.

Tal y como dijo John Earls en su testimonio final, decidió acabar con la vida de su mujer para poder estar con María, de la que se enamoró perdidamente. Ya en agosto llevó a cabo un pequeño intento de envenenamiento. Compró arsénico con la excusa de usarlo para acabar con las ratas y lo puso en una manzana que después le dio a Catherine. Esta se la comió y al poco tiempo empezó a vomitar, aunque al día siguiente ya se le había pasado. John decidió entonces planear otra forma de acabar con su mujer. De nuevo, volvió a intentar matarla poniendo arsénico en un vaso de sidra dulce pero sucedió lo mismo, su mujer enfermó pero poco después se recuperó.

Según dice el resumen del juicio, le administró arsénico blanco por tercera vez entre los días 14 y 16 de octubre de 1835 mezclado en el chocolate y en el té, que ella se fue bebiendo sin tener sospecha alguna de la situación a pesar de todos los precedentes que había habido. El arsénico blanco en esta ocasión se lo compró a un boticario, concretamente acudió a la tienda de Bruner y Dawson en un momento en que estaba llena de gente, motivo por el cual muchas personas recordaban haberle visto allí.

Precisamente el 14 de octubre Catherine dio a luz a un hijo y parecía encontrarse bien, incluso mejor que tras partos anteriores. Se tomó toda la cena e incluso estuvo hablando un rato con una amiga. El problema es que la cena ya había sido condimentada previamente por John, por lo que menos de una hora después, Catherine empezó a vomitar y a encontrarse mal. John le preparó un té de menta para ver si así se sentía mejor, té que a la enferma le pareció un poco amargo. También se tomó cincuenta gotas de láudano, pero los vómitos persistieron. Le empezó a doler el estómago y continuó con vómitos y nauseas durante todo el día siguiente.

John no parecía demasiado preocupado por sus síntomas, incluso se llevó a sus hijos a dar una vuelta a una presa cercana al día siguiente. Cuando ese mismo día por la noche había que llevarle la cena a Catherine, él se ofreció a subirle el chocolate con pan, mantequilla y un poco de gelatina. John durante ese tiempo fue bastante reacio a llamar a un médico, no fue hasta

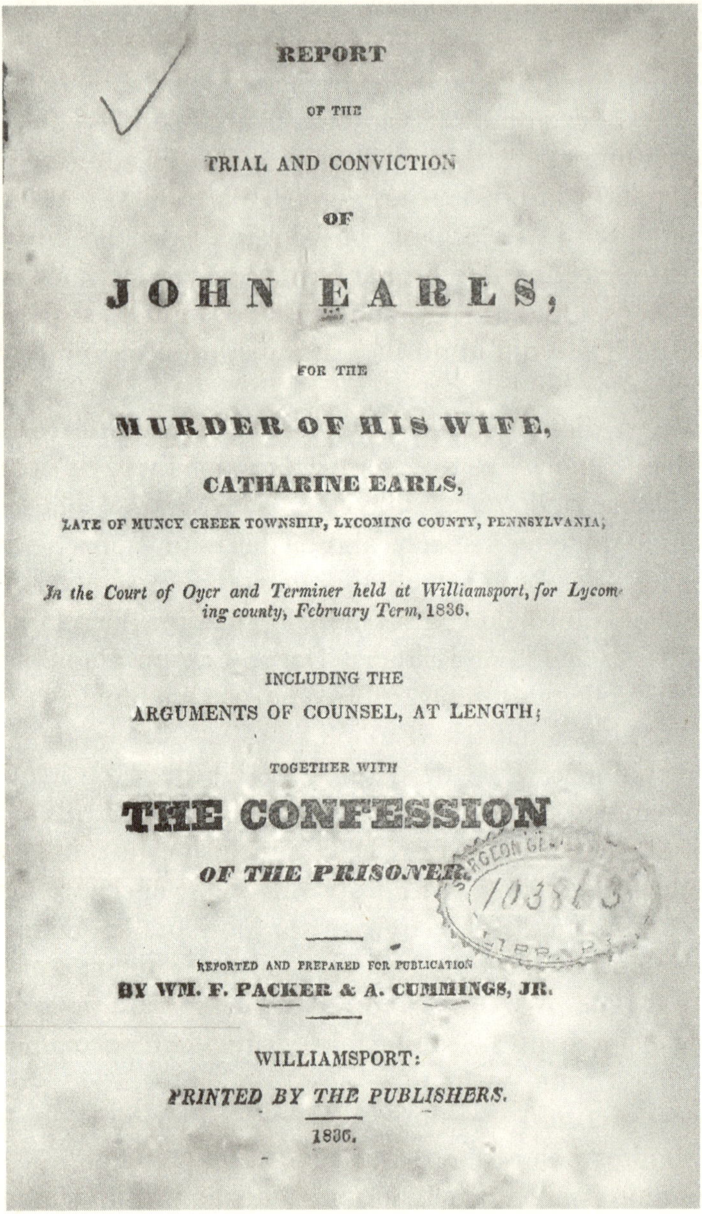

REPORT

OF THE

TRIAL AND CONVICTION

OF

JOHN EARLS,

FOR THE

MURDER OF HIS WIFE,

CATHARINE EARLS,

LATE OF MUNCY CREEK TOWNSHIP, LYCOMING COUNTY, PENNSYLVANIA;

In the Court of Oyer and Terminer held at Williamsport, for Lycoming county, February Term, 1836.

INCLUDING THE

ARGUMENTS OF COUNSEL, AT LENGTH;

TOGETHER WITH

THE CONFESSION

OF THE PRISONER.

REPORTED AND PREPARED FOR PUBLICATION

BY WM. F. PACKER & A. CUMMINGS, JR.

WILLIAMSPORT:

PRINTED BY THE PUBLISHERS.

1836.

Portada del libro *Report of the trial and conviction of John Earls* (1836) que incluye la transcripción del juicio de John Earls así como su confesión.

que una de sus hijas pequeñas insistió cuando mandó llamar a uno, que estaba a más de quince kilómetros de su casa, por lo que cuando llegó, Catherine ya había fallecido.

Los médicos demostraron en el juicio que Catherine efectivamente había sido víctima del arsénico, mostrando los típicos síntomas de envenenamiento en vida. En la autopsia, aparecieron restos del elemento durante el análisis de los contenidos de su estómago. De hecho, se llega a describir el proceso del análisis con todo detalle.

En el juicio participaron cerca de sesenta testigos, entre los que destacan algunos de los propios hijos de la pareja, que confirmaron que John había maltratado a Catherine en más de una ocasión, arrastrándola cogida del pelo o encerrándola en el sótano. También muchos testigos mencionaron a María Mortiz, la amante de John a la que le habían visto frecuentar en numerosas ocasiones.

Finalmente, aunque incluso se llegó a escuchar durante el juicio que la muerte de Catherine podría haber sido en realidad un suicidio, cosa que obviamente quedó demostrado que no era así, John fue condenado el 16 de febrero de 1836 a morir en la horca por el terrible crimen que había cometido. A pesar de que John se declaró inocente durante toda la duración del juicio sí se declaró culpable poco antes de morir ejecutado, testimonio que fue publicado junto al registro del juicio «para el beneficio de sus hijos huérfanos» tal y como dice el documento.

THOMAS JENNINGS (1808-1845)

Thomas Jennings vivía con su mujer y sus cuatro hijos en una cabaña en la campiña inglesa. Durante el invierno de 1844 una de sus sobrinas estuvo viviendo con ellos para cuidar a su descendencia, y fue la única testigo del asesinato en cuestión.

El día 23 de diciembre todos cenaron juntos beicon con patatas. Por lo visto, la cena debía estar un poco sosa porque todos los comensales le añadieron sal a su plato procedente de un salero que estaba en la mesa, todos excepto el acusado. La sobrina, Maria Carter, dijo que además Thomas había ido la despensa y que había vuelto con una pizca de un polvo blanco entre sus dedos que había puesto en un lateral del plato de la víctima. Eleazar, que todavía no había cumplido los cuatro años, untó una patata en el polvo y se lo acabó comiendo todo. Una media hora después de la cena, Eleazar se empezó a quejar de dolores de estómago. El día siguiente lo pasó entre vómitos y mucha sed, hasta que terminó muriendo el día de Navidad antes de que pudiera acudir el médico a ver qué le sucedía.

En un primer momento el caso no levantó sospechas y se pensó que Eleazar había muerto por causas naturales, pero a las pocas semanas otro de los hijos de Thomas, Henry George, enfermó y murió. Parecía ser demasiada coincidencia. Un cirujano de Newbury, que había participado en la investigación, tenía sospechas de que por lo menos el segundo hijo había muerto debido a la ingestión de arsénico y compartió sus sospechas con Alfred Swaine Taylor, toxicólogo pionero y considerado por muchos el padre de la medicina forense británica.

THE NEW GAOL, AT READING.

Dibujo de la prisión de Reading (Berkshire, Inglaterra), construida en 1844; la primera ejecución que tuvo lugar allí fue precisamente la de Thomas Jennings en 1845; en este mismo lugar estuvo preso Oscar Wilde de 1895 a 1897, suceso que plasmó en uno de sus poemas [Wikimedia Commons].

Un examen químico determinó que en el contenido del estómago del niño había arsénico, aunque en poca cantidad. Esto desencadenó la exhumación de Eleazar, cuyo contenido del estómago dio también positivo en arsénico además de mostrar otros signos como úlceras visibles en el estómago, presencia de masas, etc. Thomas insistió durante el juicio que hacía por lo menos dos años que no tenía arsénico en casa, aunque finalmente dijo que sí tenía almacenado un poco para acabar con las plagas. Se supo que lo guardaba en la despensa en un tarro, la misma despensa a la que fue a buscar ese polvo blanco que añadió al plato de su hijo.

Después de varios testimonios contradictorios y de tratar de inculpar a su sobrina, el jurado declaró culpable a Thomas en 1845 y fue ejecutado en marzo de 1845 en la prisión de Reading, donde unos diez mil espectadores presenciaron su muerte en la horca. Dado que hasta sus últimos días él mantuvo que era inocente, no se saben cuáles fueron los motivos que le llevaron a cometer semejante atrocidad.

ISAAC L. WOOD (1820-1858)

Regresando a Estados Unidos, nos encontramos con el caso de Isaac L. Wood, acusado y ejecutado por haber asesinado con arsénico a su mujer, a su hermano y a su nuera, además de haber tratado de envenenar a los dos hijos de estos en 1855. Este peculiar evento sería conocido en la prensa como el caso de envenenamiento de Dansville dado que fue en ese pueblo de Nueva York donde tuvieron lugar los hechos.

Isaac, nacido en agosto de 1820, provenía de una familia de labradores que contaban con ciertos recursos y recibió en su infancia una educación razonable. Sus padres pertenecían a la Iglesia Metodista Episcopal desde hace más de cuarenta años, por lo que la religión parece que tuvo un papel importante en su vida. La familia Wood tuvo tres hijos más, David, Daniel y John, y una hija de la que no se sabe el nombre.

El hermano mayor de Isaac, David, se mudó de Nueva Jersey a Dansville, donde acumuló cierta fortuna gracias a sus negocios de cuero y zapatos. Allí se casó con Rhoda, con la que tendría dos hijos. En el año 1854 Isaac se mudó con ellos a Dansville, donde se dedicó a comerciar con productos locales, huevos y mantequilla, fundamentalmente.

En mayo de 1855, cuando Rhoda y sus dos hijos (Frank y Georgie) habían ido a visitar a unos amigos de Nueva Jersey, David enfermó. Tenía fuertes vómitos, dolores de estómago y molestias varias y, después de pasar tres días empeorando, falleció. Los médicos dijeron que la causa había sido una gastroenteritis. Rhoda fue nombrada por tanto la heredera de las posesiones de David junto a otro de sus hermanos. Unas tres semanas después, Rhoda y sus dos hijos empezaron a encontrarse mal, presentando los mismos síntomas que su difunto esposo y padre. Rhoda murió a los pocos días pero los dos hijos sí consiguieron sobrevivir e Isaac se convirtió en su tutor, quedando así a cargo de todas las propiedades de su difunto hermano.

Ambrotipo de Isaac L. Wood aparecido en el libro que recoge los testimonios de ambos juicios (1858) [National Library of Medicine].

En aquel momento algunos médicos empezaron a sospechar que tantas muertes tan seguidas no eran compatibles con causas naturales pero lo más que llegaron a pensar fue que las muertes se habían debido a un envenenamiento accidental; nada hacía sospechar lo contrario, al menos no todavía.

Isaac estuvo viviendo un tiempo en la casa de su difunto hermano junto a su mujer y su hijo, aunque al poco tiempo tuvo que regresar a Nueva Jersey debido al fracaso de sus negocios. Allí fue donde precisamente su mujer e hijo fallecieron también en extrañas circunstancias.

En el tiempo que había estado en Dansville, David había acumulado un capital que rondaba entre los veinte y los treinta mil dólares pero en el momento de su muerte todo ese dinero parecía haber desaparecido. Se encontró un cheque de David a Isaac por el valor de 2650 dólares que había sido transferido a la empresa de Nueva York para la que este trabajaba y, tras ver que el cheque era falso, todo empezó a ir cuesta abajo.

En 1857 un hombre llamado Joseph J. Welch ocupaba la casa donde habían estado viviendo David, Rhoda y sus dos hijos, junto con Isaac y una sirvienta. Tras hacer limpieza en el establo descubrió tres recipientes rellenos con un polvo blanco que, tras un análisis, resultó que uno contenía arsénico puro y otro contenía una mezcla de arsénico y magnesio. Esto, unido a las sospechas de que había algo turbio detrás de la muerte de la pareja Wood, desencadenó el inicio de una investigación policial.

El cadáver de Rhoda fue exhumado y su estómago analizado por médicos forenses que detectaron que contenía arsénico; los mismos resultados se obtuvieron tras analizar el cuerpo de David. Así mismo, se demostró que los libros de cuentas habían sido alterados por Isaac, quedándose parte del dinero. Con todas las pruebas en su contra, tras buscar a Isaac por medio país durante dos años, fue arrestado en un pueblo cerca de Chicago en 1857 y enviado a prisión a la espera del juicio.

El primer juicio, por el asesinato de Rhoda, tuvo lugar en febrero de 1858 pero el jurado no pudo alcanzar un veredicto unánime, ya que uno de sus miembros estaba en contra de la pena de muerte. El segundo juicio fue en mayo, tras el que sí fue finalmente declarado culpable de haber envenenado a Rhoda empleando arsénico, a pesar de que Isaac siempre se declaró inocente de los cargos.

Inicialmente, se le condenó a morir en la horca el día 25 de junio de ese año pero se retrasó hasta el día 9 de julio de 1858 tras una reclamación por parte de su abogado que llegó hasta el Gobernador pero que no tuvo efecto alguno sobre la condena. Alrededor de unas ochenta personas presenciaron su ejecución, entre el público estaban los dos hijos de David y Rhoda.

[ALLEN C. LAROS, THE POISONER.]

Ilustración aparecida en *The Laros murder* (1876) de Allen C. Laros.

ALLEN C. LAROS (1856-?)

Allen C. Laros vivía con sus padres y sus hermanos en Mineral Spring, cerca del río Delaware, en la ciudad de Forks (Pensilvania, Estados Unidos). Frente a la casa que ocupaban había una tienda donde el cabeza de familia, Martin Laros, trabajaba como ebanista durante parte del año. En verano trabajaba en su pequeña granja y en invierno daba clases en la escuela del pueblo. Junto a su mujer, habían tenido un total de diecisiete hijos, de los que solamente trece habían sobrevivido, siendo Allen uno de ellos.

En el momento de los sucesos, en la casa vivían Martin y su esposa, Mary Ann, junto a Allen y sus hermanos: Erwin, Alvin, Clara, Alice (de entre diez y diecisiete años), además una de sus nietas, Flora. También vivía con ellos un amigo de la familia, Moses Schug, que ayudaba a Martin con sus tareas en la tienda y en la granja.

Allen, que había recibido una educación correcta para la época, junto a otro de sus hermanos, era profesor en la escuela del pueblo y parecía una persona totalmente normal e integrada en la comunidad.

El 31 de mayo de 1876, tras la cena, Clara fue la primera en mostrar extraños síntomas tras tomar un poco de café. Le quemaban la boca y la garganta y empezó a tener nauseas. Se fue a vomitar y al regresar a la habitación, toda la familia estaba comentando lo mismo, había algo en la cena que tenía un sabor raro, aunque no sabían si era la carne o el café.

Poco a poco todos los demás miembros fueron cayendo enfermos, con fuertes dolores en el estómago, vómitos y temblores. Mary Ann Laros fue a un hotel cercano en busca de algo que les ayudara de tal forma que otro hijo suyo que vivía cerca, Clinton, se enteró de que estaban enfermos y acudió raudo a la casa. Al llegar se encontró con Allen, que estaba cuidándoles a todos, y que no mostraba síntoma alguno, aprovecharon para mandar a buscar al médico. Finalmente, Allen empezó a mostrar algún síntoma bastante tarde ese mismo día.

El médico, A.K. Seem, tras hablar con toda la familia se dio cuenta de que lo único que tenían todos en común era haber bebido café, ya que no todos habían tomado los mismos alimentos durante la cena. Ya desde el principio tenía sospechas de que se trataba de un caso de envenenamiento y, aun sin saber qué sustancia era, les administró sulfato de zinc para hacerles vomitar, tras lo que parecieron mejorar un poco. Más tarde mandó llamar a otro médico, J.M. Junkin, para que llevara a la casa el «antídoto» que se empleaba en ese momento para el envenenamiento por arsénico, peróxido de hierro hidratado.

Mary Ann murió a las siete de la mañana del día siguiente, Martin también falleció a la una del mediodía, al que le siguió Moses Schug poco tiempo después. El resto de los

Ilustración aparecida en *The Laros murder* (1876) donde se ve a la familia Laros tomando la cena.

familiares consiguieron sobrevivir. Los médicos notaron que los pacientes de más edad habían mostrado síntomas más graves que los más jóvenes, probablemente al haber ingerido más café durante la cena. También habían visto que en el fondo del recipiente donde estaba el café había un polvo blanco que sospecharon podría ser arsénico.

La causa de la muerte fue envenenamiento por arsénico, administrado durante la cena (probablemente en el café) que tomaron el día 31 de mayo; Allen C. Laros fue detenido a principios de junio y llevado a la prisión de Easton cuando tenía apenas veintidós años.

Durante el juicio, un farmacéutico declaró que Allen había ido a su tienda en busca de veneno para ratas y que, tras ofrecerle varios productos que no quiso, él mismo le preguntó por un polvo que se solía usar para tal fin, arsénico blanco; le vendió cuatro onzas y media de arsénico y escribió en el envoltorio lo que era para que nadie lo pudiera confundir con otro producto.

Tras escuchar a los distintos testigos, el jurado declaró a Allen Laros culpable de haber matado a sus padres y a Moses Schug. Lo que le llevó a matar a todos fue el dinero (unos 340 dólares), que cogió poco antes de poner el arsénico en el café y que había escondido cerca del establo de las ovejas tras los eventos. El dinero lo quería para pagarse sus estudios para ser abogado tras haberse negado su padre a pagárselos. Además, confesó haber tomado tan solo un par de tragos de café y fingir estar enfermo para que nadie sospechara de él.

Tras el juicio, el 30 de agosto de 1876 fue declarado culpable de asesinato en primer grado por un tribunal y condenado a morir en la horca. Fue llevado a la prisión de Northampton en septiembre de 1877 a la espera de que se ejecutara la condena. Sin embargo, su abogado apeló y declaró que no podía ser condenado a morir debido a su frágil estado mental; concretamente, alegó que tenía locura epiléptica. Tras la apelación, fue enviado al psiquiátrico de Harrisburg, donde estuvo varios años ingresado y del que escapó en tres ocasiones; en la tercera ocasión, las autoridades ya no fueron capaces de localizarlo y ya no se sabe qué fue de él.

Le Petit Journal

Le Petit Journal

Le Supplément illustré

SUPPLÉMENT ILLUSTRÉ

Huit pages : CINQ centimes

ABONNEMENTS

Treizième année

DIMANCHE 31 AOUT 1902

Numéro 615

UN FORÇAT INNOCENT

Retour du pharmacien Danval

Portada de *Le petit journal* del día 31 de agosto de 1902 donde se ve el recibimiento de Louis Danval en París.

LOUIS DANVAL (1845-1925)

Este caso, juzgado en 1878, es de particular interés ya que se retomaron parte de los resultados médicos mencionados en el juicio años después para demostrar que, con los avances que habían tenido lugar, probablemente los resultados y la condena hubieran sido muy diferentes.

Gilbert Louis Pierre Marie Mordefroy Danval (que llamaremos Louis Danval a partir de ahora), nacido de una familia acomodada, tras quedarse huérfano, se fue a estudiar farmacia a París. Aunque intentó regentar una farmacia, pronto se dio cuenta de que los números no le cuadraban y, al final, terminó abriendo un «laboratorio de medicamentos especiales» junto a otra persona. En 1875 conoció a Mathilde Jarry, de veinte años, con la que se casó meses después. En ese momento, dejó el laboratorio y empezó a trabajar como farmacéutico independiente aunque continuaron sus problemas financieros. Se vio obligado a pedirle dinero a su suegro aunque este se negó a dárselo.

La salud de Mathilde empezó a empeorar; tenía diarreas y vómitos, sudores nocturnos, sequedad en la boca, quemazón en el estómago e incluso se llegó a mencionar la parálisis de una pierna. A pesar de los cuidados proporcionados por Louis, quien pensaba que era fiebre tifoidea, la señora Danval falleció el 9 de septiembre de 1877, con veintiún años.

El 22 de septiembre de 1877 se exhumó el cadáver de la señora Danval y lo analizaron dos médicos, Georges Bergeron y Emile Delens. En su informe, constataron que los órganos internos de la cavidad abdominal estaban en un estado de conservación muy bueno en base a lo que cabría esperar. Descartaron que su muerte hubiera sido de tuberculosis o por fiebres tifoideas, dejando claro que la causa de la muerte no había sido natural y que lo más probable es que la muerte fuera debida a la ingestión de una sustancia tóxica. Tras haber tomado muestras de distintos órganos (estómago, hígado, riñón...), estas fueron analizadas y se demostró que contenían una ligera cantidad de arsénico (aproximadamente 1 miligramo).

Tras la autopsia, Louis Danval fue detenido el día 17 de noviembre de 1877, acusado de haber envenenado a Mathilde con arsénico. Durante los meses previos al juicio se presentaron distintos informes. Los médicos que analizaron el cadáver declararon que de haber encontrado arsénico en el cuerpo de la señora Danval, como así era el caso, este solamente podía proceder del envenenamiento (accidental o intencionado) ya que no aparece arsénico de forma natural en el ser humano. El abogado de Louis Danval, que había encontrado a un experto para refutar su testimonio, dejó claro que el arsénico podía proceder del uso en los ensayos de reactivos contaminados (por emplear ácido sulfúrico procedente de piritas). También dijo que el arsénico podría haber sido ingerido de forma accidental, dando como posible explicación el tinte empleado en las cortinas de la habitación, algo que se desmintió mediante varios análisis.

El proceso contra Louis Danval empezó el 8 de mayo de 1878 y, tras los distintos interrogatorios a testigos y presentación de pruebas, el día 12 el jurado alcanzó un veredicto: culpable de la muerte de Mathilde pero con circunstancias atenuantes. Louis Danval fue por tanto condenado a trabajos forzados de por vida y enviado a Nueva Caledonia, donde rehizo su vida llegando incluso a formar una familia.

Estando en Nueva Caledonia, Louis Danval pasó más de veinticinco años estudiando los distintos avances de la ciencia, esperando que pudieran ayudarle a probar que era inocente del crimen. Tras ese tiempo obligado a trabajar allí, con la revisión de todas las pruebas médicas, y gracias a la intervención del periodista Jacques Dhur, fue liberado y recibido con una gran ovación en París. Sin embargo, no fue hasta el 31 de diciembre de 1923, cuando ya tenía casi ochenta años, cuando consiguió que le declararan formalmente inocente de todos los cargos, concediéndole además una indemnización de veinte mil francos y una pensión vitalicia de doce mil francos al año.

A principios del siglo XX, cuando se reanalizaron todas las pruebas del caso, Gabriel Bertrand, un químico y farmacéutico, ya había demostrado en varios artículos que el cuerpo humano sí podía contener de forma natural cierta dosis de arsénico, cosa que también sucedía en muchos otros animales.

En 1921, otro estudio llevado a cabo tras las mejoras del test de Marsh, dictaminó que la presencia de entre uno y tres miligramos de arsénico en el cuerpo no era prueba de envenenamiento alguno. Otra prueba forense del juicio inicial de Louis Danval fue la falta de esteatosis (acumulación de grasas) en el hígado del cadáver de Mathilde que, de haber estado presente, hubiera sido una señal inequívoca del envenenamiento. La falta de este síntoma la atribuyeron a haberlo analizado catorce días después de haber sido enterrada, aunque hoy en día se sabe que dicha acumulación puede seguir viéndose meses después de la muerte del individuo.

Pensemos un momento en las pruebas que hacen falta para declarar a alguien culpable de haber envenenado a una persona con arsénico. En primer lugar, está la presencia de los típicos síntomas que aparecenn tras la ingestión como son los vómitos, diarreas, etc. En segundo lugar, hace falta que se determine la presencia del arsénico en el cuerpo de la víctima en cantidad suficiente y, en tercer lugar, hace falta poder analizar los órganos bien de cerca (con microscopio) para detectar las lesiones que haya podido causar. En este caso, se veían algunas de las señales (que no todas) típicas del envenenamiento por arsénico, pero también estas pruebas podían encajar con otras muchas enfermedades. Por otro lado, se había encontrado algo de arsénico en el cuerpo de la esposa de Louis Danval, pero en una cantidad tan baja que no podía haber sido la causa de su muerte. Estudios posteriores atribuyeron la muerte de Mathilde a una enfermedad en ciertas glándulas.

Pensemos entonces en la paciencia y constancia de Louis Danval, un hombre que mantuvo siempre su inocencia, aun durante los veinticinco años que estuvo en Nueva Caledonia y que fue de las primeras personas que pidieron que revisaran su caso basándose simplemente en los nuevos descubrimientos científicos que habían tenido lugar mientras él estaba preso.

FREDERICK HENRY SEDDON (1872-1912)

Conozcamos ahora el caso de Frederick Henry Seddon, acusado de haber envenenado a Eliza Mary Barrow, una inquilina que vivía en su casa.

Frederick, nacido en Liverpool en 1872 se casó con Margaret Ann en 1893, con la que tuvo cinco hijos: William James, Margaret, Frederick Henry, Ada y Lillian Louisa Agnes Emma. A principios del siglo XX todos ellos se mudaron a una casa situada en la parte norte de Londres. Era una casa enorme, contaba nada más y nada menos que con catorce habitaciones. Por este motivo, y por el amor que sentía Frederick por el dinero, decidieron alquilar parte de ella para sacarse algunos beneficios.

Eliza Mary Barrow era una mujer de mediana edad, soltera, que había acogido a su sobrino de ocho años, Ernest George Grant y que además había recibido una cuantiosa herencia, por lo que tenía bastante dinero a su disposición.

Retrato de Frederick Seddon aparecido en *The great stories of real life* (1924).

El 26 de julio de 1910, Eliza y su sobrino empezaron a vivir en la casa de la familia Seddon, alquilando varias habitaciones de la planta superior. Poco a poco Frederick se fue ganando la confianza de Eliza, ella empezó a hacer caso de sus consejos relativos a la administración de su dinero, tanto, que Frederick terminó controlando gran parte de él.

En septiembre de 1911 Eliza empezó a encontrarse mal, tenía molestias de estómago y, aunque mandaron llamar a un médico que le prescribió tomar bismuto y morfina, su condición empeoró. El día 13 de septiembre hizo su testamento, nombrando a su hermana Hilda y a su sobrino Ernest como herederos de sus bienes y a Frederick como albacea, teniendo así el control sobre gran parte del dinero hasta que el sobrino fuera mayor de edad. Al día siguiente, el 14 de septiembre, Eliza murió y el médico dictaminó que había sido por causas naturales aunque, eso sí, ni se molestó en pisar la casa ya que estaba muy ocupado con una epidemia que estaba sacudiendo la zona.

Un primo de Eliza, Frank Vonderahe, quiso ir a visitarla pero al llegar se enteró de que había muerto hacia escasos días. Le extraño que la hubieran enterrado en una fosa común y, tras varios intentos de hablar con Frederick, que respondía de forma brusca y vaga a sus preguntas, empezó a sospechar que ocultaban algo.

La familia Vonderahe acudió a la policía con las distintas pruebas que habían acumulado, los síntomas tan particulares y la rápida muerte de su prima, su entierro, la gestión de Frederick de su dinero.... y decidieron exhumar el cadáver de Eliza en noviembre. Pronto vieron que Eliza había muerto envenenada con arsénico, motivo por el cual Frederick Henry Seddon fue detenido el 4 de diciembre de 1911; un mes después su mujer también fue arrestada.

Durante el juicio, que tuvo lugar en marzo, se descubrió que, en agosto del año anterior, poco antes de morir Eliza, Frederick había mandado a su hija Margaret a comprar un paquete de papel para matar moscas que, como ya hemos visto, solía estar hecho con arsénico. De hecho, el farmacéutico que había vendido ese papel para moscas identificó a Margaret en una rueda de reconocimiento como la persona que lo había comprado. Margaret admitió haberlo comprado pero el motivo que dio en el juicio fue que la propia Eliza le había solicitado que lo comprara para acabar con las moscas que había en su habitación.

Ese papel para matar moscas podría haber sido perfectamente el origen del envenenamiento, ya que poniéndolo en agua hirviendo se podría haber extraído el arsénico que le había sido administrado a Eliza hasta matarla. Esto, unido a que la familia Seddon había sido la única que había tratado a la enferma, el funeral tan poco digno que habían hecho y los beneficios económicos que habían obtenido con su muerte, fue lo que causó que el jurado le declarara culpable.

Finalmente, Frederick fue condenado a morir por el asesinato de Eliza pero su mujer Margaret Ann sí fue absuelta. Frederick siempre dijo ser inocente aunque sí admitió que Eliza había muerto envenenada por arsénico y que él se había visto beneficiado por su muerte pero que nadie podía demostrar que él había sido la persona que se lo había administrado. La ejecución tuvo lugar el 18 de abril de 1912 en la prisión de Pentonville.

ALGUNOS CASOS ESPAÑOLES

Al igual que sucedía con las mujeres, hubo ciertos hombres en España que emplearon arsénico para acabar con la vida de algún conocido o familiar. Ya en el siglo XIX se dieron algunos casos que llegaron incluso a salir en la prensa.

En *El Correo Nacional* del 3 de diciembre de 1838 se hace referencia a un caso de envenenamiento ocurrido en Jávea, cerca de Denia (Alicante). A principios de octubre de 1838, Guillermo Cruañes se sentó a comer arroz con conejo con su hijo Bernardo. Al poco de empezar a comer notaron que el arroz tenía un sabor extraño, la criada de la casa también lo probó y observó lo mismo.

Dejaron el plato de lado y siguieron comiendo otras cosas pero al poco rato empezaron a sentir vértigos, ardor, dolor en el estómago y molestias al tragar. Gracias a que llamaron pronto a un médico, que les administró un emético, pudieron salvar sus vidas. Comprobaron más tarde que el arroz con conejo contenía efectivamente arsénico; todas las sospechas recayeron sobre el nieto de Guillermo, José Cruañes, que en ese momento tenía tan solo doce años.

Ese mismo día por la mañana José había ido a la cocina y, cuando estaban todos fuera y mientras el arroz estaba cociéndose, habría aprovechado para añadir el veneno. Cuando le interrogaron vieron que era bastante improbable que fuera él el culpable del crimen, en ese momento en España el arsénico solo lo podían vender los boticarios, y únicamente con receta. Dado que José no podía ser el potencial asesino, rápidamente las sospechas recayeron sobre su padre, Bernardo, a pesar de que no tenían ninguna prueba directa que le inculpara.

Sí se sabía que Bernardo no tenía una muy buena relación con su padre y que tenía problemas con el juego, incluso estaba pendiente de un juicio por este tema, y la bebida, además de «vivir en el más completo abandono y relajación». Al investigar descubrieron que había ido diciendo por ahí que «pronto heredaría», por lo que finalmente se le acusó y condenó por haber tratado de envenenar a su padre.

En 1841 aparecieron varias noticias en distintos medios españoles que hacían referencia a un caso de envenenamiento con arsénico que se había producido en Zamora cuando un mullidor del pronunciamiento fue encarcelado por haber echado arsénico (en vez de canela) en un jarro de leche para envenenar a sus correligionarios.

Por otro lado, en marzo de 1847, J. Mauricio Pouret y Bárbara Sánchez fueron acusados de haber envenenado a Cayetano Valeros con arsénico. Inicialmente el médico que le trató, Antero Mata, determinó que la causa de la muerte había sido un cólico nervioso, compatible con los síntomas que tenía. Sin embargo, otros dos médicos Miguel Martínez Sotomayor y José Antonio Sagastume, dijeron que su muerte era compatible con el envenenamiento con arsénico por lo que se dictaminó que era necesario analizar los restos del fallecido para esclarecer la causa. En su estómago y en sus intestinos se hallaron efectivamente restos del veneno. Las sospechas recayeron rápidamente sobre Bárbara Sánchez, la esposa que le estaba siendo infiel con Juan Mauricio Pouret, un pintor que trabajaba con Cayetano. Dado que Cayetano tenía acceso a arsénico, un producto que se podía usar en pinturas, no quedaba duda que entre ambos habían trazado un plan para deshacerse del marido. Finalmente, los dos fueron condenados a pasar varios años en prisión y a pagar los costes del juicio.

El último caso que vamos a ver es el de Francisco Vélez, que trabajaba como escribano en el juzgado de Cabuérniga (Santander) y que fue condenado por asesinar a su mujer en 1897. Francisco contrajo matrimonio con Asunción Vega Rubín y poco después empezaron a tener problemas. Aunque Asunción se fue a vivir con una tía suya, cuando esta murió en 1895, se vio obligada a volver con su marido. En una mañana de febrero de 1897 se tomó un chocolate que le había preparado Francisvo así como un vaso de leche. La mujer empezó a encontrarse mal en el viaje de Cabuérniga a Cabezón y finalmente murió a las cinco de la tarde ese mismo día.

La autopsia determinó que Asunción había muerto envenenada con arsénico que probablemente le había añadido Francisco a la leche. El fiscal del caso solicitó la pena de muerte para el acusado. También se acusó a Josefa, criada de Asunción, de haber sido cómplice del asesinato y a una segunda mujer, Dionisia Morante, que la había acompañado durante su viaje, para ellas pidieron quince años de cárcel.

Durante el juicio, numerosos testimonios afirmaron que Francisco maltrataba a su mujer y que había llegado incluso a amenazar con matarla. Aun así, según el jurado, no quedó demostrado que fuera Francisco el que le administró el veneno ni que este estuviera realmente presente en la leche. El abogado defensor alegó que Asunción se estaba medicando con arsénico, y que ese era el motivo de que se hubiera encontrado el elemento en su cuerpo.

La criada y la acompañante fueron absueltas en un primer momento y aunque se mantuvo la acusación de Francisco, se le añadió el atenuante de arrebato y obcecación. Finalmente, el jurado le declaró inocente y el juez le tuvo que absolver del crimen. A pesar de que el fiscal solicitó la revisión del caso con un nuevo jurado, no se le concedió.

El caso tuvo repercusión en la prensa dado que muchos no estaban de acuerdo con la sentencia; había sido muy blanda teniendo en cuenta el delito cometido y ponía en duda la capacidad del jurado para ser objetivo en este caso.

NO TODO ES SIEMPRE CULPA DEL ARSÉNICO

Aunque ya hemos visto muchos casos, protagonizados tanto por mujeres como por hombres, en los que el arsénico ha jugado un papel fundamental, y ha quedado en muchos casos demostrado, existen numerosas sospechas de que este elemento haya podido ser la causa de la muerte de algunas «celebridades», veamos alguno de estos casos para ver si realmente fue así o no.

El primero de los casos que más destaca es la muerte de Cleopatra, rodeada de misterio y de ambigüedades. Cleopatra fue la última gobernante de la dinastía ptolemaica del Antiguo Egipto y su muerte tuvo gran relevancia dado que la región se convirtió entonces en la última provincia de lo que más adelante sería el Imperio Romano. No se sabe exactamente qué día tuvo lugar este trágico suceso, aunque sí se conoce que fue en agosto de 30 a. C. en Alejandría. Cuenta la leyenda que murió debido a la picadura de una serpiente, concretamente una cobra egipcia, pero esta es tan solo una de las muchas versiones que circulan; tampoco está claro si su muerte fue un suicidio, como mencionan algunos historiadores, o sencillamente un asesinato.

Un año antes de la tragedia, en el 31 a. C., Cleopatra y Antonio sufrieron una terrible derrota en la batalla de Accio frente a la flota de César Octaviano, el futuro Augusto, primer emperador de Roma; se vieron obligados a huir de nuevo a Egipto hasta que las fuerzas de Octaviano, cuyos números habían ido aumentando con cada nueva victoria, invadieron el país en el año 30 a. C. El supuesto suicidio de Cleopatra tuvo lugar cuando el invasor ocupó Alejandría, unos autores dicen que fue para evitar ser exhibida por los vencedores como un trofeo más, otros que fue más bien por honor, sin embargo, las fuentes latinas que relataron todo esto vivieron generaciones después de los hechos, por lo que su fiabilidad es considerablemente limitada.

Según Plutarco, cuando las tropas de Octavio llegaron a Alejandría, Cleopatra se retiró a un mausoleo que había mandado construir en palacio. Marco Antonio escuchó rumores de que ella había muerto y se suicidó con su propia espada pero fue llevado ante ella en sus últimos momentos para morir en los brazos de su amada. Después de que un miembro del ejército de Octavio le impidiera suicidarse tras la muerte de Marco Antonio o de quemarse viva, fue llevada ante Octavio, quién le perdonó la vida. Un espía fue el encargado de avisar en secreto a Cleopatra de que las intenciones de Octavio eran llevarla junto a sus hijos hasta Roma para hacerla desfilar como prisionera. Dado que eso era lo último que ella quería, se encerró en el mausoleo con dos sirvientas; cuando los hombres de Octavio consiguieron entrar en el mausoleo, se las encontraron a todas muertas. De nuevo, según Plutarco, antes de suicidarse se dio un baño y gozó de una copiosa comida que incluía una canasta de higos.

La hipótesis de la mordedura de la cobra egipcia es poética, ya que este animal se suele asociar con la diosa preferida de Cleopatra, Isis. Sin embargo, muchos estudios refutan esta teoría dado que era improbable que pudieran tener acceso a la serpiente sin levantar sospechas. Plutarco, por ejemplo, cuenta que la serpiente entró en el mausoleo oculta en el interior de una cesta de higos, aunque otras fuentes hablan de que fue una cesta de flores, en cualquier caso, sería un escondite demasiado pobre para una serpiente que puede alcanzar casi dos metros de largo. Por otro lado, el tiempo que transcurrió desde que Octavio supo que se iba a suicidar hasta que la encontraron muerta no fue lo suficientemente largo como para que el veneno de una serpiente hiciera efecto y, de todas formas, su mordedura tampoco es siempre mortal.

Si realmente fue suicidio, otra hipótesis posible es que ingiriera algún tipo de veneno o que se aplicara un ungüento, dado que los efectos hubieran sido mucho más rápidos. Estrabón en sus escritos habla precisamente de un ungüento tóxico, aunque otras versiones mencionan que podría haber llevado una horquilla hueca en el pelo rellena de veneno. De forma más reciente, un historiador alemán, Christoph Schaefer, sugirió en 2010 que podría haber ingerido una mezcla de cicuta, opio y acónito.

La hipótesis de la ingestión del veneno tiene más sentido si añadimos que existen papiros que hablan de que Cleopatra conocía las propiedades tóxicas de muchas sustancias y otro que dice que incluso había llegado a probar algunas de ellas en pequeñas cantidades. Algunas fuentes mencionan que incluso probó estos venenos en sus sirvientas, buscando una forma de morir que fuera lo menos dolorosa posible; en teoría, uno de los venenos que probó fue el arsénico, pero ya sabemos que los síntomas que produce no son precisamente escasos ni fáciles de sobrellevar. Sobra decir que todas las teorías e hipótesis que se han mencionado hasta el momento son eso, teorías, dado que las fuentes ya hemos dicho que no son del todo fiables.

Sin embargo, al menos sí encontramos un encuentro curioso de Cleopatra con el arsénico en la ficción, en la película *Astérix y Cleopatra*. En ella, Cleopatra quiere demostrar que los egipcios son poderosos y apuesta que puede construir un palacio en Alejandría para Julio César en tres meses. Para ello, contrata al arquitecto Numerobis, además de contar con la ayuda de Astérix, Obélix y Panoramix. Todos se verán enfrentados a no pocas situaciones conflictivas, boicots e incluso, intentos de envenenamiento, como es el caso del pastel con arsénico que le presentan a Cleopatra, menos mal que tenía un catador oficial que, segundos después de probarlo, se queja de fuertes dolores de estómago. Panoramix y sus amigos se toman un antídoto que les permite comerse el resto del pastel sin sufrir daño alguno, poción que le da al catador para sanarle. En el cómic también se puede disfrutar de esta peculiar historia dentro de la historia, aunque no hay mención específica al arsénico.

Otra muerte que, de forma puntual, ha sido atribuida al arsénico es la de la famosa escritora de la época georgiana Jane Austen (1775-1817), conocida por sus obras *Orgullo y prejuicio*, *Emma* o *Sentido y sensibilidad*. Dado que, de nuevo, los datos sobre las causas de su muerte son confusos, distintos autores han atribuido su muerte a diversas enfermedades.

Gracias a las cartas de la propia escritora, sí se conocen algunos de los síntomas que tuvo en los últimos meses que precedieron a su muerte. Ya en verano de 1816 Jane se encontraba mal, tenía náuseas, vómitos y dolor de espalda, también se sentía triste y débil. Se sabe que rechazó asistir a una cena en diciembre alegando que se encontraba muy débil y continuó escribiendo en sus cartas que seguía con problemas gástricos. En marzo de 1817, en una carta a Fanny Knight, mencionaba que había tenido fiebre pero que ya se encontraba mejor a pesar de haber mostrado cambios en la coloración de su piel. En las sucesivas semanas la enfermedad siguió su curso; toda la familia estaba preocupada por ella y la trasladaron a Winchester. Sus síntomas no fueron mejorando, seguía débil y tenía desmayos hasta que, finalmente en julio de 1817, falleció en los brazos de su hermana.

Todos los síntomas mencionados son compatibles con varias enfermedades aunque la que mejor encaja y la que más adeptos tiene es la enfermedad de Addison, causada por una lesión en unas glándulas situadas en la parte superior de los riñones y que son las encargadas de generar hormonas como el cortisol. Esta enfermedad hace que las glándulas no produzcan suficientes hormonas y los síntomas van desde una gran fatiga, oscurecimiento de algunas zonas de la piel, pérdida de peso, etc., síntomas que concuerdan con lo descrito por Austen en sus cartas. Una infección como la tuberculosis, relativamente frecuente en la época (una cuarta parte de las muertes en Inglaterra durante el siglo XIX se debían a esta enfermedad), podría haber sido la causa del fallo en las glándulas de la escritora, esto explicaría los ataques de fiebre que tenía, que sí son típicos de la tuberculosis.

La teoría de que Jane Austen murió debido a la enfermedad de Addison la propuso Zachary Cope en 1964, sin embargo, desde entonces han ido surgiendo otras muchas propuestas. Algunos piensan que fue simplemente la tuberculosis como tal la causa de la muerte, contraída por beber leche sin pasteurizar, aunque otros autores sostienen que fue por un tipo de cáncer, un linfoma, concretamente un linfoma de Hodgkin donde se ven afectadas las células de la sangre y que causan gran parte de los síntomas descritos.

A estas teorías se suma la más pintoresca de todas, la de que pudo morir envenenada por arsénico. Ya hemos visto que el arsénico en esa época estaba presente en numerosos lugares, en el papel de pared, en la ropa, en algunos medicamentos, etc. Sus síntomas parecerían encajar, incluso los cambios en la coloración de la piel, al menos en parte con el envenenamiento con arsénico. En teoría, esto no debería ser difícil de comprobar ya que, si Jane Austen estuvo expuesta a este tóxico elemento de forma continuada (tomando una medicina concreta, por ejemplo) se podría ver fácilmente analizando uno de sus mechones de pelo, como los que era costumbre repartir entre familiares y amigos. Se dice que los dueños de uno de estos mechones, Alberta y Henry Burke, antes de donarlo a la colección del *Jane Austen House Museum* situado en Chawton, lo mandaron analizar para ver si contenía arsénico. El resultado del análisis fue positivo. Sin embargo, no existen documentos que sostengan que se hizo realmente dicha prueba ni tampoco de los resultados. Así que por ahora nos tendremos que conformar con las demás teorías existentes.

La última gran muerte de la que vamos a hablar en este capítulo es la de Napoleón Bonaparte (1769-1821), que dirigió numerosas campañas bélicas y que durante una década controló gran parte de Europa. La batalla de Waterloo, el 18 de junio de 1815, marcó el final de su carrera militar, al ser derrotado por las tropas aliadas, lideradas por el duque de Wellington junto al ejército prusiano.

Napoleón se tuvo que exiliar a la isla de Santa Elena, isla situada en la costa occidental de Angola, a unos setenta días de viaje en barco desde Francia. Allí estuvo desde 1815 hasta su muerte en 1821. Acostumbrado a hacer ejercicio físico durante los años anteriores, durante su estancia en la isla su mundo encogió considerablemente, empezó a engordar, a tener dolores de cabeza y también tos. En 1817 ya empezaron a aparecer algunos síntomas preocupantes, como dolores en el costado y molestias estomacales, en 1821 ya apenas podía andar ni comer sin ayuda, adelgazó rápidamente y le dolía todo el abdomen; a partir de estos datos, las hipótesis sobre su muerte son varias.

Durante un cierto tiempo se pensó que Napoleón podría haber muerto debido al arsénico. De hecho, el papel de pared de la casa de Santa Elena se analizó y contenía unos 0,12 gramos de arsénico por metro cuadrado, por lo que esa podría haber sido una posible causa. Sin embargo, análisis de restos de su cabello tomados en distintas épocas de su vida (también de su hijo y de otras personas) demostraron que, en realidad, había estado expuesto a este elemento de forma casi constante y no de forma puntual en los últimos años antes de su muerte. Aun así, el pelo de Napoleón tenía

Napoleón en la isla de Santa Elena (circa 1820), de Franz Josef Sandmann.

casi cien veces más arsénico que la dosis normal media que hay en un pelo. Concretamente, tenía una concentración de arsénico de diez partes por millón, es decir, que si tuviéramos una tonelada (mil kilos) de pelo de Napoleón, unos diez gramos serían arsénico puro. Ya se ha mencionado que en épocas anteriores las personas consumían arsénico de forma directa o indirecta, por lo que no resulta sorprendente este hallazgo y, dado que tampoco había grandes diferencias entre las muestras de pelo de Napoleón de adolescente y del cabello recogido poco tiempo antes de su muerte, se puede descartar que el arsénico fuera el responsable directo de su fallecimiento. Por otro lado, tampoco está claro que las muestras de pelo analizadas no hubieran sido contaminadas con el paso de las décadas y siglos, haciendo que los resultados obtenidos no resultaran muy fiables.

Siguiendo con otras teorías de muerte por envenenamiento, se dice que Napoleón tomó durante los últimos meses de su vida de forma frecuente tartrato de antimonio y de potasio, un potente compuesto empleado como vomitivo. Esto, combinado con calomelano (un compuesto de mercurio) y el orgeat (un sirope confeccionado con almendras amargas) para aliviar la sed y estreñimiento, generó un cóctel de cianuro en el estómago, lo que algunos autores atribuyen como causa de su muerte.

Dado que el arsénico queda descartado, la teoría mayoritaria apunta hoy en día a que su muerte fue debida a un cáncer de estómago. En la descripción de la autopsia original de Napoleón se menciona la presencia de dos úlceras, una en el estómago y otra que había atravesado el estómago y había llegado hasta el hígado, lesiones que, si se comparan con otras conocidas hoy en día, son clara señal de la existencia de un cáncer. Cabe mencionar que el padre de Napoleón también falleció de una dolencia similar; sin embargo, lejos de ser hereditario, el tipo de cáncer de Napoleón habría derivado, según estudios, de una infección bacteriana causante de las úlceras de su estómago cuya dieta, basada en alimentos conservados en sal y con pocas verduras y frutas, no habría ayudado demasiado.

PARA LEER MÁS:

- Anónimo (1858). *The Dansville poisoning case.* George A. Sanders Publisher.
- Anónimo (1876). *The Laros murder. A whole family poisoned by an ungrateful son. Full particulars.* Easton, P.A., West & Hileurn Publishers.
- Ashford, L. (2011). *The Mysterious Death of Miss Austen.* Honno Welsh Women's Press.
- Biro, G. y Leavesley, J. (1999). *What Killed Jane Austen? And Other Medical Mysteries.* The History Press Ltd.
- Danval, L. (1905). *L'affaire Danval devant l'opinion publique: documents scientifiques et authentiques, le fait nouveau.*
- Earls, J. (1836). *Report of the trial and conviction of John Earls: for the murder of his wife, Catharine Earls, late of Muncy Creek Township,* Lycoming County, Pennsylvania. Williamsport.
- Goldsworthy, A. (2011). *Antonio y Cleopatra.* La Esfera.
- Hindmarsh, J. T.; Savory, J. (2008) The Death of Napoleon, Cancer or Arsenic? *Clinical Chemistry,* 54, 12, 2092–2093.
- Lin X, A. D. y Henkelmann, R. (2004). Elemental contents in Napoleon's hair cut before and after his death: did Napoleon die of arsenic poisoning? Anal Bioanal Chem, 379(2):218-220.
- Raynal, C. (2012). L'affaire Danval. Pharmaciens et fait-divers. *Revue d'Histoire la Pharmacie,* 374, 243-251.
- Roller, Duane W. (2010). *Cleopatra: a biography.* Oxford: Oxford University Press.
- Saint-Edme, B. (1833). *Répertoire général des causes célèbres anciennes et modernes, rédigé par une société d'hommes de lettres.* Paris.
- Upfal, A. (2005). Jane Austen's lifelong health problems and final illness: New evidence points to a fatal Hodgkin's disease and excludes the widely accepted Addison's. *Medical Humanities* 31, 3-11.
- Wood, J. C. (2012). *The most remarkable woman in England. Poison, celebrity and the trials of Beatrice Pace.* Manchester University Press.

El arsénico en la ficción

La literatura policiaca está repleta de maestros del crimen, de grandes conspiradores, de asesinatos encubiertos y, en muchos casos, de culpables identificados por grandes y perspicaces detectives.

El envenenamiento se emplea de forma relativamente frecuente en este tipo de novelas como arma. En un estudio llevado a cabo en 187 novelas donde las víctimas fallecían tras ingerir veneno, el arsénico fue el tercero más frecuente, superado solo por el cianuro y las setas venenosas. Por otro lado, una encuesta hecha a trescientos escritores de novela policiaca en Reino Unido reveló que lo que más les gustaba usar para matar a sus personajes eran los venenos.

Ya hemos visto que el arsénico es un elemento muy tentador para cometer un asesinato, es inodoro, no tiene sabor y es muy difícil detectar su presencia. Sin embargo, el arsénico no aparece solamente en novelas de tinte policiaco, lo podemos encontrar también en más géneros y tipos de obras, incluyendo otras formas de arte.

De todos los capítulos del libro, tal vez este sea el más peligroso para el lector, dado que puede contener explicaciones y comentarios que destripen el argumento y que hagan menos placentero (o menos sorprendente) leer alguna de estas novelas, así que queda avisado.

Ya desde el siglo XVI el arsénico era muy apreciado por los escritores, sirva como ejemplo el *Cuento del criado del canónigo* (The Canon's Yeoman's Tale) que aparece en *Los Cuentos de Canterbury* de Geoffrey Chaucer. El autor comenzó a escribir esta tan ambiciosa obra en 1387, sin embargo, murió en el año 1400 sin haberla terminado, por lo que solamente disponemos de veinticuatro de los ciento veinte cuentos que supuestamente iba a contener.

Todo comienza cuando una persona entra en una taberna al sur de Londres y se encuentra con un grupo de variopintos peregrinos que tienen su misma intención: visitar el santuario de Thomas Becket situado en Canterbury. Este viaje era bastante frecuente en la época, siendo el santo más popular de Inglaterra y siendo venerado por todas las clases sociales. Era frecuente ver grupos de frailes, cocineros, magistrados o miembros de diferentes gremios transitar por la campiña inglesa; no todos tenían la misma motivación, pero sí el mismo objetivo. Por ello, no es de extrañar que nuestro recién aparecido decida unirse a ellos en su viaje.

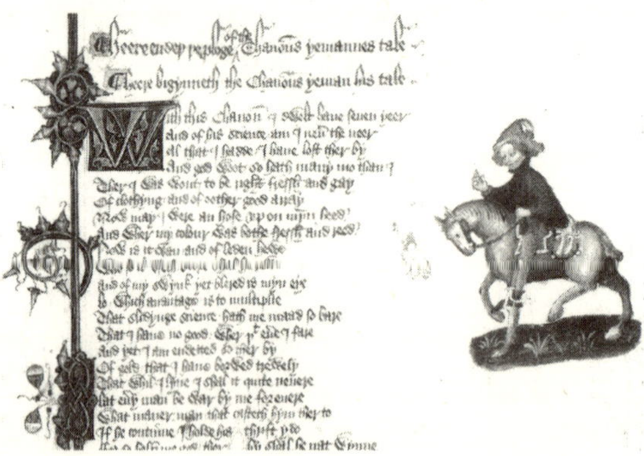

Detalle del famoso manuscrito conocido como Ellesmere de *Los cuentos de Canterbury* de Geoffrey Chaucer (circa 1400-1410) donde se ve el inicio del cuento del criado del canónigo. Este manuscrito contiene dibujos de 22 peregrinos y del propio Chaucer. The Huntington Library, San Marino, California.

El posadero les propone una fuente de entretenimiento durante su largo trayecto, que hagan un concurso de cuentos, de tal forma que cada miembro del grupo cuente cuatro cuentos en total, dos a la ida y otros dos a la vuelta. Al terminar, se decidirá quién ha sido el que ha contado el mejor cuento de todos y este podrá disfrutar de una comida gratis en la taberna a su regreso.

Esta colección de cuentos sigue la misma estructura que obras anteriores como el *Decamerón* de Boccaccio o *Las mil y una noches*, con historias dentro de historias. Lo que hace peculiar a *Los Cuentos de Canterbury* es lo variado de sus narradores, perteneciendo algunos al clero, a la nobleza u otros a sectores menos favorecidos de la sociedad, creando así un amplio espectro social con diversos modelos narrativos.

Regresando al *Cuento del criado del canónigo,* uno de los últimos de esta obra inconclusa, se trata de una reflexión y crítica sobre la alquimia. Los personajes involucrados en el cuento son dos, que se reúnen con el grupo cuando están ya en pleno viaje. Por un lado está el «yeoman», término inglés que describe normalmente a un campesino o a un tipo de criado que se encarga de las labores más duras; en este caso, es además el encargado de narrar la historia. Por otro, está el «canon», un miembro del clero que vive en una iglesia en concreto, en la obra, muy interesado en la alquimia.

El criado comienza primero hablando de cómo es su vida, de la alquimia y de como esta les ha llevado a endeudarse seriamente. El cuento como tal trata de un canónigo que le pide un marco de oro a un sacerdote, al que le dice que si en tres días no se lo devuelve, le mandará ahorcar. Al confiar en él, el canónigo se ofrece a revelarle algunos de sus conocimientos de alquimia, y le hace una demostración convirtiendo mercurio en plata. En dos ocasiones sucesivas vuelve a convertir algo poco valioso en plata, ofreciéndole el sacerdote al final una cuantiosa suma de dinero a cambio de que le explique su truco. En cuanto coge el dinero, el canónigo desaparece rápidamente con él.

En el cuento también se habla de la búsqueda por parte de los alquimistas de la piedra filosofal, de los diversos productos químicos que emplean, entre los que figuran en este caso el arsénico, el oropimente y el rejalgar, aunque no se especifica para qué los empleaba exactamente el canónigo en cuestión.

La moraleja de esta historia es que no se puede uno fiar de los alquimistas y Chaucer lo deja bien claro, al presentarlos como timadores y puros charlatanes. Este brutal ataque, de hecho, parece hacer referencia a un suceso real acontecido en 1374, cuando un capellán confesó haber fabricado monedas de oro falsas, técnica que dijo haber aprendido de William Shuchirch. Precisamente este hombre fue canónigo en varias iglesias cuyas reparaciones fueron supervisadas por Chaucer por lo que no se descarta que conociera el caso personalmente y lo retratara de esta particular forma en su libro.

UNA DE LAS OBRAS CUMBRE DEL REALISMO FRANCÉS

Aunque muchas son las menciones al arsénico en la literatura en los siguientes siglos, vamos a dar un salto hacia el futuro, concretamente hasta 1857, año de publicación de *Madame Bovary*, de Gustave Flaubert. El escritor francés (1821-1880) necesitó unos cincuenta y seis meses para escribir esta obra que ha pasado a los anales de la literatura francesa. Se publicó inicialmente en forma de folletín en *La Revue de Paris* desde octubre de 1856 hasta diciembre de ese mismo año, algo bastante habitual en la época; poco tiempo después, en abril de 1857, salió en forma de libro con dos tomos. *Madame Bovary* es uno de los libros de referencia cuando hablamos de realismo, corriente caracterizada por mostrar en las obras una reproducción fiel de la realidad, con muchos detalles y descripciones abundantes y personajes de diversas índole, centrándose en situaciones cotidianas, incluyendo conflictos interpersonales y políticos que eran un fiel reflejo del momento en el que se escribían.

Grabado de Eugene Abot y Damile Mordant para una edición de la novela *Madame Bovary,* de 1897, donde se ve a Emma Bovary mirando los productos (telas, agujas, etc.) que le ofrece el señor L'Heureux en su casa sin demasiado entusiasmo.

La historia de esta novela gira en torno a tres personajes: Emma, su marido Charles y un farmacéutico llamado Homais. Gustave Flaubert quiso retratar cómo era la vida de una dama, confinada en su casa, insatisfecha con su vida, hastiada de su marido y que busca una salida para romper con su aburrimiento y rutina. Emma Bovary va encadenando distintas relaciones, rozando la obsesión, que lejos de solucionar sus problemas, le crean ansiedad y depresión. Tan buena descripción se hace de su estado en la novela que incluso ha dado lugar a un síndrome con su nombre, caracterizado por la falta de saber estar solo, por encapricharse de personas inaccesibles y por estar constantemente insatisfecha. Al igual que sucedía con *Los cuentos de Canterbury,* la crítica social y moral está muy presente en la novela, concretamente hacia los burgueses y su forma de vivir en la época.

El arsénico hace su aparición en varios puntos de la obra, confundido con azúcar y empleado como veneno. Esta confusión no era infrecuente, ya que hemos visto que el arsénico tiene un aspecto blanco y pulverulento, y es un producto que, en general, estaría siempre presente en los gabinetes de médicos y farmacéuticos de aquella época. Para describir la muerte por envenenamiento con arsénico, Flaubert se inspiró en los libros tanto de su padre como de su hermano, ambos cirujanos, y le preguntó también a un amigo suyo, Louis Bouilhet, que había sido estudiante de medicina. El texto hace referencia a las náuseas, vómitos, sudores y temblores, de los que varios personajes son testigo. Probablemente estas descripciones fueron revisadas por el propio Bouilhet para darles más realismo, efecto que, se consigue plenamente. Tan metido estaba además el propio Flaubert en la historia, que cuando escribió los fragmentos del envenenamiento, el propio autor comentó que sufrió una indigestión y llegó a vomitar la cena.

Según cuentan algunos investigadores, Gustave Flaubert podría haber creado el personaje de Emma basándose en un primer lugar en los rasgos y personalidad de la poetisa Louise Colet, una de las amantes de Flaubert. En segundo lugar, en una historia real, la de una mujer francesa llamada Delphine Delamare, que seguramente llegó a sus oídos a través de Louis Bouilhet.

Delphine Couturier, con 17 años, abandonó su casa para casarse con un rico oficial, Eugène Delamare, diez años mayor que ella y que también era viudo, como sucede con el Charles de la novela. Se mudaron a Ry, donde Delphine pronto empezó a aburrirse y terminó cayendo en los brazos de distintos hombres del lugar mientras su marido trataba de ignorar lo que estaba pasando bajo su techo. Frustrada, aburrida y casada con un hombre al que no soportaba, finalmente Delphine se quitó la vida en 1848 con la ayuda de un veneno que, como no podría ser de otra forma, era arsénico. Nadie pudo salvarla. Sin embargo, no está del todo claro ya que, según el certificado de su muerte, publicado en un periódico local de Normandía, no se mencionó que fuera suicidio, ni tampoco se le hizo ninguna prueba ni hubo ninguna investigación al respecto. Otras fuentes dicen que otra posible inspiración para la trágica novela de *Madame Bovary* fue Louise Pradier, que se casó muy joven, engañando a su marido en numerosas ocasiones, pero que, a pesar de acabar su matrimonio de una forma muy desdichada, no murió envenenada y terminó sus días en un convento.

PARED DE PAPEL MORTAL

En la Inglaterra victoriana era muy frecuente el empleo del color verde en los papeles de pared y, como ya sabemos, dicho color procedió durante mucho tiempo de un pigmento arsenical. En esta ocasión, una peculiar situación queda retratada en el cuento *Nuestra mejor habitación* (Our best bedroom), de autor desconocido, publicada en septiembre de 1862 en una revista semanal (Chambers's Journal of Popular Literature, Science, and Art). La historia que narra es la siguiente.

En un pequeño pueblo de Twistley llega en invierno un hombre llamado Richard Staunton buscando la colaboración de uno de sus habitantes, el señor Harper, un cura, para que se encargue de cuidar y educar a un sobrino, Frederick, que ha quedado bajo su tutela hasta que alcance la mayoría de edad. Para ello, le ofrece instalarse en una casa que posee en Oakleigh Parva para que ejerza en ese otro pueblo sus labores como cura. Este acepta sin dudarlo, ya que para su carrera eclesiástica supone un importante empujón, y acoge en esa casa a Frederick Staunton gustosamente.

Se muda a su nuevo hogar con toda su familia a la espera de que lleguen el verano y su nuevo pupilo. Mientras, deciden asignarle una estancia de la casa siguiendo las recomendaciones de Richard, la habitación verde, una de las mejores y más lujosas. Esta habitación, de gran tamaño, está amueblada de forma ostentosa, con una cama con cuatro postes de caoba, cortinas de seda, sillas, cajoneras, suaves alfombras, con un papel de pared que va a juego... sin duda la más adecuada para alguien del nivel de Frederick. Este papel de pared, de hecho, tiene un color verde, con un tono casi esmeralda, muy caro y apreciado en la época, con una textura aterciopelada. Al poco de vivir allí, Frederick se entera de que existen numerosos rumores de que la casa está maldita, y de que mucha gente ha muerto en su interior, pero expulsa esa idea rápidamente de su mente pensando que son simples habladurías.

Frederick poco a poco se va ganando la simpatía de los habitantes de la casa y la de los vecinos, sobre todo porque saben que, cuando muera su tío, él se hará cargo de la propiedad familiar y es una persona mucho más agradable y menos severa. Pronto Frederick empieza a encontrarse mal, a estar cansado, con fiebre y sigue empeorando con cada momento que pasa, llegando incluso a delirar. Entre delirios, Frederick dice que su tío quiere acabar con él para quedarse con toda su fortuna, que su madre ya se lo había advertido y que es un asesino. Tras darse cuenta de que el médico que acudía de forma habitual a la casa no puede ayudarles, hacen llamar a otro que descubre que, efectivamente, es la propia habitación lo que estaba haciendo que Frederick enfermase. El médico les confirma que el vistoso y llamativo papel de pared de color verde contiene arsénico para matar a varias generaciones, su estancia allí podría haber resultado fatal si se hubiera prolongado en el tiempo. Acusan a Richard Stauton de intento de asesinato, incluso se le compara con los Borgia y los Brinvilliers. Finalmente, la historia termina bien, con el joven heredando todo al alcanzar la mayoría de edad.

LOS TRIBUNALES ESCOCESES Y SUS EXTRAÑOS VEREDICTOS

Tan solo unas décadas después, en 1875, se publicó otra novela donde aparece el arsénico, estamos hablando de *La ley y la dama,* de Wilkie Collins, autor inglés conocido por obras como *La mujer de blanco* (1859) o La *piedra lunar* (1868). Es considerado por muchos como uno de los pioneros británicos de la novela policiaca moderna.

La ley y la dama se publicó en formato folletín, igual que *Madame Bovary,* entre septiembre de 1874 y marzo de 1875 en *The Graphic,* un periódico británico semanal ilustrado de la época. Curiosamente, durante la publicación de la novela, el escritor tuvo una experiencia bastante negativa, al eliminar el periódico unas escenas a pesar de haber firmado un acuerdo que impedía que realizaran cualquier alteración al texto. En este pasaje censurado, que el periódico describía como poco adecuado para las páginas de un periódico familiar, aparecía un lisiado que trataba de robarle un beso a la protagonista, algo poco decoroso para la época.

En febrero de 1875 se publicó como libro, siguiendo el formato habitual de tres tomos. Al contrario que sus otras novelas, la parte policiaca tiene un papel algo más marginal que en otras, dejando más espacio al sensacionalismo y a la exploración del comportamiento irracional de los personajes.

En *La ley y la dama,* Valeria acaba de casarse felizmente con Eustace Woodville en contra de la opinión de su familia; sin embargo, durante su luna de miel descubre que su marido se había cambiado el apellido recientemente. Tras unas vagas respuestas a sus preguntas, Valeria decide investigar si su nuevo marido esconde algún secreto y, efectivamente, pronto se da cuenta de que sí. Tras la luna de miel, y ya de vuelta en Londres, descubre que Eustace ya había estado casado, y que su anterior esposa, Sarah, había muerto envenenada con arsénico, caso que se sometió a juicio.

El juicio tuvo lugar en Escocia y en él se presentaron diversas pruebas muy concluyentes que demostraban que Eustace había causado la muerte de su mujer. Los médicos que habían tratado a la enferma confirmaron que sus síntomas eran los propios del envenenamiento por arsénico. El cirujano que hizo la autopsia confirmó también que el aspecto de los órganos internos corroboraba esta hipótesis. Por último, dos químicos que analizaron la cantidad de arsénico presente en el cuerpo de la víctima dijeron que contenía suficiente incluso para matar a dos personas. Quedó así claro en el juicio que Sarah había muerto por culpa del arsénico, quedaba por responder la pregunta más difícil, ¿quién la había envenenado?

Distintos testigos fueron prestando declaración y se descubrió que el propio Eustace tenía a su disposición ciertas cantidades de arsénico. Según ellos, había comprado arsénico, bajo petición de su mujer, en una farmacia cercana para eli-

Sept. 26, 1874] THE GRAPHIC 301

THE LAW AND THE LADY: A Novel.

By WILKIE COLLINS,

AUTHOR OF "THE WOMAN IN WHITE," "THE MOONSTONE," "THE NEW MAGDALEN," ETC.

CHAPTER I.

THE BRIDE'S MISTAKE

"FOR after this manner in the old time the holy women also who trusted in God adorned themselves, being in subjection unto their own husbands; even as Sarah obeyed Abraham, calling him lord; whose daughters ye are as long as ye do well, and are not afraid with any amazement."

Concluding the Marriage Service of the Church of England in those well-known words, my Uncle Starkweather shut up his book, and looked at me across the altar rails with a hearty expression of interest on his broad red face. At the same time my aunt, Mrs. Starkweather, standing by my side, tapped me smartly on the shoulder, and said,

"Valeria, you are married!"

Where were my thoughts? What had become of my attention? I was too bewildered to know. I started and looked at my new husband. He seemed to be almost as much bewildered as I was. The same thought had, as I believe, occurred to us both at the same moment. Was it really possible—in spite of his mother's opposition to our marriage—that we were Man and Wife? My Aunt Starkweather settled the question by a second tap on my shoulder.

"Take his arm!" she whispered, in the tone of a woman who had lost all patience with me.

I took his arm.

"Follow your uncle."

Holding fast by my husband's arm, I followed my uncle and the curate who had assisted him at the marriage.

The two clergymen led us into the vestry. The church was in one of the dreary quarters of London, situated between the City and the West End; the day was dull; the atmosphere was

Primera página de *La ley y la dama* publicada en *The Graphic* (septiembre 1874) [New York Public Library].

minar los insectos del invernadero, concretamente dos onzas según se dice en el libro. Pocos días después había hecho lo mismo en otra farmacia diferente, esta vez alegando como motivo que quería acabar con las ratas que tenía en casa. Asimismo, durante el juicio, tanto el cocinero como el jardinero declararon que no habían solicitado que comprara arsénico, que no había plagas en la casa. La posesión de tanta cantidad de arsénico, casi cuatro onzas, le señalaba entonces como principal culpable.

Al finalizar, Eustace finalmente no fue declarado culpable de los cargos, pero tampoco fue lo que se dice declarado inocente. Esta peculiar situación se puede dar en los tribunales escoceses donde un caso criminal puede tener tres posibles veredictos: uno en el que el acusado sea declarado culpable y dos en los que se le absuelve, siendo una posibilidad el veredicto de «no culpable» y otra el de «no probado», y es precisamente este último resultado el que obtuvo en su juicio. En este caso, el acusado no puede ser declarado culpable por la falta de pruebas que lo demuestren, ya que no basta con las declaraciones de uno o varios testigos, por creíbles que sean, para condenar a alguien, pero tampoco significa que haya quedado libre de toda sospecha.

Volviendo al la historia de Valeria, al descubrir esta terrible noticia sobre su marido decide intentar demostrar que efectivamente él era inocente del terrible cargo del que se le acusó. En el curso de su investigación descubre que en realidad el asesinato no fue tal, simplemente fue un suicidio, habiendo ingerido su esposa el arsénico de forma intencionada.

Curiosamente, una de las posibles explicaciones que se mencionan en *La ley y la dama* de que Sarah tomarse arsénico de forma voluntaria es para mejorar el cutis, algo de lo que le habían hablado varias mujeres. En concreto se afirma que el arsénico, en bajas dosis, mejoraba la piel, aclarando su color y dando una imagen de buena salud; incluso se llega a mencionar un libro donde se describe esa costumbre entre los campesinos estirios. Tampoco resulta demasiado sorprendente si se tiene en cuenta que, hasta tiempos recientes, hemos visto que el arsénico se empleaba de forma casi habitual en medicina y farmacia.

Se piensa que Wilkie Collins se basó en la historia de Madeleine Smith, explicada ya anteriormente, dado que el veredicto de su juicio fue también «no probado», por las coincidencias con el caso de Eustace Macallan y por la mención del uso del arsénico como cosmético.

LA GRAN DAMA DE LA NOVELA POLICIACA

Una de las más prolíficas y conocidas autoras de novela policiaca de nuestra época es sin duda Agatha Christie, que ha marcado a generaciones enteras de lectores y que llegó a entrar en el Libro Guinness de los Récords por ser la novelista que más libros ha vendido de todos los tiempos, superada tan solo por las ventas de obras de William Shakespeare y de la Biblia. Es la creadora de dos grandes y muy conocidos detectives: Hércules Poirot y Jane Marple, que siguen la estela de muchos antecesores, resolviendo casos a base de pequeños detalles y pistas en los que ningún personaje más se ha fijado y de descuidos de los asesinos.

Poirot, detective de origen belga, es el encargado de investigar asesinatos en más de ochenta ocasiones y está basado en dos detectives de ficción de su época. Por otro lado, Marple, protagonista de trece novelas, es tan solo una aficionada; una anciana solterona que vive en un pueblo ficticio de la campiña inglesa y que se dedica a resolver casos por su cuenta gracias a sus dotes de observación.

Con más de sesenta novelas y numerosos recopilatorios de cuentos e historias a sus espaldas, nos ha sorprendido y cautivado con los cientos de asesinatos que en sus páginas aparecen. Sin pretender que el lector tuviera ningún tipo de conocimiento médico ni científico, Agatha Christie empleó de forma precisa y certera distintos venenos en sus obras, desde la belladona hasta la ricina y, cómo no, el arsénico no era un desconocido para ella.

Sus conocimientos sobre estos venenos que luego plasmaría en sus páginas le llegarían años antes, cuando trabajaba como enfermera en un hospital, y posteriormente en el dispensario, de Torquay, un pueblo situado en la costa sur de Inglaterra durante la Primera Guerra Mundial. Fue allí donde adquirió una serie de conocimientos muy detallados sobre medicamentos, algunos de los cuales contenían compuestos que podrían ser venenosos si se administraban elevadas dosis, que amplió cuando empezó a publicar sus primeras historias.

Su primera novela vio la luz en 1920, *El misterioso caso de Styles,* donde la estricnina, un veneno de origen vegetal empleado habitualmente contra las plagas de pequeños roedores, era la protagonista. Durante la Segunda Guerra Mundial volvió a trabajar de forma voluntaria en la farmacia del University College de Londres, lo que le permitió estar al día de los avances en medicina y farmacia.

Aunque el arsénico se suele asociar en muchas ocasiones a las muertes que acontecen en los libros de Agatha Christie, tan solo ocho personajes, cuatro en libros y otros cuatro en historias cortas, de los cientos que creó, mueren envenenados con este elemento.

Una de las primeras apariciones del arsénico la encontramos en *Matar es fácil,* novela publicada en inglés en 1939, donde Lucas Fitzwilliam, un policía retirado que acaba de regresar a Londres, se encuentra por una casualidad del destino con la señora Lavinia Pinkerton en el tren, quien le dice que va a Scotland Yard para denunciar varias muertes sospechosas que han tenido lugar en su pueblo. Sin embargo, Lavinia no llega a su destino, es atropellada y muere. Poco después, Lucas se entera de la muerte del doctor Humbleby, persona que ella dijo que sería la siguiente víctima; por lo sospechoso de la situación, y haciéndose pasar por escritor, decide visitar el pueblo para ver qué está sucediendo.

De las siete víctimas que aparecen en esta retorcida historia, todas parecen haber fallecido por accidente o debido a causas naturales, pero una muerte en concreto, la de la señora Horton, es la que nos interesa aquí. Lydia, esposa del comandante Horton, falleció tras una larga dolencia, concretamente se habla de mareos, dolores agudos y gastritis, una enfermedad poco específica que implica vómitos, diarrea y calambres y que, después de una clara mejoría, murió de pronto tras una incomprensible recaída. Se menciona que Lydia tenía la sospecha de que las enfermeras la estaban envenenando, pero se atribuye a fantasías de una enferma, sin embargo, esto es precisamente lo que sucedió. Podría haber sido por la fruta que le enviaba un vecino, una dosis encubierta de arsénico en las medicinas para su tratamiento, un marido que quería heredar una cuantiosa suma de dinero, o una pequeña dosis de arsénico en el té. En cualquier caso, si a Lydia se le administró arsénico de forma continuada, explicaría a la perfección sus síntomas.

El truco de los espejos, publicada en inglés en 1952, es la octava novela en la que aparece Jane Marple como investigadora. Después de visitar a Ruth Van Rydock, una amiga suya en Londres, y por las preocupaciones de esta por el bienestar de su hermana, Carrie Louise, Marple decide ir Stonygates para ver cómo está. En la mansión victoriana en la que vive con su familia hay un edificio aparte para jóvenes delincuentes, de los que están a su cargo. En la novela se descubre que, entre otros muchos problemas, Carrie Louise estaba siendo envenenada con arsénico, lo que explicaría gran parte de los calambres, reumatismo y problemas gástricos que venía padeciendo desde hace un tiempo.

De nuevo, este escurridizo elemento aparece en la medicina que se tomaba todas las noches y que era lo único diferente en su rutina respecto al resto de miembros de la familia, que no tenían síntomas. En cuanto a pruebas forenses, se mencionan unos fragmentos de uña que podrían haber demostrado, en teoría, el envenenamiento. También se menciona otro caso de envenenamiento con arsénico en esta misma obra, uno «famoso» según Jane Marple, al administrárselo Katherine Elsworth a su marido, hecho por el cual fue condenada a muerte.

Algunas fuentes afirman que para escribir el caso que aparece en *El truco de los espejos*, Agatha Christie se inspiró en Herbert Rowse Armstrong, el único abogado del Reino Unido que fue además ahorcado por asesinato en 1922. En mayo de 1919, su mujer, Kitty Armstrong, empezó a sentirse débil y tenía síntomas que, en aquel momento, se asociaron con una neuritis braquial. Tras haber experimentado una mejora, un año después tuvo que acudir de nuevo al médico debido a una recaída. Por decisión médica, fue internada en un asilo mental, donde empezó a tener vómitos, fiebre, parálisis parcial y debilidad generalizada.

A principios de 1921, encontrándose ya mucho mejor, le dieron el alta y pudo regresar a su casa, pero su estado se deterioró rápidamente y murió tan solo un mes después. La causa oficial de la muerte fue gastritis. Ese mismo año, en octubre, Herbert Rowse Armstrong se reunió con Oswald Martin, un abogado contra el que trabajaba en un caso de venta de propiedades. Tras comer un típico bollo inglés en su casa y haber compartido el té con él, al regresar a su hogar Oswald empezó a encontrarse extremadamente mal.

Retrato de Herbert Arsmtrong tal y como figura en el artículo «Herbert Armstrong – Poisoner de Edgar Wallace» aparecido en *The great stories of Real Life* (parte 5) en 1924.

El suegro de Oswald casualmente era también el farmacéutico local y recordaba haberle vendido arsénico a Herbert Rowse Armstrong en varias ocasiones para acabar supuestamente con los dientes de león, a pesar de que era otoño y de que apenas tenían en su jardín. Esto, unido a que los síntomas de Oswald habían sido los mismos que había tenido Katherine tiempo antes, le hizo sospechar. Por otro lado, unas semanas antes de la invitación para tomar el té, una cuñada de Oswald se había comido una caja de bombones de chocolate que habían enviado de forma anónima a casa de la familia Martin, cayendo enferma. Por suerte, cuando ataron cabos, todavía quedaban algunos bombones y pudieron observarlos de cerca, descubriendo que algunos tenían un sospechoso agujero en la base. Tras analizarlos, se encontró que contenían arsénico, del mismo modo, se analizó la orina de Oswald y se obtuvo el mismo resultado.

Finalmente, Armstrong fue arrestado en diciembre de 1921, acusado de intento de asesinato. El cuerpo de su mujer fue exhumado y analizado, y en él se encontró una gran cantidad de este elemento; claramente, había sido la causa de su muerte. Por todo esto, en mayo de 1922, tras ser condenado a muerte, le ahorcaron.

Continuando con nuestra sagaz investigadora, Jane Marple, hay otra de sus novelas donde el arsénico de nuevo vuelve a hacer su aparición: *El tren de las 4:50* (1957). La historia comienza cuando una amiga de Marple, que va en tren a visitarla, es testigo de cómo un hombre estrangula y mata a una mujer en un tren que circula momentáneamente paralelo al suyo. Como la policía no hace mucho caso de su denuncia, ella y Marple van al terreno de una casa cercana a las vías, Rutherford Hall, donde creen que podría haber sido lanzado el cadáver.

En la novela aparece un plato de curry supuestamente sazonado con arsénico; recordemos que este elemento no le da ningún sabor ni olor extraño a la comida y que por tanto sería indetectable al paladar. Tras comerlo, toda la familia cae enferma mostrando los típicos síntomas de los que ya hemos hablado en numerosas ocasiones (vómitos, molestias estomacales...), y uno de sus miembros llega incluso a fallecer, aunque también se sospecha de la sopa de setas que comieron justo antes, donde podría haberse añadido por error alguna seta venenosa. Por otro lado, en la novela se busca justificar en cierto modo al doctor Morris, cuyo diagnóstico inicial fueron simples ataques gástricos, no sabiendo detectar que el motivo real de la enfermedad era el envenenamiento por arsénico. De hecho, uno de los personajes llega a alegar que no todos los médicos, por muy famosos que sean, son capaces de detectar bien los síntomas que produce el arsénico, haciendo incluso referencia a un caso ficticio donde tres personas que murieron por esta causa sin que sus médicos, «hombres ilustrados y de gran reputación» lo descubrieran.

Además de en todas estas obras de Agatha Christie, el arsénico aparece mencionado o como causa de alguna muerte en otras muchas novelas e historias, como en *La Hidra de Lerna* (1927), *El club de los martes* (1932), *Intriga en Bagdad* (1951) o *Después del funeral* (1953), entre otras, quedando patente su fascinación por este letal elemento.

EL MUNDO DEL ESPECTÁCULO TAMPOCO ESTÁ EXENTO DE PELIGROS

La película estadounidense *Arsénico por compasión* de 1944 dirigida por Frank Capra, es un claro ejemplo de que ni siquiera el mundo del cine está a salvo del arsénico.

Esta película está basada en una novela de teatro homónima de Joseph Kesselring. Escrita en 1939, y que fue representada durante mucho tiempo en los escenarios de Broadway, tuvo un éxito mucho mayor del esperado, tanto que incluso se tuvo que posponer el lanzamiento de la película, inicialmente previsto en 1942, hasta 1944.

Con el paso de los años esta historia ha ido teniendo varios nombres en castellano, destacando el que sería una traducción casi literal del título en inglés: *Arsénico y encaje antiguo (Arsenic and old lace)* y, con algo de paciencia, todavía se pueden encontrar ejemplares en castellano de la obra de teatro con este título en librerías de segunda mano. Siguiendo con la historia, el título es en cierta forma un homenaje a la novela inglesa *Lavender and Old lace (*cuya traducción sería *Lavanda y encaje antiguo)* de Myrtle Reed, publicada en 1902. Aunque no tienen demasiado parecido en el contenido, ya que en ella se cuenta la historia de varias mujeres y sus experiencias con el amor, sí coindicen un poco en el tono ingenioso de los diálogos.

Es bien conocido que Joseph Kesselring se basó en una historia real para escribir su obra, concretamente en el caso de Amy Archer-Gilligan en el que nos vamos a detener un momento.

Amy Archer-Gilligan (1873-1962) es conocida por haber asesinado al menos a cuatro personas en la residencia de ancianos de la que era propietaria además de a su segundo marido, aunque en total en su residencia entre 1911 y 1916 murieron cuarenta y ocho personas y no se sabe realmente de cuántas muertes fue ella la responsable.

Tras distintas denuncias de familiares de pacientes y después de una investigación que tardó más de un año en completarse, se detectaron en los cuerpos exhumados de los fallecidos altas dosis de distintos venenos, entre ellos arsénico. Los tenderos locales testificaron que efectivamente Amy había estado comprando grandes cantidades de este elemento para «acabar con las ratas», sin embargo, sorprendentemente ese fue el destino de casi todo el arsénico que compró, por lo que el resto tuvo que conseguirlo probablemente otra persona.

Tal y como se demostró más tarde, la propia Amy enviaba a sus pacientes a comprar arsénico a la farmacia, esa era la pieza que faltaba en el puzle; al encontrar dichas pruebas, pudieron finalmente arrestarla y someterla a juicio. Tras ser acusada de cinco asesinatos, en la condena solo figuró el de una persona: Franklin R. Andrews, uno de los residentes que había sido exhumado. A pesar de que fue condenada a muerte en un primer lugar, apeló y se cambió su condena a cadena perpetua tras alegar enajenación mental debido a su adicción a la morfina.

Volviendo a *Arsénico por compasión,* a pesar de tener en común el uso del elemento como arma letal, en realidad el tono y la historia son totalmente diferentes a lo que acabamos de ver, rozando más bien el humor negro.

En la película Mortimer Brewster, interpretado por Cary Grant, aparece casándose con una vecina suya a pesar de ser un periodista muy conocido por estar en contra del matrimonio. Esto le obliga a ir a visitar a sus dos tías, Martha y Abby, para contarles la buena noticia. Allí se encuentra con una peculiar situación: un cadáver en un arcón acompañado de una explicación de lo más rocambolesca.

Sus tías le explican que han empezado a poner fin a la vida de hombres solteros que están solos Les acogen, les dan vino envenenando (con arsénico y un poco de cianuro, para rematar la faena) y luego se encarga de enterrarlos en el sótano su hermano, que vive con ellas. Por si la cosa no fuera lo suficientemente liosa ya, el hermano de Mortimer, Jonathan, va también a visitar a sus tías con la intención secreta de deshacerse de otro cadáver y escapar de la policía, sin saber nada de que sus tías son todas unas expertas en desafiar a la ley. Desde luego, siendo parte de esa familia es imposible aburrirse.

Tras su lanzamiento, las críticas fueron muy buenas; a todo el mundo parecía encantarle esta macabra pero divertida historia de asesinas inesperadas y de cadáveres en el sótano.

Muchos años después, en 2008, se dio un caso que recuerda vagamente a *Arsénico por compasión,* llegando incluso a hacerse mención de la película en el juicio. Dos mujeres, Helen Golay y Olga Rutterschmidt, fueron acusadas de asesinar a dos vagabundos a los que habían atraído con comida y cobijo, para después matarlos y cobrar sus seguros de vida.

Siguiendo con el mundo del espectáculo, el musical *Chicago* se representó por primera vez en junio de 1975; está basado en una obra de teatro de 1926 escrita por la periodista Maurine Dallas Watkins, basada a su vez en casos reales. Fue también llevada al cine en el año 2002, con Catherine Zeta-Jones, Renée Zellweger y Richard Gere como protagonistas. En todas sus versiones, la historia trata sobre la corrupción del sistema judicial y la fama que pueden llegar a alcanzar algunas asesinas en particular gracias a los medios y la publicidad.

En *Chicago*, en una escena de la cárcel donde se canta el «Cell block Tango» (el tango de la cárcel), se nos presenta la causa por la que han sido condenadas seis mujeres: todas ellas han matado supuestamente a su pareja, y una de ellas es la que nos interesa. Annie, que se casó con Ezekiel Young de Salt Lake City, descubrió que tenía otras cinco esposas y, acostumbrada a prepararle una bebida cada noche, le mató añadiendo una dosis letal arsénico. Sin embargo, en el primer borrador del musical, de 1973, la causa de la muerte eran en realidad seis disparos, uno por cada esposa, mucho más vistoso, aunque el arsénico queda sin duda a la altura de la situación.

LIBROS VENENOSOS

Vamos a continuar este capítulo con una de las obras más famosas de la literatura reciente, *El nombre de la Rosa* de Umberto Eco, publicada en 1980 y que años después sería llevada a la gran pantalla con Sean Connery como protagonista.

La historia principal de esta novela transcurre en 1327 en una abadía en el norte de Italia, que se emplea como lugar neutral para un debate teológico al que muchos han sido invitados. En concreto, en esta reunión, entre los delegados del papa y los líderes de la orden franciscana, se debatirá sobre una supuesta herejía.

El fraile franciscano Guillermo de Baskerville, llega al monasterio junto a su novicio benedictino, Adso de Melk, y se ven sorprendidos por una primera muerte, la de Adelmo de Otranto, uno de los ilustradores de los manuscritos. El abad le encarga a Guillermo que investigue este sospechoso fallecimiento. Progresivamente, el número de víctimas en la abadía va aumentando y las pistas les guían hasta un manuscrito de la biblioteca que, al poco de ser descubierto, desaparece. Finalmente se descubre quién está detrás de todas las muertes y qué herramientas ha empleado; concretamente se habla de un libro cuyas esquinas de las páginas estaban impregnadas de arsénico de tal forma que, una persona que se chupase el dedo para poder pasarlas, se iría envenenando progresivamente hasta morir.

Curiosamente, esta historia se repitió, aunque por suerte no con ese fatal desenlace, unos años después en la biblioteca de una universidad de Dinamarca (Universidad del Sur de Dinamarca). Tres libros de los siglos XVI y XVII tenían grandes cantidades de arsénico en la cubierta.

El descubrimiento se llevó a cabo tras analizar minuciosamente los libros, dado que los investigadores querían saber si los encuadernadores europeos de la época podrían haber empleado fragmentos reciclados de libros de origen medieval para el material de la cubierta. El material empleado para la encuadernación del libro estaba recubierto por una pintura verde que oscurecía las letras preexistentes, lo que impedía leer con exactitud el texto original que había en latín y hacía imposible identificar su origen.

Para averiguar qué estaba escrito debajo, los libros fueron sometidos a una serie de análisis, entre ellos fluorescencia de rayos X, técnica mediante la cual se puede conocer la composición química concreta del material y que se emplea mucho en arqueología. De esta forma, analizando toda la cubierta, esperaban que pudieran leerse mejor las letras que había debajo de la capa verde al ser, teóricamente, de distinta composición. Sin embargo, el resultado fue una sorpresa para todos, ya que los análisis revelaron que la capa de pintura verde contenía grandes cantidades de arsénico.

El origen de este elemento parece estar en el siglo XIX, momento en el que algunos restauradores de libros empleaban el pigmento verde París o verde esmeralda por motivos estéticos y decorativos. Este mismo pigmento lo usaron distintos pintores por lo que no resulta sorprendente que en muchos museos hoy en día podamos encontrar arsénico en los cuadros de la época.

Específicamente, el color verde de estos libros procede de la mezcla de dos pigmentos: oropimente (de tonalidad amarillenta) y azul índigo (pigmento de origen orgánico). Ya en el siglo XV se conocía esta mezcla, que aparece descrita en el *Libro dell'arte* de Cennino Cennini, y que mencionaba que podía servir para pintar escudos, lanzas e incluso paredes. En el caso concreto de estos libros, es más razonable pensar que la cubierta fue recubierta casi en su totalidad por este pigmento verde para protegerlo de insectos o alimañas, más que por motivos estéticos.

En la actualidad, estos tres libros continúan en la biblioteca pero permanecen aislados en diferentes cajas y con advertencias de seguridad, dado que el simple hecho de tocarlos puede contaminar al lector. Para poder consultarlos es obligatorio el uso de guantes, mascarillas y otras medidas de seguridad para evitar el contacto directo con el arsénico.

Tras hacerse pública esta noticia en distintos medios, se descubrió que existía otro libro de características similares en la biblioteca del Smithsonian, en Washington DC (Estados Unidos) que tenía la cubierta llena de arsénico. En este caso, el libro se conserva en una bolsa de poliéster, dentro de una caja, también con etiquetas de advertencia. Curiosamente, tras los análisis químicos realizados a este cuarto volumen, se concluyó que el pigmento usado era muy similar a los tres anteriores, por lo que es bastante probable que fueran todos reencuadernados por el mismo encuadernador.

MÁS ARSÉNICO EN LA FICCIÓN

Hasta este momento hemos visto cómo diversos autores han empleado el arsénico como fuente de inspiración para los asesinatos de sus novelas pero, como puede suponer el lector, existe muchas más obras en las que este elemento es el protagonista.

Probablemente muchos conozcan al escritor estadounidense Dashiel Hammet por *El halcón maltés*, una de sus más conocidas novelas, pero durante mucho tiempo se dedicó también al mundo de los relatos.

Papel matamoscas (en inglés Fly Paper) fue publicado en inglés en 1929 y posteriormente en español en un compendio de relatos titulado *El rapto.* Recientemente, Libros del Zorro Rojo ha publicado una edición ilustrada por Hans Hillmann con el título *Matamoscas,* aunque esta obra no contiene el relato completo, pero sí lo necesario para poder comprenderlo en su totalidad.

En el relato nos encontramos con la historia de una joven de familia acomodada, Sue Hambleton, que se fuga con su novio y, en consecuencia, su padre contrata a un detective para que la encuentre. La chica aparece muerta en su apartamento, envenenada con arsénico, y todas las sospechas recaen sobre el novio. Sin embargo, no todo es tan sencillo como parece. Dejando de lado quién fue (o no fue) el asesino de Sue, el título del propio relato ya nos está indicando la presencia del arsénico, dado que, como ya sabemos, el papel empleado para cazar moscas contenía este elemento y fue el protagonista de unos cuantos casos famosos de asesinato.

Avanzamos un poco hasta el año siguiente, 1930, cuando vería la luz otra novela clave para el arsénico, *Veneno Mortal (Strong poison),* de la escritora Dorothy L. Sayers. En ella, la protagonista, Harriet Vane, está siendo juzgada por matar a su amante, Phillip Boyes, que se sabe que sufrió problemas gástricos poco antes de morir y cuyos análisis post-mortem demostraron que había muerto por envenenamiento con arsénico.

Harriet Vane, aparte de ser la principal sospechosa, es también escritora de novelas policiacas, y cuando la acusan de haber comprado veneno, arsénico entre otros, confirma que era para documentarse para la novela que estaba escribiendo, donde la víctima moría envenenada.

La peculiaridad de esta novela ya no es tanto el caso en sí sino los conocimientos que están repartidos a lo largo de toda ella sobre el arsénico, su método de detección (el método de Marsh del que hemos hablado antes) y los síntomas que genera en las personas. Se usan además diferentes muestras forenses que prueban el consumo de arsénico durante un periodo prolongado de tiempo (uñas, pelo), y se habla de la «tolerancia» al arsénico.

En 1962 vio la luz la novela *Siempre hemos vivido en el castillo* de Shirley Jackson, publicada tan solo tres años antes de la muerte de la escritora. La narradora es Mary Katherine Blackwood, de tan solo dieciocho años, que vive con su hermana Constance y su tío Julian en una casa de Vermot. Las dos hermanas fueron las únicas supervivientes de una gran tragedia que tuvo lugar seis años antes. Su padre, su madre, su tía y un hermano menor fueron todos envenenados con arsénico. Mezclado con azúcar sin saberlo, lo utilizaron para endulzar su postre y, fatalmente, murieron. Julian también tomó, pero una cantidad menor por lo que consiguió sobrevivir; Constance no se echó, lo que levantó las sospechas sobre la autoría del crimen, y Mary sencillamente no estaba presente en aquella cena. Poco a poco, mientras vamos conociendo mejor a la familia y a las consecuencias que tuvo este incidente en ellos, se va desentrañando el misterio hasta llegar a un inesperado desenlace.

Más recientemente se pueden encontrar más novelas como *Arsenic and old books* (2015) que en castellano sería «arsénico y libros antiguos» de Miranda James o *Arsenic with Austen* (2016), que podría traducirse como *Arsénico con Austen*, de Katherine Bolger Hyde. Estas dos novelas se encuadran dentro de un subgénero de la novela policiaca que se denomina «misterio acogedor» al contar con protagonistas que son aficionadas a las novelas de detectives y que terminan envueltas en casos de asesinato donde deben averiguar quién es el culpable. Además, estas mujeres siempre suelen trabajar en lugares «acogedores» como librerías, bibliotecas, cafeterías, pequeños restaurantes, etc. En ambos casos, el arsénico tarda bastante en hacer su aparición aunque, por los títulos, no creo que suponga una gran sorpresa para nadie.

Queda por tanto claro que el arsénico, empleado como arma de forma directa o usado a modo de despiste ha estado de forma casi omnipresente en la ficción desde hace siglos y, dado lo sencillo que es echarlo en un azucarero o en un té bien caliente, seguro que en el futuro seguirá siendo un elemento protagonista de muchas novelas de misterio.

PARA LEER MÁS:

- Anónimo (1862). Our best bedroom. *Chambers's Journal of Popular Literature, Science, and Art.*
- Chaucer, G. (2006). *Cuentos de Canterbury.* Cátedra. Letras Universales.
- Christie, A. (1958). *El tren de las 4:50.* Selecciones de Biblioteca Oro.
- Christie, A. (1958). *El truco de los espejos.* Selecciones de Biblioteca Oro.
- Christie, A. (1958). *Matar es fácil.* Selecciones de Biblioteca Oro.
- Collins, W. (1994). *La ley y la dama.* Rialp.
- Delbey, T.; Holck, J.P.; Jørgensen, B. et al. (2019). Poisonous books: analyses of four sixteenth and seventeenth century book bindings covered with arsenic rich green paint. *Heritage Science* 7, 91.
- Eco, U. (2018). *El nombre de la rosa.* Debolsillo.
- Flaubert, G. (2017). *La señora Bovary.* Alba minus.
- Harkup, K. (2015). *A is for arsenic: the poisons of Agatha Christie.* Bloomsbury.
- Peters, C. (1991). *The King of Inventors: A Life of Wilkie Collins.*
- Wallace, I. (1971). *The Nympho and Other Maniacs: The Lives, the Loves and the Sexual Adventures of Some Scandalous and Liberated Ladies.* Pocket book.

Este libro se terminó de imprimir el 22 de
febrero de 2021. Tal día del año 1828, el
químico alemán Friedrich Wöhler sintetizó por
primera vez en un laboratorio urea; también
fue codescubridor del berilio y el silicio.
Un cráter lunar lo recuerda en
el más absoluto silencio.